W0369020

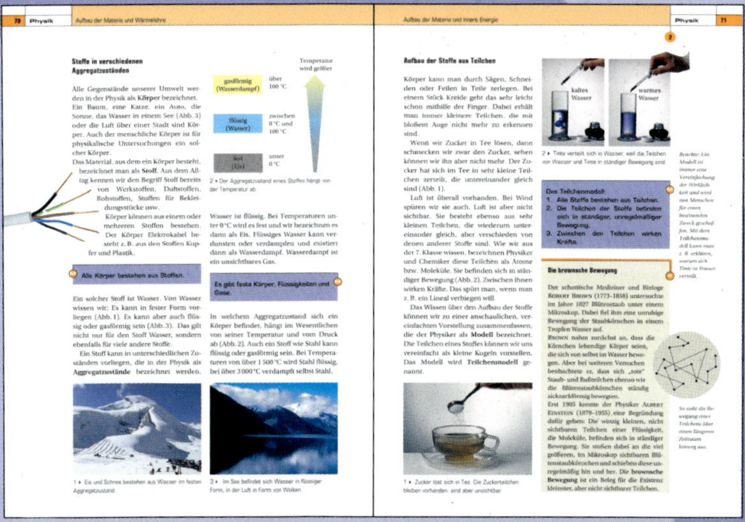

Inhaltsseiten

Diese Seiten vermitteln dir – unterstützt durch **Merksätze,** Tabellen und Übersichten – physikalisches Grundlagenwissen über wichtige Begriffe, Gesetze, Erscheinungen und Zusammenhänge.

Ergänzendes und Vertiefendes

bietet zusätzliche Informationen.

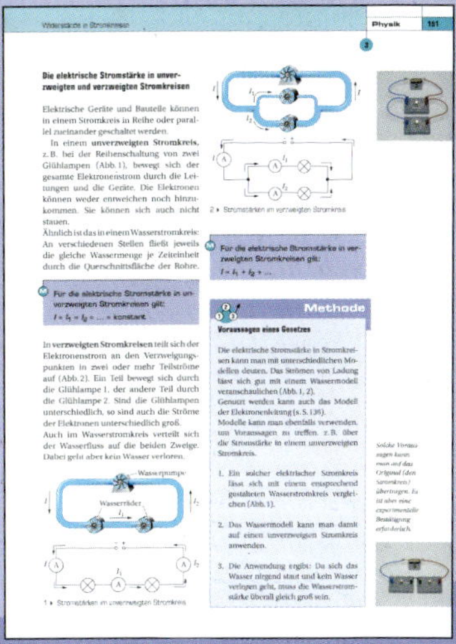

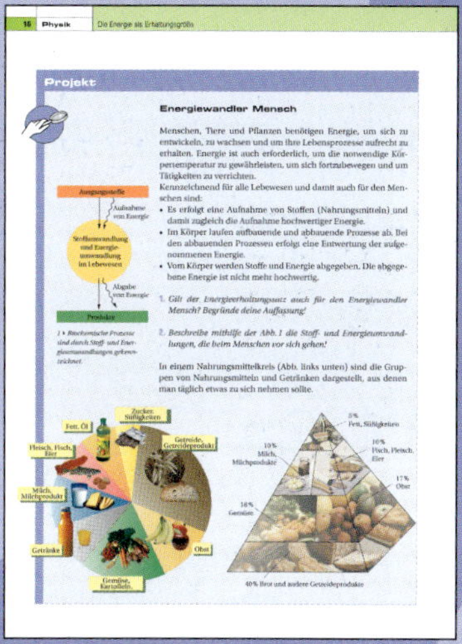

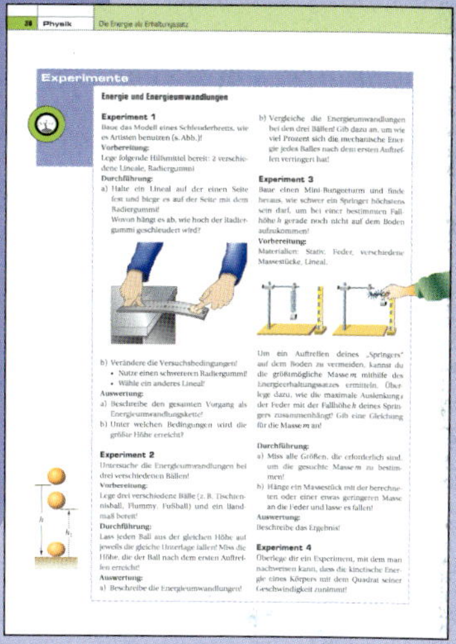

Methoden

Für die Physik charakteristische Denk- und Arbeitsmethoden zeigen dir, wie du bei bestimmten Tätigkeiten (z. B. Interpretieren, Voraussagen, BerLösen von Aufgaben) schrittweise vorgehen kannst.

Projekte

Es werden hier interessante Fragen aufgeworfen, die du in der Gruppe bearbeiten kannst. Außerdem kannst du eigene Projektideen entwickeln.

Experimente

Diese Seiten regen dich zum selbstständigen Experimentieren, Probieren und Überprüfen eigener Ideen an.

Inhaltsverzeichnis

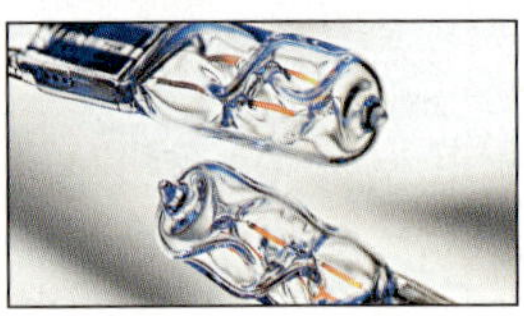

Methoden

Ergänzendes und Vertiefendes

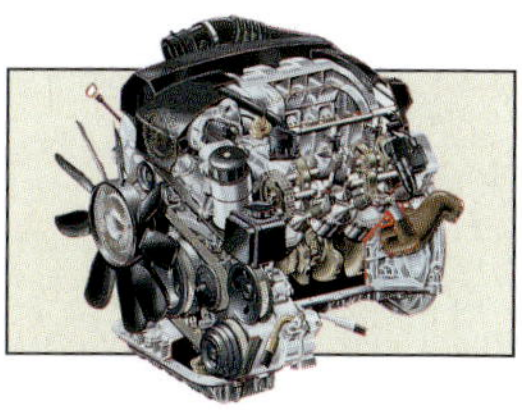

1 Die Energie als Erhaltungsgröße

1

1.1 Energie und Energieformen

Energie hat viele Gestalten ▸▸ In einem fahrenden ICE steckt viel Energie. Auch in einer leuchtenden Glühlampe oder in einem Topf mit kochendem Wasser finden wir Energie.
Was ist Energie? In welchen Formen kann Energie auftreten? Können sich diese Energieformen ineinander umwandeln?

Energie sparen ▸▸ Wir kennen viele Möglichkeiten, wie wir Energie sparen können: nicht bei offenem Fenster heizen, nur notwendige Strecken mit dem Auto fahren oder Energiesparlampen verwenden.
Warum muss mit Energie unbedingt sparsam umgegangen werden? Was bedeutet „Energieverbrauch“? Kann Energie verloren gehen?

Was ist Energie?

Von manchem Menschen sagt man, er sei ein Energiebündel. Was ist damit gemeint?

Der Begriff Energie tritt in vielen Zusammenhängen auf: Der Energiebedarf der Menschheit steigt ständig. Ohne eine stabile Energieversorgung würden viele Maschinen, Anlagen oder Geräte nicht funktionieren. Deshalb ist eine solide Energiepolitik erforderlich.

Techniker arbeiten daran, den Energieverbrauch von Geräten und Anlagen zu senken, weil Energie immer teurer wird und Energieträger wie Erdöl oder Erdgas knapper werden.

Alle Lebewesen, darunter auch der Mensch, benötigen zu ihrer Entwicklung und zur Aufrechterhaltung aller Lebensfunktionen Energie. Wir nehmen sie in Form von Nahrung zu uns.

Die Sonne, unser Stern, gibt große Mengen Energie an den sie umgebenden Weltraum ab. Diese Sonnenenergie ist die Voraussetzung für die Entstehung und Entwicklung von Leben auf der Erde.

Im Alltag spricht man davon, dass Energie gewonnen, umgewandelt, gespeichert oder verbraucht wird.

Jedes Fahrzeug, jeder Motor einer Maschine und auch jedes Lebewesen benötigt Energie, um sich bewegen zu können. Im Motor eines Pkw (Abb. 1a) wird Kraftstoff verbrannt und damit die für die Fortbewegung notwendige Energie geliefert. Eine Herdplatte (Abb. 1b) benötigt elektrische Energie, damit sie heiß wird und Wärme an einen Topf abgeben kann. Bei einer Glühlampe (Abb. 1c) ist elektrische Energie erforderlich, damit sie Licht aussendet.

Weil der Energiebegriff vielfältig genutzt wird, müssen wir sorgfältig zwischen der Umgangssprache und der Fachsprache unterscheiden. In der Physik ist die Energie eine Größe.

> **Energie ist eine physikalische Größe. Mit Energie können Körper bewegt, verformt, erwärmt oder zur Aussendung von Licht gebracht werden.**
>
> Formelzeichen: *E*
> Einheit: ein Joule (1 J)

Ein Joule ist die Energie, die man braucht, um einen Körper der Masse 102 g um 1 m zu heben.

Benannt ist die Einheit der Energie nach dem bedeutenden englischen Physiker JAMES PRESCOTT JOULE (1818–1889).

Vielfache der Einheit 1 J sind 1 Kilojoule (1 kJ) und ein Megajoule (1 MJ).

Es gilt:

1 kJ = 1 000 J

1 MJ = 1 000 kJ = 1 000 000 J

Energie kann in verschiedenen Energieformen auftreten. So gibt es z. B. verschiedene Formen mechanischer Energie, aber auch solche Energieformen wie innere Energie, chemische Energie oder elektrische Energie (s. Übersicht S. 11).

1a ▸ Fahrzeuge werden durch die im Kraftstoff gespeicherte Energie bewegt

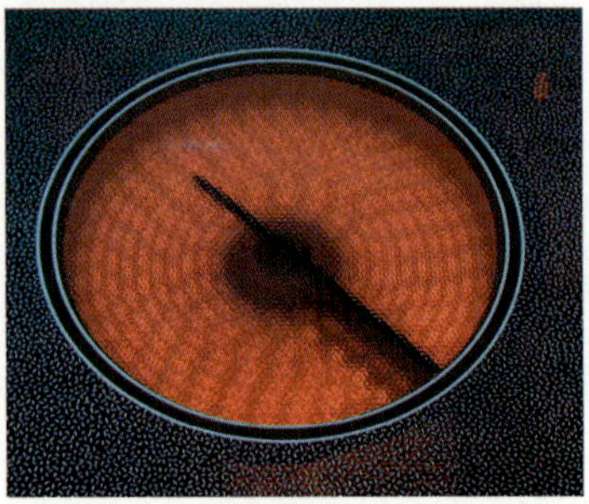

1b ▸ Bei einer Herdplatte wird elektrische Energie in Wärme umgewandelt.

1c ▸ Bei einer Lampe wird elektrische Energie in Licht umgewandelt.

1

Energieformen

Höhenenergie

Die Energie, die Körper aufgrund ihrer Lage besitzen, nennt man **Höhenenergie** oder **potenzielle Energie** E_{Pot}. Die Felsen besitzen potenzielle Energie bezüglich des Fußes des Hügels.

Bewegungsenergie

Die Energie, die Körper aufgrund ihrer Geschwindigkeit besitzen, nennt man **Bewegungsenergie** oder **kinetische Energie** E_{kin}. Das Flugzeug besitzt kinetische Energie.

Spannenergie

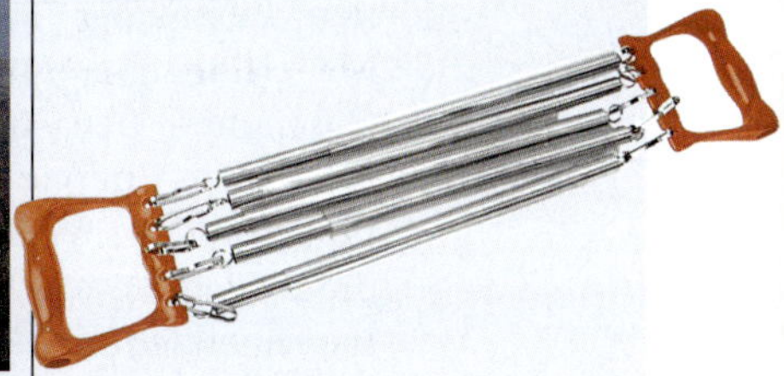

Die Energie, die Körper aufgrund ihrer Verformung besitzen, nennt man **Spannenergie** E_{Sp}. Der Expander besitzt Spannenergie. Solche Energie besitzen z. B. gespannte Federn.

Rotationsenergie

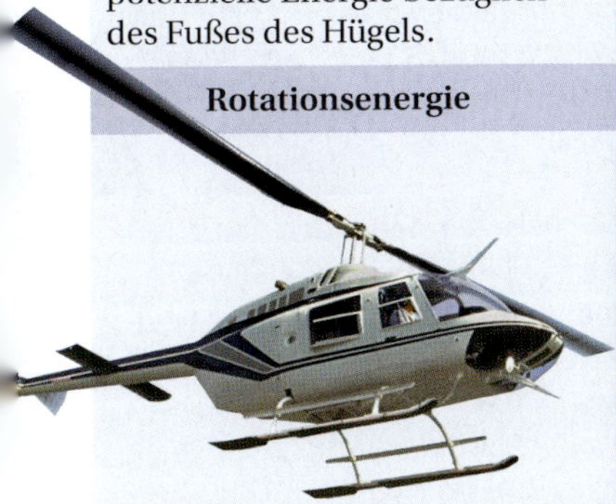

Die Energie, die Körper aufgrund ihrer Rotation besitzen, nennt man **Rotationsenergie** E_{rot}. Der Rotor des Hubschraubers oder ein Schwungrad besitzen Rotationsenergie.

Innere Energie

Die Energie, die Körper aufgrund ihrer Temperatur besitzen, nennt man **innere Energie** E_i. Der Kaminofen und die brennenden Kerzen besitzen innere Energie.

Chemische Energie

Die Energie, die Körper aufgrund ihrer Fähigkeit zu chemischen Reaktionen besitzen, nennt man **chemische Energie** E_{ch}. Der Treibstoff der Rakete besitzt chemische Energie.

Elektrische Energie

Die Energie, die Körper aufgrund ihrer Fähigkeit elektrische Vorgänge auszulösen, besitzen, nennt man **elektrische Energie** E_{el}. Elektrischer Strom und damit auch ein Blitz besitzen elektrische Energie.

Magnetische Energie

Die Energie, die Körper aufgrund ihrer magnetischen Eigenschaften besitzen, nennt man **magnetische Energie** E_{mag}. Das Magnetfeld eines Lasthebemagneten besitzt magnetische Energie.

Kernenergie

Die Energie, die bei der Spaltung von Atomkernen oder bei ihrer Verschmelzung frei wird, nennt man **Kernenergie** E_{kern}. Kernenergie wird z. B. bei der Spaltung von Atomkernen des Urans frei.

Die Energie – eine Erhaltungsgröße

Die verschiedenen Energieformen können ineinander umgewandelt werden. Mit elektrischer Energie wird z. B. eine Glühlampe betrieben. Dabei wird die elektrische Energie in Licht und Wärme umgewandelt. Bei einem Windrad wird die Bewegungsenergie der Luft in Rotationsenergie und diese in elektrische Energie umgewandelt. Allgemein gilt:

Energie kann in verschiedenen Energieformen vorliegen und von einer Energieform in andere Energieformen umgewandelt werden.

Eine Aussage über die Energie, die insgesamt vorhanden ist, lässt sich nur treffen, wenn man sie auf einen abgeschlossenen Bereich bezieht, dem von außen weder Energie zugeführt noch entzogen wird. In der Physik wird ein solcher Bereich als **abgeschlossenes System** bezeichnet. Für ein solches System gilt der **Energieerhaltungssatz.**

Dieses wichtige Naturgesetz wurde zuerst von Julius Robert Mayer (1814–1878) und von James Prescott Joule (1818–1889) entdeckt.

In einem abgeschlossenen System ist die Summe aller Energien konstant. Die Gesamtenergie bleibt erhalten.

$E_1 + E_2 + E_3$ ... = konstant
E_1, E_2 ...verschiedene Energieformen

Weil für die Energie ein solcher Erhaltungssatz gilt, wird die Energie als eine **Erhaltungsgröße** bezeichnet. Eine besonders klare Formulierung des Energieerhaltungssatzes stammt von dem deutschen Arzt und Physiker Hermann von Helmholtz (1821–1894):

Energie kann weder erzeugt noch vernichtet werden. Sie kann nur von einer Form in andere Formen umgewandelt werden.

J. R. Mayer – Arzt und Entdecker

Wesentlichen Anteil an der Entdeckung des Energieerhaltungssatzes hatte neben dem englischen Physiker James Prescott Joule (1818–1889) der deutsche Arzt Julius Robert Mayer (1814 bis 1878).
Julius Robert Mayer wurde am 25. November 1814 als Sohn eines Apothekers in Heilbronn geboren. Schon während seiner Schulzeit wurde er durch seinen Vater mit physikalischen und chemischen Problemen vertraut gemacht.

Nach einer Apothekerlehre studierte Mayer ab 1832 in Tübingen Medizin und war ab 1838 als Arzt tätig.
Bei einer Reise als Schiffsarzt nach Indonesien (1840/41) machte er eine interessante Beobachtung: Das Venenblut war in den Tropen heller als in Mitteleuropa.
Weitere Untersuchungen führten ihn zu der Erkenntnis, dass einer bestimmten Arbeit eine gleich große Wärme entspricht. 1845 veröffentlichte er den Aufsatz „Die organische Bewegung in ihrem Zusammenhang mit dem Stoffwechsel", in dem erstmals der Satz von der Erhaltung der Energie formuliert war.
Mayer übertrug dieses Prinzip auch auf Lebewesen und formulierte, dass die „einzige Ursache der tierischen Wärme ein chemischer Prozess" sei.
Eine wissenschaftliche Anerkennung seiner Leistungen blieb dem Nichtphysiker Mayer lange versagt. Erst nach 1860 wurden vor allem durch den persönlichen Einsatz von Hermann von Helmholtz (1821–1894) die Leistungen von Mayer allgemein anerkannt.

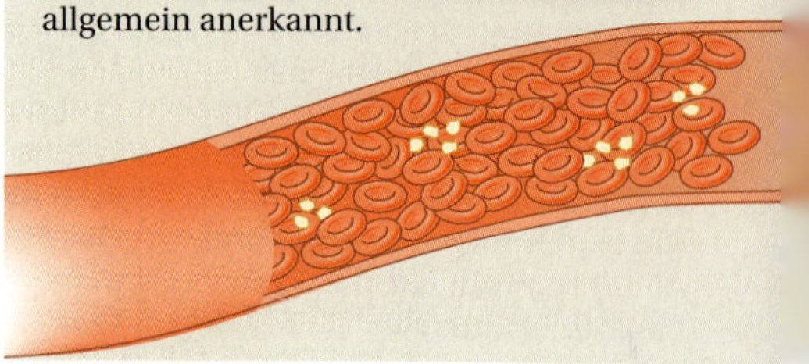

Umwandlung und Übertragung von Energie

Wenn keine Energie entweichen oder von außen hinzukommen kann, so bleibt nach dem Energieerhaltungssatz (s. S. 12) in einem abgeschlossenen System die Summe aller Energien stets gleich. Das bedeutet aber nicht, dass auch die vorhandenen **Energieformen** erhalten bleiben müssen.

Um z. B. einen Pkw zu beschleunigen, wird Kraftstoff verbrannt. Die im Kraftstoff gespeicherte chemische Energie wird z. T. in Bewegungsenergie des Pkw umgewandelt. Zugleich wird dabei Energie vom Kraftstoff über den Motor auf das gesamte Fahrzeug einschließlich Fahrer übertragen. In einem Ofen wird die chemische Energie der Kohle beim Verbrennen in innere Energie umgewandelt und auf Körper der Umgebung übertragen. Allgemein gilt:

> **Bei physikalischen, chemischen, biologischen oder technischen Vorgängen kann Energie von einer Energieform in andere Energieformen umgewandelt und von einem Körper auf andere Körper übertragen werden.**

Geräte, Maschinen und Anlagen, die Energie von einer Form in andere Formen umwandeln, nennt man Energiewandler. Einige Beispiele dafür sind in Abb. 1 dargestellt.

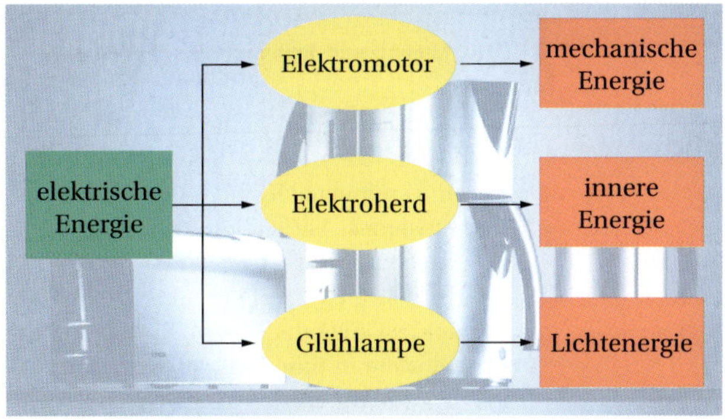

1 ▸ Elektrische Geräte sind Energiewandler. Die zugeführte elektrische Energie wird zum Teil in nutzbare Energie umgewandelt. Der andere Teil wird ungenutzt an die Umgebung abgegeben.

Entwertung von Energie

Energie soll möglichst effektiv genutzt werden. Bei jeder Energieumwandlung treten aber auch Energieformen auf, die nicht gewünscht sind oder die wir nicht nutzen können. So werden z. B. bei einer Energiesparlampe nur etwa 25 % der zugeführten elektrischen Energie in Licht umgewandelt. Bei einer Glühlampe sind das nur 5 %. Der „Rest" von 75 % bzw. 95 % wird in Form von Wärme an die Umgebung abgegeben und ist für uns nicht mehr nutzbar (Abb. 2).

Die durch den Energiewandler Energiesparlampe entstehende Energie wird im Weiteren nicht mehr genutzt. Die Energie hat damit für uns an Wert verloren.

Beachte: Auch wenn die Energie an Wert für uns verloren hat, bleibt sie doch erhalten.

> **Die einem Energiewandler zugeführte hochwertige Energie wird häufig in minderwertigere Energie umgewandelt und damit entwertet.**

Die Energie, die bei mechanischen Vorgängen durch Reibung in Form von Wärme an die Umgebung abgegeben wird, ist für uns ebenfalls nicht mehr nutzbar. So wird z. B. beim Bremsen eines Autos seine Bewegungsenergie in innere Energie umgewandelt.

Für das System Auto – Straße – umgebende Luft bleibt die Summe der Energien gleich.

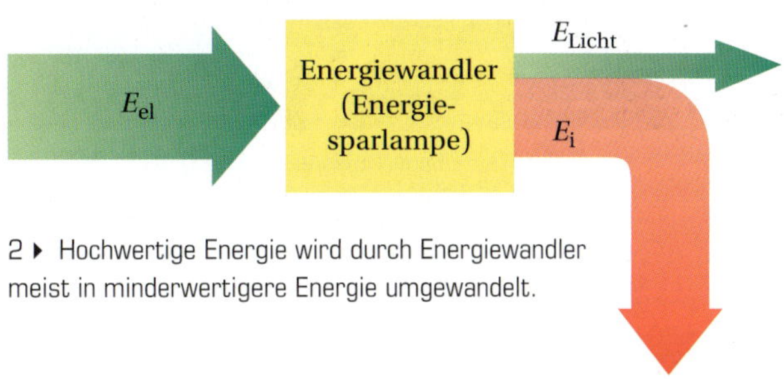

2 ▸ Hochwertige Energie wird durch Energiewandler meist in minderwertigere Energie umgewandelt.

Speicherung und Transport von Energie

So unterschiedlich Kohle, Wasser, Wind, Gas, Holz, elektrischer Strom, Erdöl oder Nahrungsmittel auch sind - sie haben etwas Gemeinsames. Sie **speichern** Energie und sind deshalb **Energieträger.**

Zu den Energieträgern gehören Brennstoffe wie Kohle, Holz oder Heizöl. Beim Verbrennen wird die in ihnen gespeicherte Energie in Form von innerer Energie freigesetzt.

Auch in Treibstoffen wie Benzin und Dieselkraftstoff ist Energie gespeichert, die beim Verbrennen des Kraftstoffs im Motor freigesetzt wird.

Wasser in einem Stausee besitzt Höhenenergie (Abb. 1). Somit ist ein solcher Stausee ein Energiespeicher. Die Energie des Wassers kann in einem Wasserkraftwerk in elektrische Energie umgewandelt werden. Elektrische Energie wiederum kann man in Akkumulatoren oder Batterien speichern. Allgemein gilt:

Energie kann in Energieträgern wie Brennstoffen, Treibstoffen, gehobenen und bewegten Körpern oder Batterien gespeichert werden.

Brenn- und Treibstoffe können über weite Strecken transportiert werden. Das gilt auch für elektrische Energie, die durch Leitungen vom Kraftwerk bis zum Verbraucher übertragen wird.

1 ▸ Die Talsperre Hohenwarte staut die Saale zu einem See mit einem Fassungsvermögen von 182 Mio. m^3 auf.

2 ▸ Die wichtigste Energiequelle ist für uns die Sonne. Nur infolge der Wärmestrahlung, mit der Energie zur Erde gelangt, konnte auf der Erde Leben entstehen und sich entwickeln.

Die Sonne, unsere wichtigste Energiequelle (Abb. 2), ist etwa 149 Millionen Kilometer von uns entfernt. Sie strahlt in jeder Sekunde $3{,}8 \cdot 10^{26}$ J in den sie umgebenden Weltraum ab. Ein kleiner Teil davon erreicht die Erde.

Auf die Obergrenze der Atmosphäre treffen in jeder Sekunde 1,37 kJ senkrecht auf einen Quadratmeter.

Davon gelangen jedoch nur etwa 50 % auf die Erdoberfläche. Die restliche Strahlung wird teilweise durch die Atmosphäre reflektiert und teilweise absorbiert (aufgenommen).

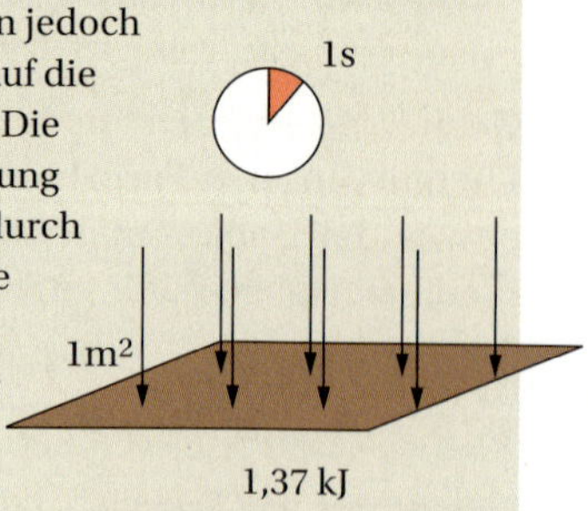

Die Entstehung des Lebens auf der Erde, das Wachstum von Pflanzen und Tieren, das Vorhandensein von Kohle oder Erdöl und der ständige Kreislauf des Wassers in der Natur hängen unmittelbar mit den Wirkungen und den Einflüssen der Sonnenstrahlung zusammen.

1

Physik in Natur und Technik

Energieumwandlung bei einer Windkraftanlage

In den letzten Jahren hat sich die Anzahl der installierten Windkraftanlagen in Deutschland stark vergrößert (Abb. 3).
Wie ist eine Windkraftanlage aufgebaut?
Welche Energieumwandlungen gehen bei einer Windkraftanlage vor sich?

Aufbau: Auf einem Turm befindet sich ein meist dreiflügliger Rotor (Abb. 1). Er ist über ein Getriebe mit einem Generator verbunden. Die ganze Anordnung ist drehbar gelagert, damit der Rotor in die jeweilige Windrichtung gedreht werden kann. Darüber hinaus können die Rotorblätter verstellt werden, um günstige Bedingungen für unterschiedliche Windgeschwindigkeiten einstellen zu können.

Energieumwandlungen: Die Energie des Windes treibt den Rotor an und versetzt ihn in Bewegung. Dabei treten aufgrund von Reibung und von Wirbelbildung schon etwa 60 % Energieverluste auf (Abb. 2).
Die Bewegungsenergie des Rotors wird über eine Welle auf das Getriebe und von dort über eine Welle zum Generator übertragen. Die im Getriebe entstehenden Verluste durch Reibung betragen 4 %. Bei der Umwandlung von kinetischer in elektrische Energie im Generator treten ebenfalls Energieverluste auf.
In der Anlage werden nur etwa 29 % der ursprünglichen Windenergie in nutzbare elektrische Energie umgewandelt.

3 ▸ Wind gehört zu den regenerativen Energiequellen.

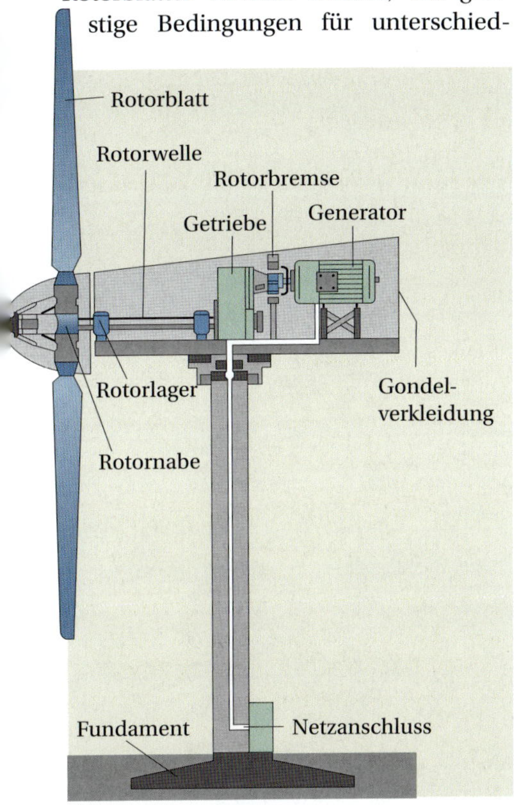

1 ▸ Aufbau einer modernen Windkraftanlage zur Gewinnung von elektrischer Energie

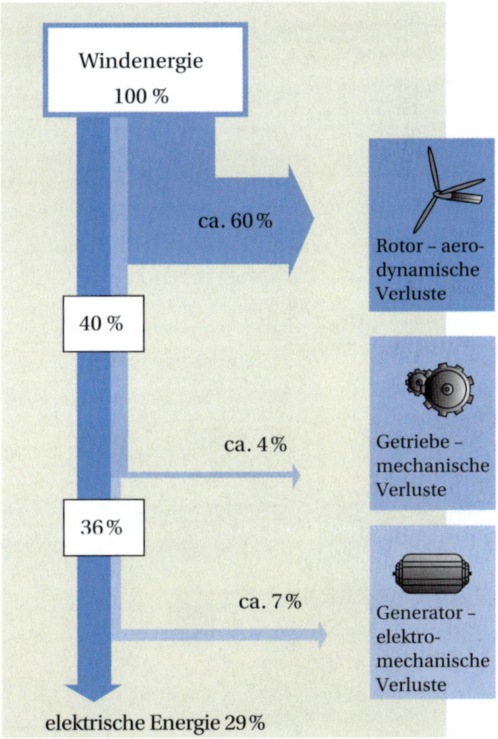

2 ▸ Energieumwandlungen bei einer Windkraftanlage: Angegeben sind Durchschnittswerte.

Projekt

Energiewandler Mensch

Menschen, Tiere und Pflanzen benötigen Energie, um sich zu entwickeln, zu wachsen und um ihre Lebensprozesse aufrecht zu erhalten. Energie ist auch erforderlich, um die notwendige Körpertemperatur zu gewährleisten, um sich fortzubewegen und um Tätigkeiten zu verrichten.

Kennzeichnend für alle Lebewesen und damit auch für den Menschen sind:

- Es erfolgt eine Aufnahme von Stoffen (Nahrungsmitteln) und damit zugleich die Aufnahme hochwertiger Energie.
- Im Körper laufen aufbauende und abbauende Prozesse ab. Bei den abbauenden Prozessen erfolgt eine Entwertung der aufgenommenen Energie.
- Vom Körper werden Stoffe und Energie abgegeben. Die abgegebene Energie ist nicht mehr hochwertig.

1 ▸ Biochemische Prozesse sind durch Stoff- und Energieumwandlungen gekennzeichnet.

1. *Gilt der Energieerhaltungssatz auch für den Energiewandler Mensch? Begründe deine Auffassung!*

2. *Beschreibe mithilfe der Abb. 1 die Stoff- und Energieumwandlungen, die beim Menschen vor sich gehen!*

In einem Nahrungsmittelkreis (Abb. links unten) sind die Gruppen von Nahrungsmitteln und Getränken dargestellt, aus denen man täglich etwas zu sich nehmen sollte.

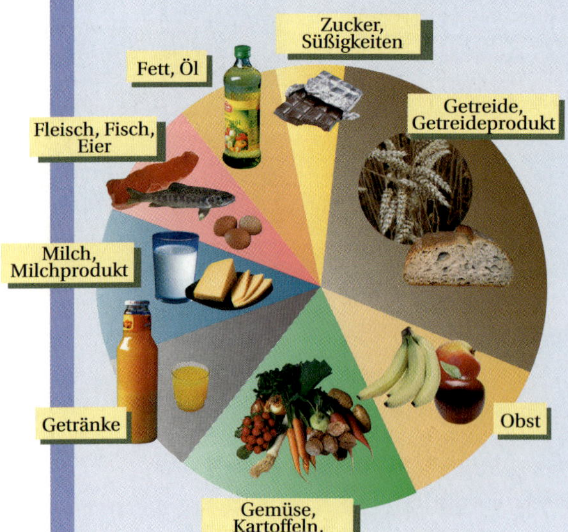

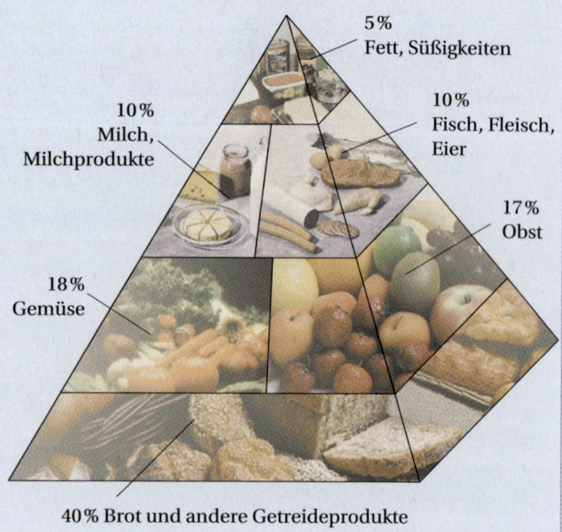

Projekt

In welchen Anteilen man die verschiedenen Nahrungsmittel zu sich nehmen sollte, ist aus einer Ernährungspyramide (Abb. S. 16, rechts unten) ablesbar. Getränke außer Milch sind dort nicht erfasst. Die Prozentzahlen beziehen sich auf die empfohlene Menge der Nahrungsmittel pro Tag.

3. *Stelle die Ernährungspyramide als Kreisdiagramm dar!*

4. *Auf Verpackungen von Lebensmitteln sind häufig „Nährwertangaben pro 100 g" angegeben (Abb. rechts). Der Brennwert entspricht dem Energiegehalt von 100 g des Nahrungsmittels.*

a) *Wie viel Energie nimmt man zu sich, wenn man 150 g Zuckermilch (Abb. rechts) löffelt?*

b) *Stelle in einer Übersicht für verschiedene Lebensmittel die Nährwertangaben pro 100 g zusammen! Notiere auch jeweils den Gehalt an Eiweiß, Kohlenhydraten und Fett!*

c) *Berechne jeweils den Energiegehalt aus den Angaben für Eiweiß, Kohlenhydraten und Fett, so wie rechts angegeben!*

Für den Energieinhalt (= Brennwert) gilt:

1 g Eiweiß: 17 kJ
1 g Kohlenhydrate: 18 kJ
1 g Fett: 39 kJ

Manchmal wird auch noch die Einheit 1 Kilokalorie (1 kcal) genutzt:

1 kcal = 4,19 kJ

Auf manchen Verpackungen findet man von den genannten Werten abweichende Angaben.

Der Energiebedarf von Menschen ist sehr unterschiedlich und kann zwischen etwa 8 000 kJ und 25 000 kJ pro Tag liegen. Er hängt nicht nur vom Körpergewicht und vom Alter ab, sondern wird vor allem von der körperlichen Aktivität und der Art der Tätigkeit bestimmt. Hohe körperliche Aktivität oder körperlich schwere Arbeit erfordern mehr Energie. Bei durchschnittlicher Aktivität werden folgende Richtwerte empfohlen:

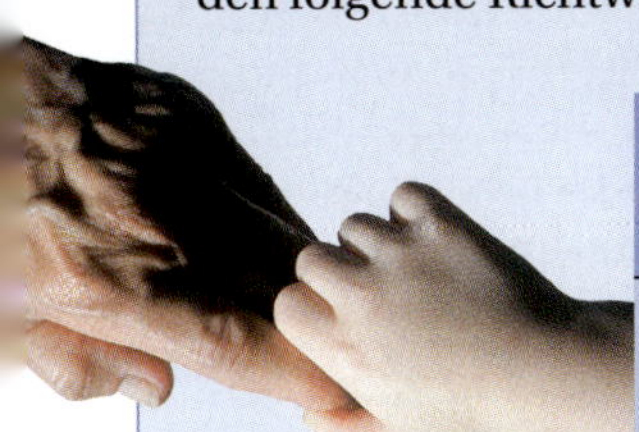

Alter	Richtwert in kJ/Tag	
	männlich	weiblich
10–12	9 650	9 250
13–14	11 350	10 500
15–18	12 600	10 100
19–35	10 900	9 250

Geistige Tätigkeiten erfordern nur wenig Energie, können aber trotzdem anstrengend sein.

5. a) *Ermittle, wie hoch der Energiegehalt der Nahrungsmittel ist, die du innerhalb von 24 Stunden zu dir nimmst!*

b) *Vergleiche mit den oben angegebenen Richtwerten! Wodurch könnten Abweichungen zustande kommen?*

c) *Wie müsste die Energiebilanz bei einer Person aussehen, die abnehmen will?*

6. *Fertigt eine Präsentation zum Thema „Der Energiewandler Mensch" an!*

Aufgaben

1. Die Abbildungen zeigen Vorgänge in Natur und Technik.
   a) Welche Energieformen besitzen die jeweiligen Körper?
   b) Welche Energieumwandlungen erfolgen bei diesen Vorgängen?

2. Suche in Nachschlagewerken und im Internet Wörter mit dem Bestandteil „Energie“!
   a) Erläutere, in welchen Bedeutungen der Begriff Energie genutzt wird!
   b) Was versteht man in der Physik unter Energie?

3. Strömendes Wasser und strömende Luft besitzen Energie.
   Erläutere diese Aussage an Beispielen!

4. Ein Schüler befindet sich auf einer Skateboard-Bahn (Abb. rechts oben). Der Schüler hat in A und C den höchsten Punkt der Bahn erreicht.
   a) Welche Energieformen besitzt der Schüler?
   b) Beschreibe für den Schüler die Energieumwandlungen!

5. Beschreibe die Energieumwandlungen, die bei einem Fadenpendel bzw. bei einem Federpendel vor sich gehen!

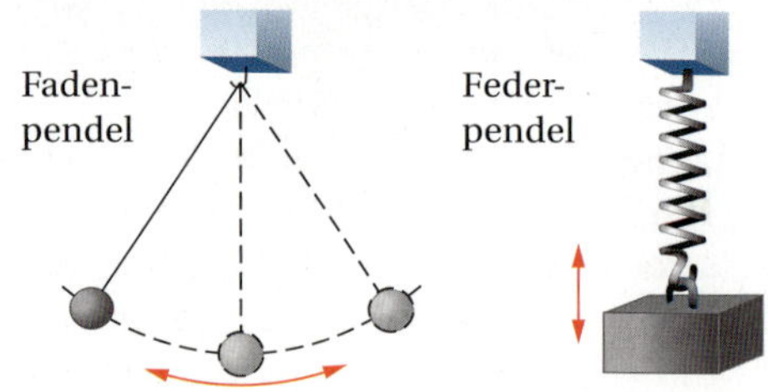

6. Nenne Argumente, warum die elektrische Energie häufig als die wichtigste Energieform in unserem Leben bezeichnet wird!

7. Bereite einen Vortrag zum Thema „Die Sonne – unsere wichtigste Energiequelle“ vor! Nutze dazu das Internet!

8. Gib für die folgenden Geräte an, welche Energieumwandlungen im Gerät erfolgen:
   a) elektrischer Mixer,
   b) Heizsonne,
   c) Benzinmotor eines Rasenmähers,
   d) Pendeluhr,
   e) Gasherd!

9. In der Technik und im Alltag spricht man im Zusammenhang mit Energieumwandlungen von Energieverlusten. Kann Energie verloren gehen? Was ist mit dem Begriff „Energieverlust“ gemeint? Erläutere an Beispielen, wo „ Energieverluste“ auftreten!

10. Der Energieerhaltungssatz gilt unter der Bedingung, dass ein abgeschlossenes System vorliegt. Ein abgeschlossenes System lässt sich so darstellen, wie es die folgende Abbildung zeigt.

a) Nenne die in diesem System vorhandenen Energieformen und beschreibe die Energieumwandlungen!

* **b)** Das Pferd wird anschließend gefüttert. Gilt dann auch der Energieerhaltungssatz?

11. Beschreibe die Energieumwandlungen, die in den Geräten erfolgen! Beziehe auch die jeweiligen Energieentwertungen mit ein!

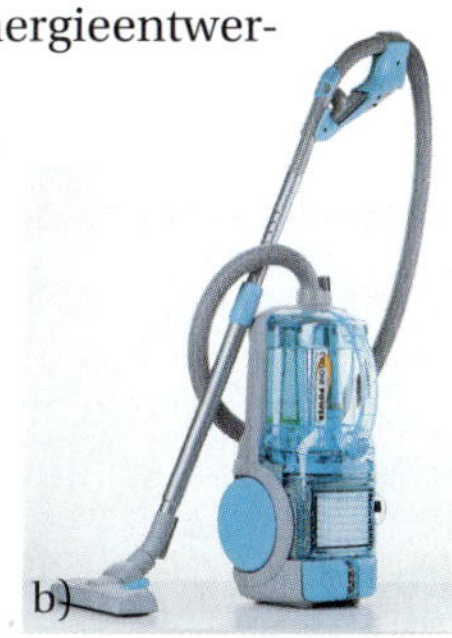

12. Nenne wichtige Energiewandler bei der Umwandlung elektrischer Energie in andere Formen und umgekehrt! Benutze dazu folgendes Schema:

13. Erläutere, warum auch Pflanzen Energiewandler sind!

14. Peter hat folgende Schaltung aufgebaut:

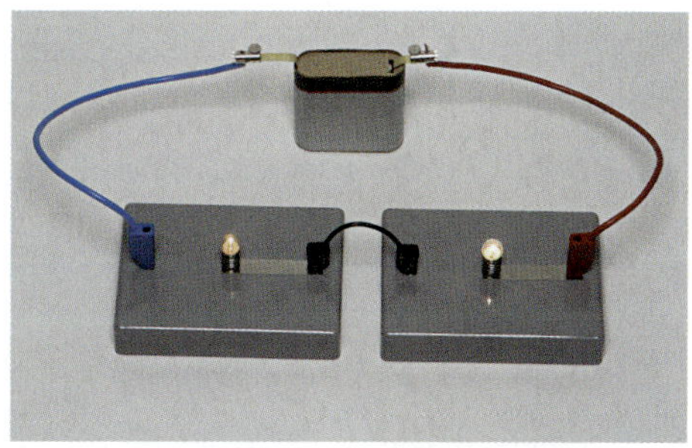

a) Wie sind die Glühlampen geschaltet?

b) Welche Aussage kann man über die Stromstärke im Stromkreis treffen?

c) Peter kommentiert seine Versuchsbeobachtung so: Die beiden Glühlampen verbrauchen unterschiedlich viel Energie (s. Abb.). Was meinst du dazu?

15. Das von der Sonne kommende Licht besitzt Energie.

a) Wie breitet sich Licht aus?

b) Begründe, dass Sonnenstrahlung Energie besitzt!

16. Erkunde, wie in deiner näheren Umgebung die Versorgung mit Fernwärme funktioniert! Entwickle eine Energieumwandlungskette vom „Erzeuger“ bis zum „Verbraucher“!
Wo treten „Energieverluste“ auf? Was wird unternommen, um diese möglichst klein zu halten?

Das Wichtigste auf einen Blick

Energie und Energieformen

Energie ist eine physikalische Größe. Mit Energie können Körper bewegt, verformt, erwärmt oder zur Aussendung von Licht gebracht werden.
Formelzeichen: E
Einheit: ein Joule (1 J)

Energie
- kann in verschiedenen Energieformen vorliegen.
- kann von einer Energieform in andere Energieformen umgewandelt werden.
- kann von einem Körper auf andere Körper übertragen werden.
- kann in Brenn- und Heizstoffen, gehobenen und bewegten Körpern oder Batterien gespeichert werden.

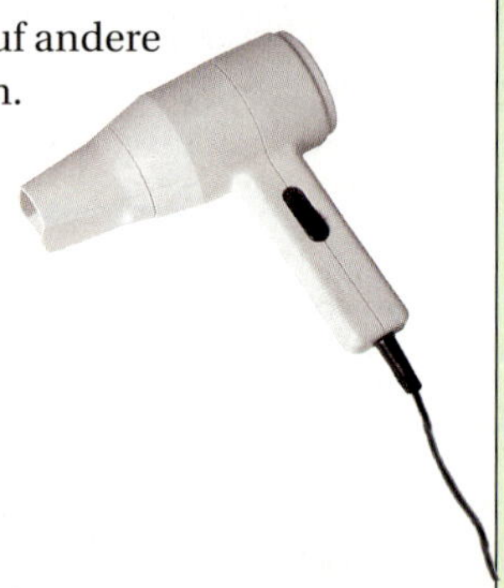

Ganz gleich, in welchen Formen die Energie vorliegt und wie oft sie in andere Formen umgewandelt wird, es gilt stets der **Energieerhaltungssatz.**

In einem abgeschlossenen System ist die Summe aller Energien konstant. Die Gesamtenergie bleibt erhalten. Energie kann weder erzeugt noch vernichtet werden.

$$E_{ges} = E_1 + E_2 + E_3 + ... = \text{konstant}$$

Geräten, Anlagen und Lebewesen wird Energie zugeführt. Es erfolgen **Energieumwandlungen,** wobei immer nur ein Teil der zugeführten Energie genutzt wird. Der andere Teil wird an die Umgebung abgegeben und verliert dadurch für uns an Wert. Der Physiker sagt: Die Energie wird entwertet.

1.2
Energieformen in der Mechanik

Mehr oder weniger Energie ▸▸ Körper können unterschiedlich viel Energie besitzen. So hat beispielsweise bei gleicher Geschwindigkeit ein schwerer Lkw viel mehr Energie als ein Pkw.
Wovon hängt die Energie eines Körpers ab? Wie lässt sich die Energie eines bewegten Körpers ermitteln?

Den Energieerhaltungssatz nutzen ▸▸ Die Kenntnis des Energieerhaltungssatzes ermöglicht es uns, Voraussagen bei Vorgängen in Natur, Technik und Alltag zu treffen. So kann man z. B. die Geschwindigkeit, mit der ein Turmspringer auf die Wasseroberfläche trifft, vorhersagen.
Was kann man noch mithilfe des Energieerhaltungssatzes erklären oder voraussagen? Ist der Energieerhaltungssatz auch in unserem Alltag von Bedeutung?

Die mechanische Energie

Ein gehobener Stein, ein fahrendes Auto, eine gespannte Feder oder ein rotierendes Schwungrad besitzen Energie. Das gilt auch für strömendes und angestautes Wasser oder für strömende Luft. Die Energie, die Körper aufgrund ihrer Lage oder ihrer Bewegung haben, wird als **mechanische Energie** bezeichnet. Mechanische Energie kann in verschiedenen Formen auftreten. Einige der Formen werden nachfolgend genauer betrachtet.

Die Höhenenergie

Gehobene Körper, z.B. die Kinder auf einem Klettergerüst (Abb. 1), besitzen **Höhenenergie.** Sie wird auch als **Lageenergie** bezeichnet. Man hat herausgefunden: Die Energie, die ein Körper aufgrund seiner Höhe besitzt (Abb. 2), ist umso größer,

- je höher der Körper gehoben wird und
- je schwerer ein Körper ist.

Die Wahl des Nullniveaus hängt vom gegebenen Sachverhalt ab.

Die Höhe eines Körpers bezieht sich dabei immer auf ein Nullniveau ($h = 0$). Auf diesem Niveau ist die Höhenenergie null. Liegt z.B. ein Schulranzen auf dem Boden eines Klassenzimmers, so ist seine Höhenenergie bezüglich des Zimmerbodens null. Bezüglich des Erdbodens kann der Ranzen aber Höhenenergie besitzen, etwa wenn sich das Klassenzimmer im 1. Stock befindet. Aussagen zur Höhenenergie eines Körpers sind nur eindeutig, wenn ein Nullniveau angegeben wird.

1 ▸ Gehobene Körper besitzen Höhenenergie.

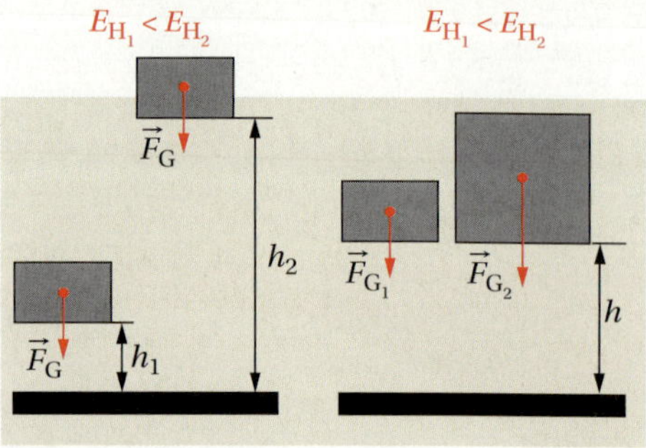

2 ▸ Die Höhenenergie eines Körpers hängt von der Höhe und der Gewichtskraft ab.

Die Höhenenergie eines Körpers kann berechnet werden mit der Gleichung:

$E_H = F_G \cdot h$ oder $E_H = m \cdot g \cdot h$

- F_G Gewichtskraft des Körpers
- h Höhe über dem Nullniveau
- m Masse des Körpers
- g Fallbeschleunigung ($g = 9{,}81\,\text{m/s}^2$)

Aus den Gleichungen ergeben sich als Einheiten für die Energie 1 Nm (sprich: ein Newtonmeter).
Dabei gilt:

$$1\,\text{J} = 1\,\text{Nm} = 1\,\frac{\text{kg} \cdot \text{m}^2}{\text{s}^2}$$

Wendet man die Festlegungen zur Höhenenergie auf die Kinder (Abb. 1) an, dann ergibt sich beim Nullniveau Erdboden:

- Befinden sich zwei Kinder in der gleichen Höhe, so besitzt das schwerere Kind die größere Höhenenergie.
- Haben zwei Kinder die gleiche Masse, so besitzt dasjenige mehr Höhenenergie, das weiter vom Boden entfernt ist.
- Die Höhenenergie eines Kindes wird null, wenn es vom Gerüst heruntergeklettert ist.

Die kinetische Energie

Bewegte Körper, z. B. ein fahrendes Auto, eine fallende Kugel (Abb. 1) oder die Fahrzeuge auf einer Autobahn besitzen ebenfalls Energie. Sie wird als Bewegungsenergie oder als **kinetische Energie** bezeichnet.
Unter Nutzung des Energieerhaltungssatzes und der Kenntnisse über die Höhenenergie können wir eine Gleichung zur Berechnung der kinetischen Energie gewinnen. Dazu betrachten wir den in Abb. 1 dargestellten Fall: Eine Stahlkugel befindet sich in der Höhe h über dem Nullniveau. Aus der Masse m und der Höhe h kann ihre Höhenenergie berechnet werden. Experimentell wird die Auftreffgeschwindigkeit auf dem Nullniveau bestimmt. In der folgenden Tabelle sind die berechneten und die gemessenen Werte dargestellt.

h in m	0,20	0,40	0,60	0,80	1,00
E_H in J	0,39	0,78	1,18	1,57	1,96
v in $\frac{m}{s}$	1,98	2,80	3,43	3,96	4,43

Der Raumbereich, in dem die Kugel fällt, kann als abgeschlossenes System betrachtet werden. In diesem System wandelt sich die Höhenenergie der Kugel vollständig in kinetische Energie um. Nach dem Energieerhaltungssatz ist dann die ursprüngliche Höhenenergie genauso groß wie die kinetische Energie beim Auftreffen (Abb. 1): $E_H = E_{kin}$
Damit kann man einen Zusammenhang zwischen kinetischer Energie und Geschwindigkeit herstellen, der sich aus den Werten in der Tabelle links ergibt.

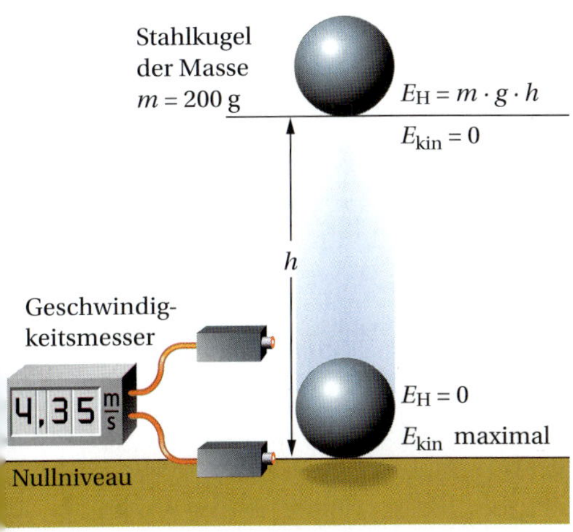

1 ▸ Energieumwandlung bei einer fallenden Kugel

Methode

Sinnvolle Genauigkeit

Physikalische Größen sind stets mit **sinnvoller Genauigkeit** anzugeben. Das Ergebnis einer Rechnung mit Größen kann nie genauer als der ungenaueste Ausgangswert sein. Es muss sinnvoll gerundet werden.
Hat man Größen durch Messungen gewonnen, so hängt die Genauigkeit der Größe von der Genauigkeit des Messgeräts oder des Messverfahrens ab.

Beachte die Rundungsregeln: Bei 0, 1, 2, 3 und 4 wird abgerundet, bei 5, 6, 7, 8 und 9 aufgerundet.

Die Masse der Kugel beträgt 200 g.

E_{kin} in J	0,39	0,78	1,18	1,57	1,96
v in $\frac{m}{s}$	1,98	2,80	3,43	3,96	4,43
v^2 in $\frac{m^2}{s^2}$	3,92	7,84	11,8	15,7	19,6
$m \cdot v^2$ in $\frac{kg \cdot m^2}{s^2}$	0,78	1,57	2,36	3,14	3,92

Aus den Tabellen ist erkennbar:

- Eine Verdopplung der Höhe und damit eine Verdopplung der Energie führt nicht zu einer Verdopplung der Geschwindigkeit. Es gilt also nicht $E_{kin} \sim v$.
- Vielmehr führt eine Vervierfachung der Höhe und damit auch eine Vervierfachung von E_H bzw. E_{kin} zu einer Verdopplung der Geschwindigkeit. Es könnte also gelten:

$$E_{kin} \sim v^2$$

Eine Prüfung dieser Vermutung anhand der Werte (3. Zeile der Tabelle oben) zeigt, dass diese Vermutung richtig zu sein scheint.

Die kinetische Energie eines Körpers hängt auch von seiner Masse ab. Eine Kugel mit doppelter Masse hat die doppelte Höhenenergie und damit beim Auftreffen auch die doppelte kinetische Energie. Daraus könnte man folgern:

$$E_{kin} \sim m$$

Fasst man die beiden Proportionalitäten zusammen, so ergibt sich:

$$E_{kin} \sim m \cdot v^2$$

Beachte! Für die Einheiten gilt:

$1\,J = 1\,\frac{kg \cdot m^2}{s^2}$

Vergleicht man für die betrachteten Fälle das Produkt $m \cdot v^2$ (4. Zeile der Tabelle S. 23) und E_{kin} (1. Zeile dieser Tabelle), dann ist erkennbar:

Es gilt nicht $E_{kin} = m \cdot v^2$, sondern vermutlich $E_{kin} = \frac{1}{2} m \cdot v^2$. Zahlreiche weitere Untersuchungn haben diese Vermutung bestätigt. Damit erhält man zusammenfassend:

Die kinetische Energie eines Körpers kann berechnet werden mit der Gleichung:

$$E_{kin} = \frac{1}{2} m \cdot v^2$$

m **Masse des Körpers**
v **Geschwindigkeit des Körpers**

So hat bei gleicher Geschwindigkeit ein Lkw mit doppelter Masse eine doppelt so große kinetische Energie.

In der Tabelle unten wurde mit $g \approx 10\,\frac{m}{s^2}$ gerechnet.

Verdoppelt sich die Geschwindigkeit eines Autos, so vervierfacht sich seine kinetische Energie.

Mechanische Energien in Natur und Technik	
Höhenenergie	
Ziegelstein (m = 3,5 kg), um 1 m gehoben	35,0 J
Mensch (m = 55 kg) auf 10-m-Sprungbrett	5,5 kJ
Ramme (m = 1 000 kg), um 1 m gehoben	10 kJ
Kinetische Energie	
Apfel (m = 100 g) bei 1 m freiem Fall	1 J
Mensch (m = 55 kg) beim normalen Gehen	50 J
Pkw (m = 1 000 kg) bei 100 km/h	386 kJ

1 ▸ Bewegte Körper besitzen kinetische Energie.

Methode

Ein Weg zur Gewinnung neuer Erkenntnisse

Auf der Grundlage bisheriger Erkenntnisse, aber auch durch Beobachtungen oder Experimente kann man begründete Vermutungen ableiten. In der Physik spricht man von einer **Hypothese.** Eine solche Hypothese ist z. B.: Die kinetische Energie eines Körpers wächst mit dem Quadrat seiner Geschwindigkeit.

Hypothesen müssen geprüft werden. Eine solche Prüfung kann experimentell oder auf der Grundlage bisheriger Erkenntnisse erfolgen. Die Übersicht zeigt das typische Herangehen.

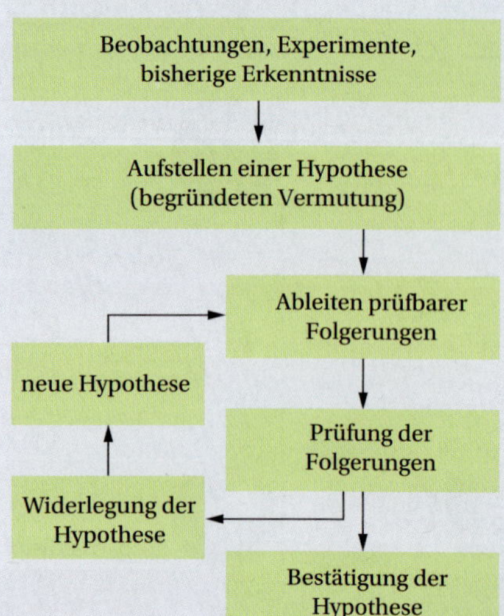

Die Spannenergie

Gespannte Federn, ein gedehnter Expander oder eine aus der Ruhelage ausgelenkte Saite einer Gitarre besitzen ebenfalls Energie, die man als **Spannenergie** bezeichnet. Sie ist wie die Höhenenergie eine Form der **potenziellen Energie** (Lageenergie).

Ähnlich wie bei der kinetischen Energie können wir mithilfe des Energieerhaltungssatzes eine Gleichung zur Berechnung der Spannenergie herleiten. Wir betrachten dazu eine Anordnung, wie sie in Abb. 2 dargestellt ist. Die gesamte Anordnung bildet ein abgeschlossenes System, für das der Energieerhaltungssatz gilt. Mithilfe der ursprünglich gespannten Feder wird die Kugel beschleunigt und erreicht eine maximale Höhe h. Die in der Feder gespeicherte Energie wird vollständig in Höhenenergie umgewandelt. Es gilt also:

$$E_H = E_{Sp}$$

Nun variieren wir das Experiment.

(1) Die Feder wird unterschiedlich stark zusammengedrückt und es wird jeweils die Höhe h markiert, die die Kugel maximal erreicht. Dabei stellen wir fest: Bei einer doppelt so starken Stauchung s der Feder erhalten wir die vierfache Höhe h der Kugel. Eine Verdreifachung der Stauchung führt zur 9-fachen Höhe.

1 ▸ Ein gedehnter Expander besitzt Spannenergie.

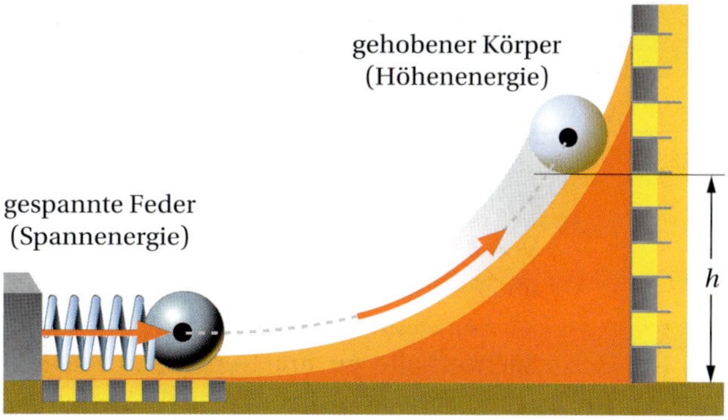

2 ▸ Spannenergie wird in Höhenenergie umgewandelt. Die Reibung wird dabei vernachlässigt.

Hieraus folgt bei Gleichheit der maximalen Spannenergie und Höhenenergie:

$$E_H \sim s^2 \quad \text{bzw.} \quad E_{Sp} \sim s^2$$

(2) Wir nutzen für das Experiment Federn mit unterschiedlicher Federkonstanten D. Die unterschiedlichen Federn werden jeweils um die gleiche Strecke s gestaucht. Die Experimente ergeben: Bei Verdopplung der Federkonstanten D ergibt sich auch eine Verdopplung der Höhe h. Also scheint zu gelten:

Die Federkonstante D ist ein Maß für die Härte einer Feder. Sie wird auch als Federhärte bezeichnet. Es gilt: $D = \frac{F}{s}$

$$E_H \sim D \quad \text{bzw.} \quad E_{Sp} \sim D$$

Zusammenfassend erhält man damit:

$$E_{Sp} \sim D \cdot s^2$$

Als Proportionalitätsfaktor ergibt sich aus den Messungen, ähnlich wie bei der kinetischen Energie, der Wert $\frac{1}{2}$.

Die Spannenergie einer elastischen Feder lässt sich berechnen mit der Gleichung:

$$E_{Sp} = \frac{1}{2} D \cdot s^2$$

D Federkonstante
s Stauchung oder Dehnung der Feder

Die Feder kann auch um die Strecke s gedehnt werden. Sie besitzt dann ebenfalls die Spannenergie $\frac{1}{2} D \cdot s^2$.

Physik in Natur und Technik

Energie beim freien Fall

Der Energieerhaltungssatz gilt für viele Vorgänge in Natur, Technik und Alltag, auch wenn uns das nicht immer bewusst ist. Seine Anwendung ermöglicht es uns, Sachverhalte zu erklären, neue Zusammenhänge zu erkennen oder Voraussagen zu treffen. Wir betrachten als Beispiel einen frei fallenden Körper (Abb. 1).
Was bedeutet freier Fall? Welche Energieumwandlungen gehen dabei vor sich? Welche Folgerungen kann man daraus ableiten?

In der Physik wird eine Fallbewegung, die nicht durch den Luftwiderstand behindert wird, als **freier Fall** bezeichnet.

Von freiem Fall spricht man auch dann, wenn der Luftwiderstand vernachlässigbar klein ist, wie bei einem fallenden Stein oder einem Wasserspringer.

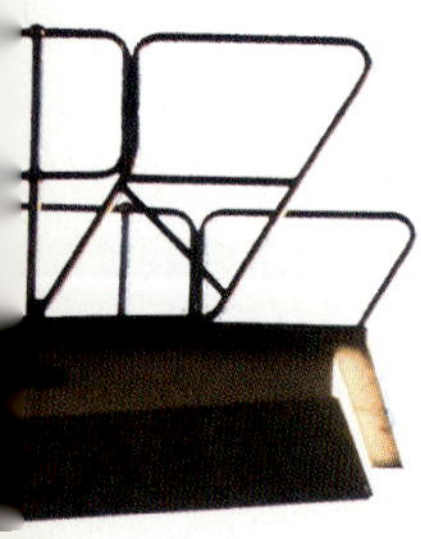

Für einen solchen freien Fall gilt der Energieerhaltungssatz: Wählt man bei unserem Beispiel die Wasseroberfläche als Nullniveau, dann wird die ursprünglich vorhandene Höhenenergie vollständig in kinetische Energie umgewandelt. Es gilt demzufolge:

$$E_{\text{H, oben}} = E_{\text{kin, unten}}$$

$$m \cdot g \cdot h = \frac{1}{2} m \cdot v^2$$

Division durch die Masse m und Umstellen nach v ergibt:

$$v^2 = 2g \cdot h \qquad (1)$$

Dabei sind v die Geschwindigkeit des Körpers beim Auftreffen auf die Wasseroberfläche, g die Fallbeschleunigung und h die ursprüngliche Höhe über der Wasseroberfläche (Nullniveau).

Aus der Gleichung (1) ergibt sich:
- Die Geschwindigkeit, die ein frei fallender Körper erreicht, ist an einem bestimmten Ort nur von der Fallhöhe abhängig.
- Die Geschwindigkeit ist nicht von der Masse abhängig. Bei gleicher Höhe erreicht ein schwerer Springer die gleiche Geschwindigkeit wie ein leichter.

Diese Überlegungen gelten für den freien Fall beliebiger Körper.

Methode

Voraussagen physikalischer Erscheinungen

Beim Voraussagen wird auf der Grundlage von Gesetzen bzw. Modellen eine Folgerung in Bezug auf eine Erscheinung in Natur und Technik abgeleitet. Dabei muss von den Wirkungsbedingungen der Gesetze bzw. den Grenzen der Modelle ausgegangen werden.
Beim Voraussagen sollte man deshalb wie folgt vorgehen:
1. Beschreibe die für das Wirken von Gesetzen bzw. das Anwenden von Modellen wesentlichen Seiten in der Erscheinung! Lasse unwesentliche Seiten unberücksichtigt!
2. Nenne Gesetze bzw. Modelle, die der Erscheinung zugrunde liegen, weil deren Wirkungsbedingungen vorliegen!
3. Leite daraus Folgerungen für die Erscheinung ab!

1

Schwingende Energie

Die auf der Schaukel hin und her schwingenden Kinder (Abb. 1) besitzen Energie. *Welche Energieumwandlungen erfolgen dabei? An welcher Stelle wird die maximale Geschwindigkeit erreicht?*

Um überhaupt in Schwung zu kommen, muss dem System Schaukel Energie zugeführt werden. Das kann durch Anstoßen von außen oder durch geschickte Körperbewegungen geschehen. Schwingt ein Kind dann hin und her, so hängt die Form seiner Energie von der jeweiligen Stellung der Schaukel ab (Abb. 2). In den beiden höchsten Punkten, den Umkehrpunkten, ist nur Höhenenergie vorhanden. Die Geschwindigkeit und damit die kinetische Energie sind dort null. Im tiefsten Punkt (Nullniveau) ist die kinetische Energie und damit die Geschwindigkeit maximal. Insgesamt wird ständig Höhenenergie in kinetische Energie umgewandelt und umgekehrt.

1 ▸ Die Kinder auf der Schaukel schwingen hin und her. Dabei erfolgen Energieumwandlungen.

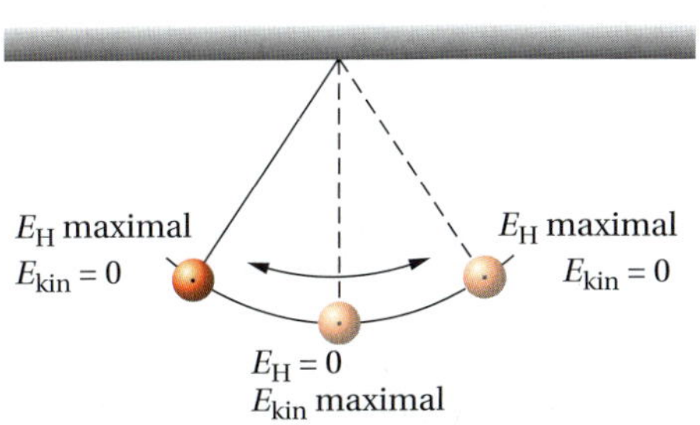

2 ▸ Darstellung der Schwingung im Modell: Die Energie „schwingt" hin und her.

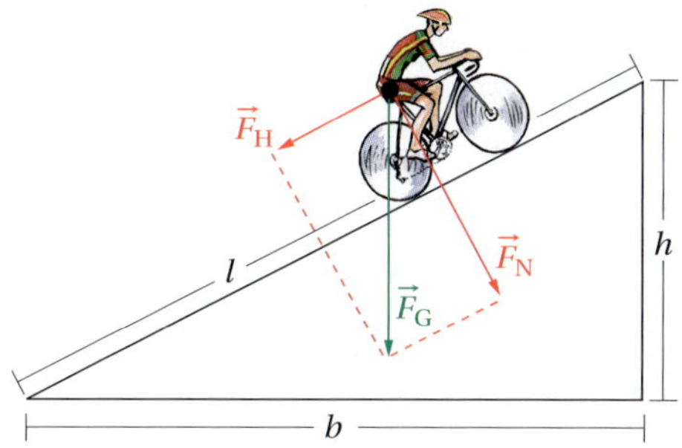

3 ▸ Jede abfallende Straße kann man als eine schiefe Ebene betrachten.

Energieumwandlungen bei einer schiefen Ebene

Ein Radfahrer fährt einen Weg entlang, bei dem es bergab und bergauf geht. *Welche Energieumwandlungen gehen dabei vor sich?*

Um eindeutige Aussagen treffen zu können, muss man verschiedene Fälle unterscheiden.

(1) Der Radfahrer fährt bergab: Dann besitzt er gegenüber dem tiefsten Punkt der Straße (Nullniveau) Höhenenergie. Diese Höhenenergie wird in kinetische Energie umgewandelt. Infolge Reibung wird ein Teil der Energie in innere Energie umgesetzt und als Wärme an die Umgebung abgegeben.

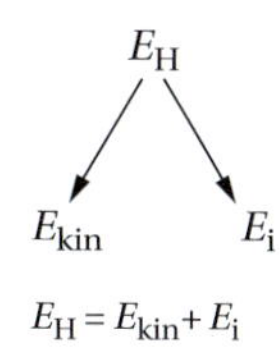

(2) Der Radfahrer befindet sich am tiefsten Punkt der Straße und lässt sich bergauf rollen: Dann besitzt er zunächst kinetische Energie. Beim Bergaufrollen wird diese in Höhenenergie umgewandelt. Darüber hinaus bewirkt auch hier die Reibung eine Umwandlung in innere Energie.

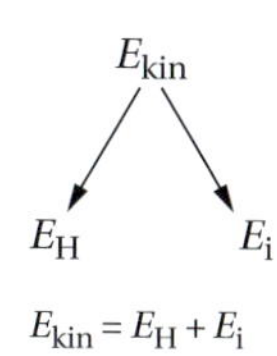

(3) Der Radfahrer fährt gleichförmig bergauf: Bei v = konstant bleibt die kinetische Energie gleich groß. Die Höhenenergie vergrößert sich gegenüber dem Ausgangsniveau. Das ist aber kein Widerspruch zum Energieerhaltungssatz. „Energielieferant" ist der menschliche Körpers, dessen Energie sich verringert.

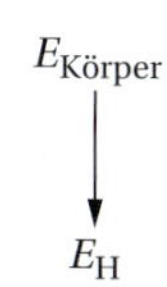

Bälle für alle Fälle

Bälle, die man aus gleichen Höhen fallen lässt, springen nicht nur unterschiedlich hoch, sondern können auch wie im Falle eines Wasserballs oder Medizinballs fast sofort am Boden liegen bleiben.
Beschreibe die Energieumwandlungen, wenn ein Superball, ein Tischtennisball und ein Medizinball aus gleichen Höhen fallen! Welche Gemeinsamkeiten und welche Unterschiede gibt es?

Während der Superball A nach dem ersten Aufprall auf dem Boden fast wieder seine ursprüngliche Höhe erreicht und noch lange springt, bleibt der Tischtennisball B deutlich unter seiner Höhe und springt nur noch einige Male immer weniger hoch. Der Medizinball C bleibt sofort liegen (Abb. 1).

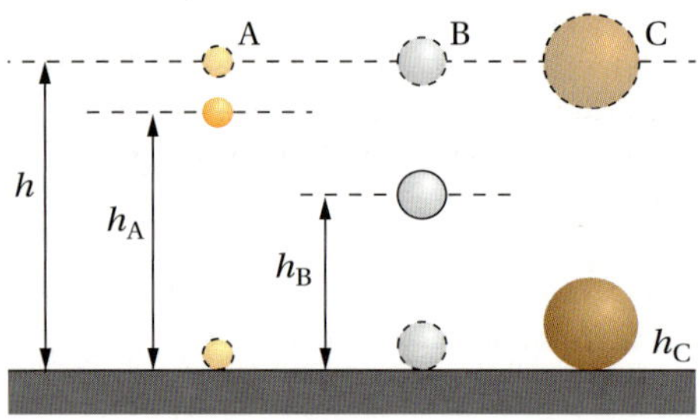

1 ▸ Nach dem Aufprall gilt: $h > h_A > h_B$ und $h_C = 0$.

In allen drei Fällen wird die Höhenenergie beim Fallen in kinetische Energie umgewandelt. Unmittelbar über dem Boden ist die kinetische Energie am größten und die Höhenenergie ist gleich null.
Mit dem Aufprall auf dem Boden unterscheiden sich die drei Vorgänge.

Beim **Medizinball** führt die kinetische Energie zur unelastischen Verformung. Seine mechanische Energie wird durch Reibung in innere Energie umgewandelt. Der Ball erhöht geringfügig seine Temperatur und die seiner Umgebung.

Das **Gemeinsame** in den Energieumwandlungen beim **Superball** und beim **Tischtennisball** zeigt sich beim Aufprall auf dem Boden: Der größte Teil der kinetischen Energie wird zur elastischen Verformung der Bälle genutzt. Die Spannenergie erhöht sich und wird wieder in kinetische Energie umgewandelt. Beide Bälle springen nach oben, wobei ihre Höhenenergie in dem Maße zunimmt, wie ihre kinetische Energie abnimmt. Die Höhenenergie verringert sich nach jedem Aufprall, weil ein Teil der mechanischen Energie in innere Energie umgewandelt wird.

Der **Unterschied** in den Energieumwandlungen beim Superball und beim Tischtennisball liegt im unterschiedlichen Grad ihrer Elastizität begründet.

Gefährliche Energie

Wie wichtig vorsichtiges und vorausschauendes Verhalten im Straßenverkehr ist, kann uns ein Gedankenspiel mit der Energieerhaltung zeigen. Betrachten wir ein Fahrzeug, das mit 50 km/h gegen eine Mauer fährt. Die kinetische Energie des Fahrzeugs entspricht dann einer bestimmten Höhenenergie. Wie hoch über dem Nullniveau müsste das Fahrzeug sein? Es gilt:

$$\frac{1}{2} m \cdot v^2 = m \cdot g \cdot h$$

und damit $$h = \frac{v^2}{2g}$$

Mit $v = 50\,\text{km/h} = 14\,\text{m/s}$ und $g = 10\,\text{m/s}^2$ erhält man:

$$h = \frac{(14\,\text{m/s})^2}{2 \cdot 10\,\text{m/s}^2} = 9{,}8\,\text{m}$$

Das bedeutet: Energetisch lässt sich der Aufprall auf die Mauer mit einem Sprung aus etwa 10 m Höhe auf einen Betonfußboden vergleichen.

Methode

Das Experiment – eine Frage an die Natur

Das Vorbereiten, Durchführen und Auswerten von Experimenten gehört zu den grundlegenden Arbeitsweisen des Physikers. Mithilfe von Experimenten kann man Zusammenhänge erkennen und genauer erfassen. Es lassen sich Naturerscheinungen exakt untersuchen und Größen bestimmen. So kann man z. B. an einer schiefen Ebene (Abb. 1) ermitteln, welche Kräfte auf einen Körper wirken und wie sie sich mit Änderung der Neigung der Ebene verändern.

Am Anfang steht eine Frage oder eine Aufgabe, die experimentell zu lösen ist. Ist die Aufgabenstellung klar, dann laufen Experimente im Wesentlichen in drei Etappen ab: Vorbereitung, Durchführung und Auswertung.

Beim **Vorbereiten eines Experiments** ist zu überlegen,
- welche Größen zu messen sind und wie sie gemessen werden können,
- welche Messfehler auftreten können und wie man sie klein halten kann,
- was verändert und welche Größen konstant gehalten werden müssen,
- welche Geräte und Hilfsmittel erforderlich sind,
- wie die Experimentieranordnung gestaltet werden muss,
- wie die gewonnenen Messwerte ausgewertet werden sollen.

Beispiel: Will man die kinetische Energie einer rollenden Kugel bestimmen, so muss man deren Masse und Geschwindigkeit ermitteln. Die Messfehler kann man klein halten, wenn man für die Massebestimmung eine genaue Waage verwendet. Die Geschwindigkeit sollte mehrmals aus Weg und Zeit bestimmt und dann der Mittelwert berechnet werden.

Beim **Durchführen eines Experiments** wird die Experimentieranordnung aufgebaut. Dabei gilt:
- Mit Geräten und Hilfsmitteln ist sorgfältig umzugehen, um Schäden zu vermeiden.
- Es sind alle Sicherheitsvorschriften einzuhalten, damit nicht fahrlässig die eigene Gesundheit oder die Gesundheit anderer gefährdet wird.
- Das Experiment muss wiederholbar sein, d. h. es muss klar sein, welche Größen bzw. Bedingungen verändert und welche konstant gehalten werden.
- Alle Beobachtungen und Messwerte werden protokolliert.

Beim **Auswerten eines Experiments** werden Vergleiche durchgeführt, Diagramme angefertigt und Berechnungen vorgenommen. Es wird ein Ergebnis formuliert. Bestandteil der Auswertung vieler Experimente sind Fehlerbetrachtungen zur Abschätzung der Genauigkeit der Messungen.
Alle wichtigen Angaben zu einem Experiment und die Ergebnisse einschließlich der Auswertung werden in einem **Versuchsprotokoll** erfasst. Es sollte enthalten:
1. Aufgabe
2. Vorbereitung (Geräte, Hilfsmittel, Versuchsaufbau, Messwertetabelle)
3. Durchführung
4. Auswertung

1 ▸ Jedes Experiment muss wiederholbar und damit seine Ergebnisse überprüfbar sein. Deshalb müssen die gemessenen und die konstant gehaltenen Größen protokolliert werden.

Experimente

Energie und Energieumwandlungen

Experiment 1
Baue das Modell eines Schleuderbretts, wie es Artisten benutzen (s. Abb.)!
Vorbereitung:
Lege folgende Hilfsmittel bereit: 2 verschiedene Lineale, Radiergummi
Durchführung:
a) Halte ein Lineal auf der einen Seite fest und biege es auf der Seite mit dem Radiergummi!
Wovon hängt es ab, wie hoch der Radiergummi geschleudert wird?

b) Verändere die Versuchsbedingungen!
- Nutze einen schwereren Radiergummi!
- Wähle ein anderes Lineal!

Auswertung:
a) Beschreibe den gesamten Vorgang als Energieumwandlungskette!
b) Unter welchen Bedingungen wird die größte Höhe erreicht?

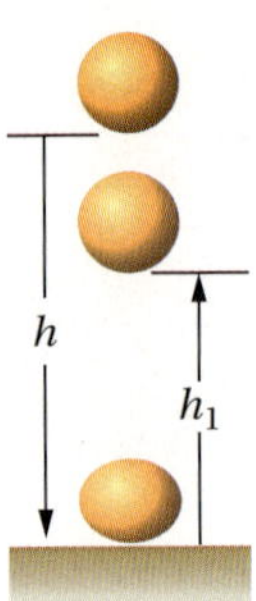

Experiment 2
Untersuche die Energieumwandlungen bei drei verschiedenen Bällen!
Vorbereitung:
Lege drei verschiedene Bälle (z. B. Tischtennisball, Flummy, Fußball) und ein Bandmaß bereit!
Durchführung:
Lass jeden Ball aus der gleichen Höhe auf jeweils die gleiche Unterlage fallen! Miss die Höhe, die der Ball nach dem ersten Auftreffen erreicht!
Auswertung:
a) Beschreibe die Energieumwandlungen!
b) Vergleiche die Energieumwandlungen bei den drei Bällen! Gib dazu an, um wie viel Prozent sich die mechanische Energie jedes Balles nach dem ersten Auftreffen verringert hat!

Experiment 3
Baue einen Mini-Bungeeturm und finde heraus, wie schwer ein Springer höchstens sein darf, um bei einer bestimmten Fallhöhe h gerade noch nicht auf dem Boden aufzukommen!
Vorbereitung:
Materialien: Stativ, Feder, verschiedene Massestücke, Lineal.

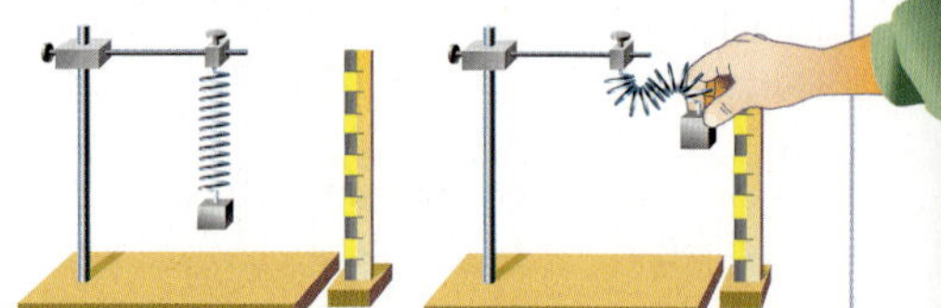

Um ein Auftreffen deines „Springers" auf dem Boden zu vermeiden, kannst du die größtmögliche Masse m mithilfe des Energieerhaltungssatzes ermitteln. Überlege dazu, wie die maximale Auslenkung s der Feder mit der Fallhöhe h deines Springers zusammenhängt! Gib eine Gleichung für die Masse m an!

Durchführung:
a) Miss alle Größen, die erforderlich sind, um die gesuchte Masse m zu bestimmen!
b) Hänge ein Massestück mit der berechneten oder einer etwas geringeren Masse an die Feder und lasse es fallen!
Auswertung:
Beschreibe das Ergebnis!

Experiment 4
Überlege dir ein Experiment, mit dem man nachweisen kann, dass die kinetische Energie eines Körpers mit dem Quadrat seiner Geschwindigkeit zunimmt!

Aufgaben

1. Ein Pkw erreicht aus dem Stand in 8,5 s eine Geschwindigkeit von 80 km/h.
   a) Wie groß war seine Beschleunigung?
   b) Welchen Weg legt er bei 80 km/h in 20 Minuten zurück?
   c) Wie viele Minuten braucht er für eine Strecke von 50 km?

2. Eine Lok ($m = 80$ t) hat eine maximale Antriebskraft von 250 kN. Welche Beschleunigung erreicht sie?

3. Während Jens mutig vom 3-m-Brett ins Wasser springt, bevorzugt sein Vater das 1-m-Brett. Trotzdem haben beide auf dem jeweiligen Brett die gleiche potenzielle Energie. Wie kann das sein?

4. Katrin behauptet, dass der Becher in ihrer Hand (Gewichtskraft 1 N) eine Höhenenergie von etwa null hat (s. Abb.). Michael beharrt auf 0,8 N · m. Bilde dir eine Meinung und begründe sie!

5. Welche Höhenenergie besitzt ein Bergsteiger ($m = 80$ kg) auf dem 8 848 m hohen Mount Everest
   a) gegenüber dem Meeresspiegel,
   b) gegenüber dem Basislager auf 6 850 m Höhe,
   *c) gegenüber deinem Heimatort?

6. Ein ICE hat eine Masse von 380 t.
   a) Wie groß ist die kinetische Energie des Zuges bei einer Geschwindigkeit von 100 km/h?

   b) Wie verändert sich die Energie bei Verdopplung der Geschwindigkeit auf 200 km/h?
   *c) Bei welcher Geschwindigkeit wäre die kinetische Energie doppelt so groß wie bei a)?

7. Weshalb ist im Straßenverkehr der Zusammenstoß eines Pkw mit einem Lkw in der Regel um ein Vielfaches zerstörerischer als mit einem anderen Pkw?

8. Ein roter Pkw überholt einen gleich schweren blauen Pkw mit der doppelten Geschwindigkeit. Wie verhalten sich die kinetischen Energien der beiden Fahrzeuge zueinander?

9. Ein Artist ($m = 70$ kg) springt aus einer Höhe von 2 m auf ein Schleuderbrett (s. Skizze).
   a) Beschreibe die Energieumwandlungen!
   b) Wie hoch wird seine Partnerin ($m = 55$ kg) höchstens geschleudert?

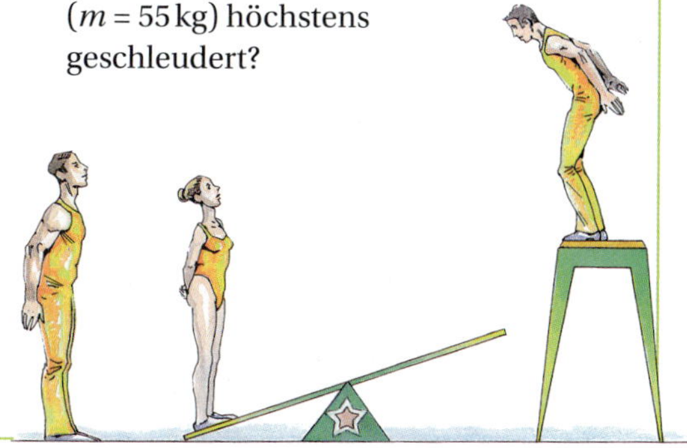

10. Bis zu welcher Höhe der rechten Seite rollt die Kugel in der Abbildung? Begründe deine Antwort!

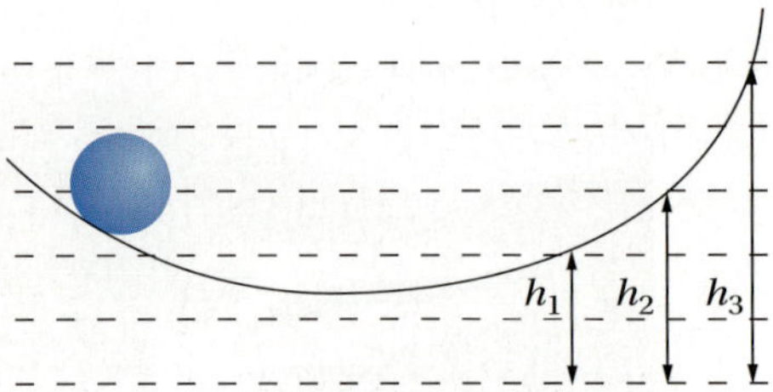

11. Ein Ball ($m = 500$ g) wird nach oben geworfen und erreicht eine maximale Höhe von 12 m.

a) Beschreibe die Energieumwandlungen des Balles während des Fluges!

b) Wie groß ist die potenzielle Energie des Balles im höchsten Punkt seiner Bahn?

12. Ein Fahrzeug fährt bei einem Crashtest mit 30 km/h gegen eine Wand.

Aus welcher Höhe müsste das Fahrzeug fallen, um am Ende eine ebenso große kinetische Energie zu besitzen?

13. Anna behauptet, dass man bei Verdopplung der Fallhöhe auch eine doppelte Endgeschwindigkeit erhält. Felix dagegen meint, dass die doppelte Fallhöhe zu einer Vervierfachung der Endgeschwindigkeit führt. Was sagst du zu diesen beiden Aussagen?

14. Welche der Aussagen ist für den freien Fall richtig? Begründe!

a) Eine Verdopplung der Fallhöhe führt zu einer Verdopplung der maximalen kinetischen Energie.

b) Doppelte Endgeschwindigkeit erreicht man durch ein Vervierfachen der Fallhöhe.

c) Die Endgeschwindigkeit ist umso größer, je schwerer der fallende Gegenstand ist.

15. Bei ihrem Sprung vom Turm ins Wasserbecken erreicht Sarah eine Endgeschwindigkeit von 36 km/h. Aus welcher Höhe ist sie gesprungen?

16. Eine elastische Stahlfeder ($D = 40$ N/m) wird 20 cm auseinander gezogen. Welche Spannenergie steckt nun in der Feder?

***17.** Eine Feder wurde um 2 cm gedehnt. Wie ändert sich die Spannenergie der Feder, wenn man sie noch um 4 cm auseinander zieht?

18. Eine Kugel ($m = 50$ g) wird mithilfe einer gespannten Feder ($D = 1{,}5$ N/cm) in die Luft geschossen. Welche maximale Höhe kann die Kugel erreichen, wenn die Feder zuvor um 4,0 cm gestaucht wurde?

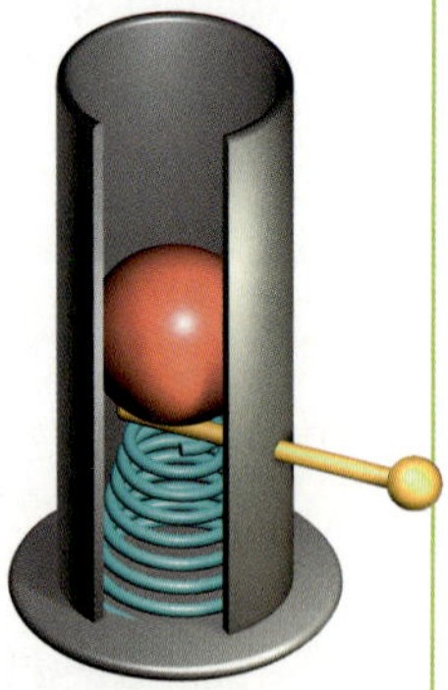

19. In einem Früchtejoghurt stecken etwa 490 kJ.

a) Was bedeutet eine solche Angabe?

b) Wie hoch müsste eine 50 kg schwere Person steigen, um einen ebenso hohen Zugewinn an Höhenenergie zu erzielen?

20. Wie ist die große zerstörerische Wirkung von Schnee- und Geröllawinen zu erklären?

1

Das Wichtigste auf einen Blick

Energieformen in der Mechanik

Formen mechanischer Energie

potenzielle Energie (Lageenergie) mit den speziellen Formen **Höhenenergie** und **Spannenergie.**

kinetische Energie (Energie der Bewegung)

Höhenenergie E_H

Die Höhenenergie eines Körpers ist umso größer,

- je schwerer der Körper ist und
- je höher er sich über dem Nullniveau befindet.

$E_H = m \cdot g \cdot h$

Eine Verdopplung der Höhe führt zu einer Verdopplung der Höhenenergie.

Spannenergie E_{spann}

Die Spannenergie einer elastischen Feder ist umso größer,

- je mehr die Feder gestaucht oder gedehnt wird und
- je größer die Federkonstante der Feder ist.

$E_{Sp} = \frac{1}{2} D \cdot s^2$

Eine Verdopplung der Stauchung oder Ausdehnung führt zu einer Vervierfachung der Spannenergie.

kinetische Energie E_{kin}

Die kinetische Energie eines Körpers ist umso größer,

- je schneller sich der Körper bewegt und
- je größer seine Masse ist.

$E_{kin} = \frac{1}{2} m \cdot v^2$

Eine Verdopplung der Geschwindigkeit führt zu einer Vervierfachung der kinetischen Energie.

Für die Einheiten der Energie gilt: $1\,J = 1\,Nm = 1\,\frac{kg \cdot m^2}{s^2}$

In einem System, in dem nur mechanische Vorgänge ablaufen und die Reibung vernachlässigt werden kann, gilt der **Energieerhaltungssatz** (s. S. 20) in folgender Form:

In einem abgeschlossenen System ist die mechanische Energie konstant. Es erfolgen nur Umwandlungen von einer in andere Energieformen.

$$E_H + E_{Sp} + E_{kin} = \text{konstant} \quad \text{oder} \quad \Delta E_{mech} = 0$$

1.3 Energie, mechanische Arbeit und Leistung

Arbeiten im Vergleich ▸▸ Beim Skilaufen, beim Spannen eines Bogens oder beim Heben einer Betonplatte wird mechanische Arbeit verrichtet. Obwohl diese Vorgänge unterschiedlich sind, haben sie auch etwas Gemeinsames: Körper werden durch Kräfte bewegt oder verformt.
Wie kann man die verrichtete Arbeit ermitteln?

Leistung ist gefragt ▸▸ Große Baustellen „verschlingen" Unmengen von Beton. Sie werden deshalb rund um die Uhr beliefert. Unvorstellbar, diese Mengen in herkömmlicher Weise mit Betonmischern anzurühren! So viel Zeit hat niemand mehr. Deshalb wird aus Betonwerken Fertigbeton angeliefert. Dort verrichten leistungsfähige Maschinen die gleiche Arbeit, aber in viel kürzerer Zeit.
Welche Rolle spielt der Zeitfaktor beim Verrichten von Arbeiten?

Die mechanische Arbeit

Im Alltag bezeichnet man Tätigkeiten, bei denen man sich anstrengen oder verausgaben muss, oft als Arbeit. Darunter versteht man solche Tätigkeiten, wie das Radfahren in schwierigem Gelände, das Schreiben einer Prüfungsarbeit oder das Heben einer schweren Tasche.

Im Unterschied zur Alltagssprache ist in der Physik der Begriff mechanische Arbeit eindeutig definiert. Der Physiker spricht dann von mechanischer Arbeit, wenn ein Körper durch Einwirkung einer Kraft bewegt oder verformt wird.

Mechanische Arbeit wird verrichtet, wenn ein Körper durch eine Kraft bewegt oder verformt wird.

Formelzeichen: *W*
Einheiten: 1 Newtonmeter (1 Nm)
1 Joule (1 J)

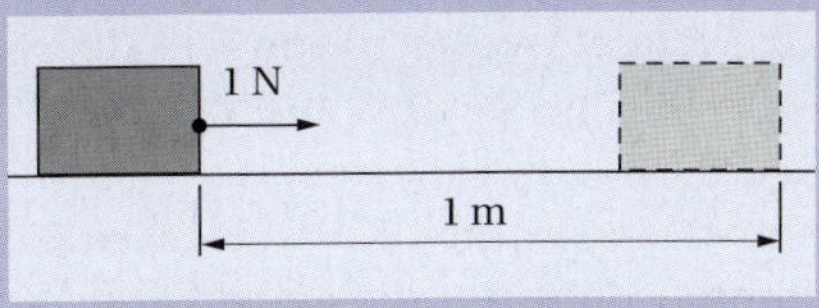

Eine mechanische Arbeit von einem Newtonmeter wird z. B. verrichtet, wenn eine Tafel Schokolade ($m = 102\,\text{g}$, $F_G = 1\,\text{N}$) um 1 m gehoben wird oder wenn ein Körper mit einer Kraft von 1 N einen Meter in Richtung der wirkenden Kraft bewegt wird.

Die mechanische Arbeit hat die gleichen Einheiten wie die Energie. Das deutet auf den engen Zusammenhang der beiden Größen hin. Wir wollen ihn an folgendem Beispiel verdeutlichen.

Für die Einheiten von Arbeit W und Energie E gilt: $1\,\text{J} = 1\,\text{Nm} = 1\,\frac{\text{kg} \cdot \text{m}^2}{\text{s}^2}$

Ein Kind auf einer Schaukel kann als abgeschlossenes System betrachtet werden. Es besitzt eine bestimmte mechanische Energie. Wenn es von außen angestoßen wird, schaukelt es höher. Seine Energie ist größer. Die Energiezunahme ist genauso groß wie die Arbeit, die am System Schaukel verrichtet wurde. Umgekehrt kann von einem System, das Energie besitzt, Arbeit verrichtet werden. Dann verringert sich die Energie des Systems. Das passiert, wenn man von außen die Schaukel abbremst.

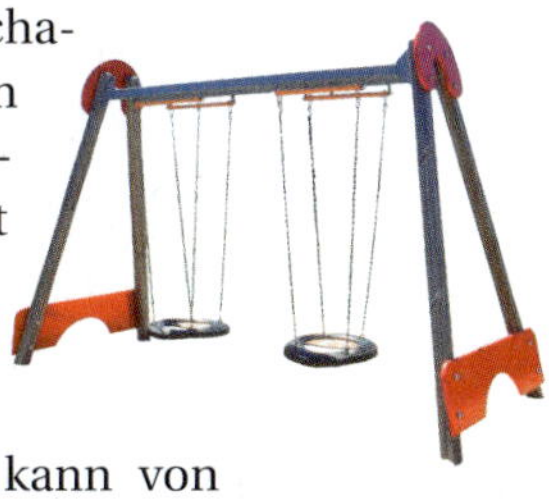

Wird an einem abgeschlossenen System oder von einem solchen System Arbeit verrichtet, so verändert sich die Energie des Systems. Die verrichtete mechanische Arbeit *W* ist gleich der Änderung der Energie *E* des Systems.

$$W = \Delta E$$

Dieser Zusammenhang lässt sich auch so formulieren: Arbeit ist eine Form übertragener Energie. Sie ist gleich der einem System zugeführten oder von ihm abgegebenen Energie.

Das Zeichen Δ (griech. Großbuchstabe Delta) bedeutet in der Physik immer eine Differenz zwischen einem Endzustand und einem Anfangszustand. $\Delta E = E_E - E_A$

1 ▸ Beim Radfahren benötigen wir eine Kraft, um in Bewegung zu kommen.

2 ▸ Zur Bewegung des Windrades ist die Kraft des Windes erforderlich.

3 ▸ Der Kran wendet eine Kraft auf, um Lasten zu heben oder zu bewegen.

4 ▸ Das Verformen eines glühenden Werkstücks erfordert Kraft.

Berechnen der mechanischen Arbeit

Die bei einem Vorgang verrichtete mechanische Arbeit kann man aus der einwirkenden Kraft und dem zurückgelegten Weg berechnen. Es wurde festgelegt:

> **Unter der Bedingung, dass die Kraft konstant ist und in Richtung des Weges wirkt, gilt:**
>
> $W = F \cdot s$ — F einwirkende Kraft, s zurückgelegter Weg

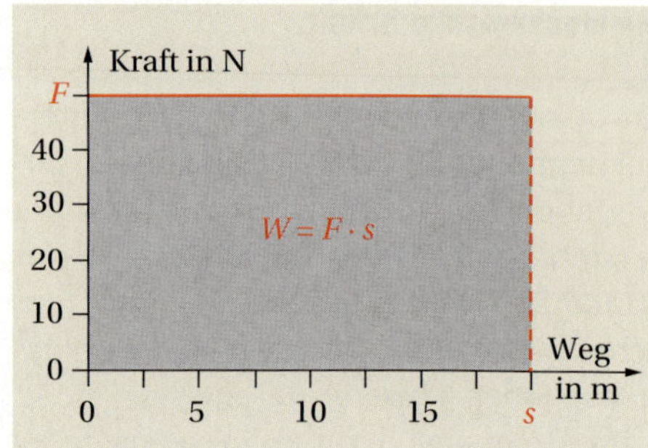

1 ▸ s-F-Diagramm bei F = konstant. Die konstante Kraft beträgt hier $F = 50\,\text{N}$, der Weg $s = 20\,\text{m}$.

Diese Aussage zur physikalischen Bedeutung der Fläche unter dem Graphen gilt für beliebige s-F-Diagramme.

Stellt man Kraft und Weg in einem Diagramm dar, so kann aus einem solchen s-F-Diagramm ebenfalls die Arbeit ermittelt werden (Abb. 1). Sie ist gleich der Fläche unter dem Graphen.

Arten der mechanischen Arbeit

Kräfte können in verschiedener Weise auf Körper wirken und Bewegungen oder Verformungen hervorrufen. Dadurch kann man verschiedene Arten von mechanischer Arbeit unterscheiden (s. Übersicht unten).

Bei **einem** Vorgang können zugleich **mehrere** Arten von Arbeit auftreten. So wird z. B. an einem anfahrenden Auto Be-schleunigungsarbeit verrichtet. Zugleich treten Reibungskräfte auf. Demzufolge wird auch Reibungsarbeit verrichtet. Fährt das Auto außerdem noch bergauf, so wird auch Hubarbeit verrichtet.

Bei der **Beschleunigungsarbeit** und der **Reibungsarbeit** kann die Gleichung

$$W = F \cdot s$$

angewendet werden, wenn F in Richtung oder entgegengesetzt zur Richtung des Weges wirkt und konstant ist.

Beim Heben eines Körpers in eine bestimmte Höhe hat die einwirkende Kraft den Betrag der Gewichtskraft F_G. Der zurückgelegte Weg ist der Höhenunterschied h. Für die Hubarbeit gilt:

$$W = F_G \cdot h$$

Heben eines Körpers	Verformen (Spannen) einer Feder	Anfahren eines Autos	Fahren eines Schiffes
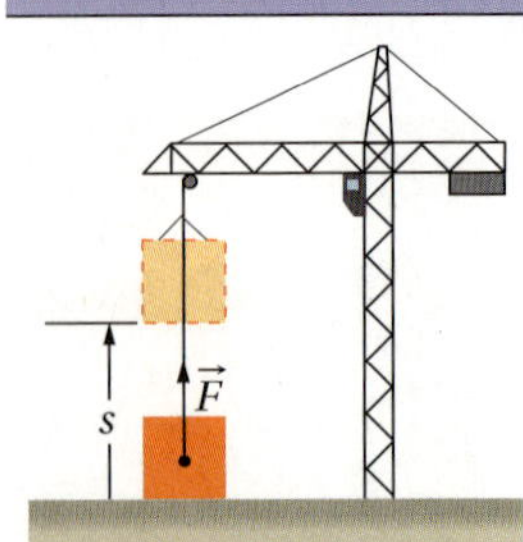	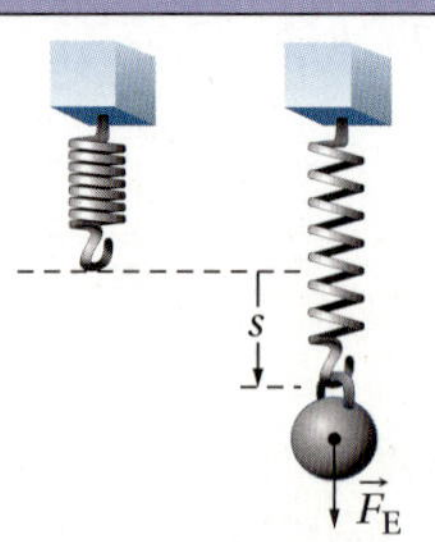	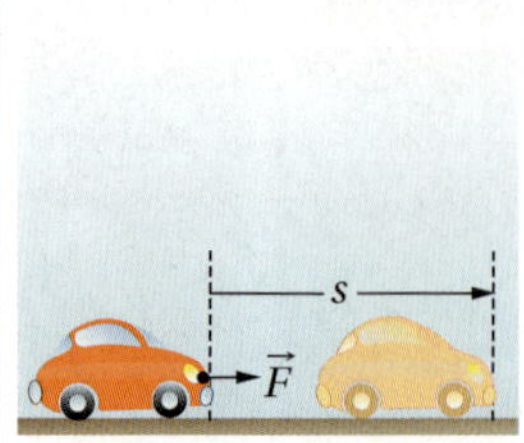	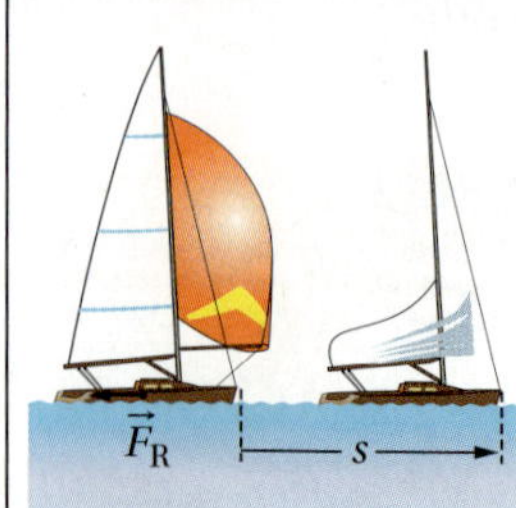
Wird ein Körper um einen bestimmten Weg gehoben, so wird **Hubarbeit** verrichtet.	Wird ein Körper durch eine Kraft verformt, so wird **Spannarbeit** verrichtet.	Wird ein Körper durch eine Kraft beschleunigt, so wird **Beschleunigungsarbeit** verrichtet.	Wird die Bewegung eines Körpers gehemmt, so wird **Reibungsarbeit** verrichtet.

Diagramme in Wissenschaft und Technik

Zur Veranschaulichung von Zusammenhängen sowie zur Darstellung von Verläufen oder von Abhängigkeiten werden in vielen Bereichen von Wissenschaft und Technik Diagramme genutzt. Wichtige Arten von Diagrammen sind **Kreisdiagramme**, **Säulendiagramme** und **Liniendiagramme** (s. Übersicht unten).

Die sinnvolle Interpretation von Diagrammen ist in vielen Bereichen von Wissenschaft und Technik eine wichtige Aufgabe. So muss z. B. ein Mediziner ein EKG (s. Übersicht) richtig interpretieren oder ein Techniker aus dem Diagramm einer Schwingungsdämpferprüfung die richtigen Folgerungen ableiten. Physikalische, chemische oder biologische Zusammenhänge lassen sich häufig nur in Diagrammen sinnvoll und sehr anschaulich darstellen.

Bei der Interpretation eines Diagramms ist sorgfältig zu prüfen, welche Aussagen aus ihm ableitbar sind. In vielen Fällen reicht es aus, den Kurvenverlauf zu interpretieren. So geben z. B. in der Medizin und in der Technik Abweichungen vom „Normalverlauf" Hinweise auf Erkrankungen bzw. Defekte.

In der Physik hat bei einer Reihe von Diagrammen auch die Fläche unter dem Graphen bzw. der Anstieg des Graphen eine physikalische Bedeutung (s. Übersicht).

Arten von Diagrammen

Kreisdiagramm

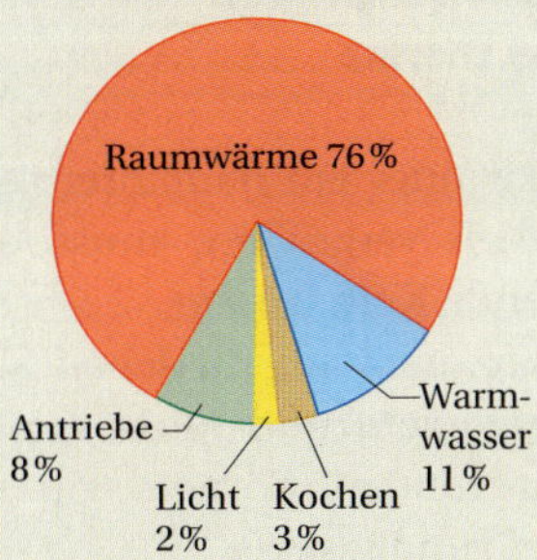

Aufteilung des Energieverbrauchs in deutschen Privathaushalten

Säulendiagramm

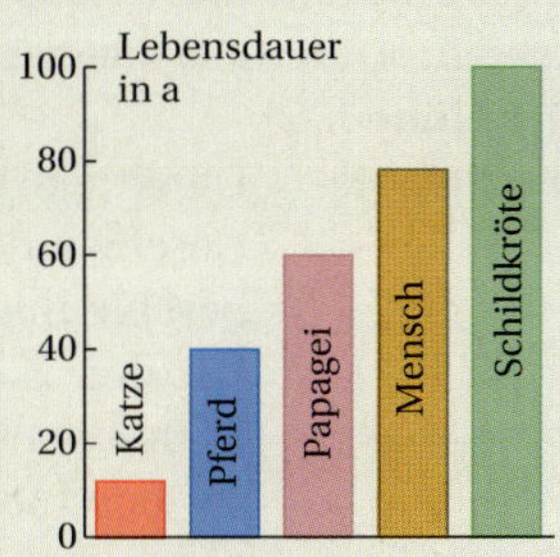

Durchschnittliche Lebensdauer einiger Lebewesen

Liniendiagramm

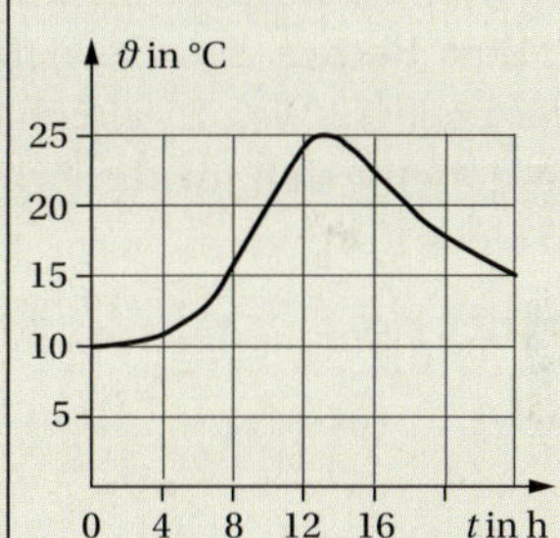

Abhängigkeit der Temperatur von der Tageszeit

Interpretation von Diagrammen

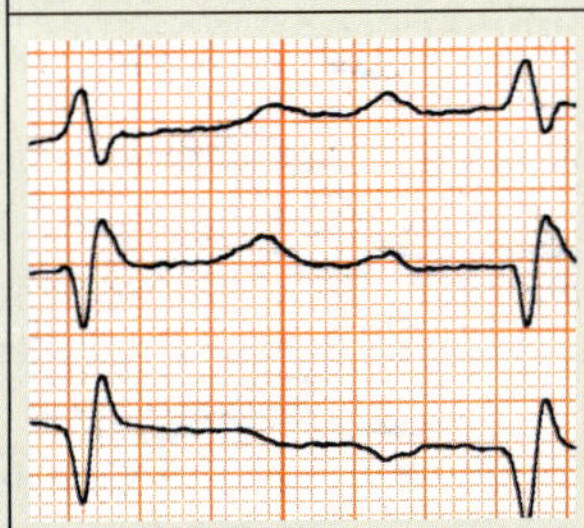

EKG: Aus dem Kurvenverlauf können Aussagen über die Herztätigkeit des Patienten abgeleitet werden.

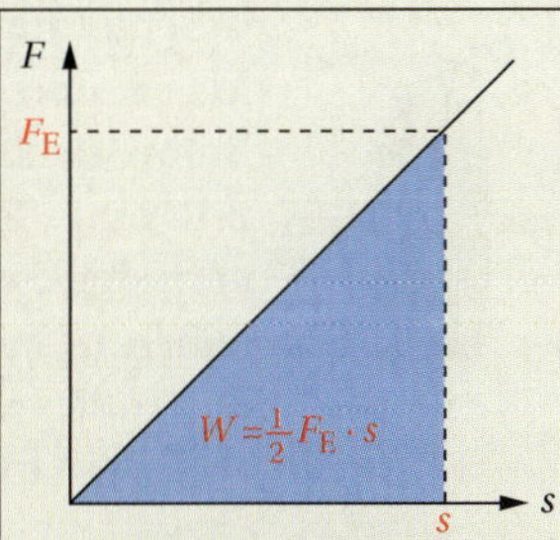

Im Weg-Kraft-Diagramm für eine Feder ist die Fläche unter dem Graphen gleich der Spannarbeit (s. S. 39).

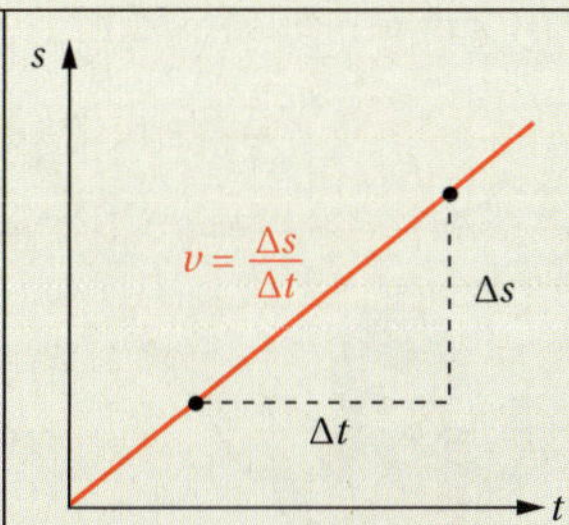

Im Zeit-Weg-Diagramm ist der Anstieg des Graphen gleich der Geschwindigkeit.

Gewichtskraft, Hubarbeit und Höhenenergie

Die Erde zieht aufgrund der Massenanziehung alle Körper an, die sich auf der Erdoberfläche oder in der Nähe der Erde befinden. Diese Kraft wird als **Gewichtskraft F_G** bezeichnet. Es ist somit auch die Kraft, mit der ein Körper auf eine waagerechte Unterlage drückt oder an einer Aufhängung zieht. Für die Gewichtskraft eines Körpers gilt:

$$F_G = m \cdot g$$

Dabei sind m die Masse des Körpers und g die Fallbeschleunigung, deren durchschnittlicher Wert auf der Erdoberfläche $g = 9{,}81\, m/s^2$ beträgt.

Wird ein Körper um die Höhe h gehoben, so wird Hubarbeit verrichtet. Die zum Heben eines Körpers erforderliche Kraft hat den Betrag der Gewichtskraft. Der zurückgelegte Weg ist gleich der Höhe h. Damit ergibt sich für die Arbeit zum Heben eines Körpers:

Der betrachtete Körper kann als abgeschlossenes System angesehen werden.

$$W = F_G \cdot h \quad \text{oder mit} \quad F_G = m \cdot g$$

$$W = m \cdot g \cdot h$$

Durch das Heben eines Körpers vergrößert sich seine Energie. Der Körper hat dann **Lageenergie** oder **potenzielle Energie.** Da die am Körper verrichtete Arbeit gleich der Änderung seiner Energie ist, gilt für diesen Fall:

$$W = \Delta E = m \cdot g \cdot h$$

1 ▸ Verrichten von Hubarbeit führt zu einer Vergrößerung der Höhenenergie.

Hubarbeit führt zu einer Vergrößerung der Höhenenergie.

$$W_{Hub} = \Delta E_H = F_G \cdot h = m \cdot g \cdot h$$

- F_G Gewichtskraft des Körpers
- h Höhe über den Nullniveau
- m Masse des Körpers
- g Fallbeschleunigung

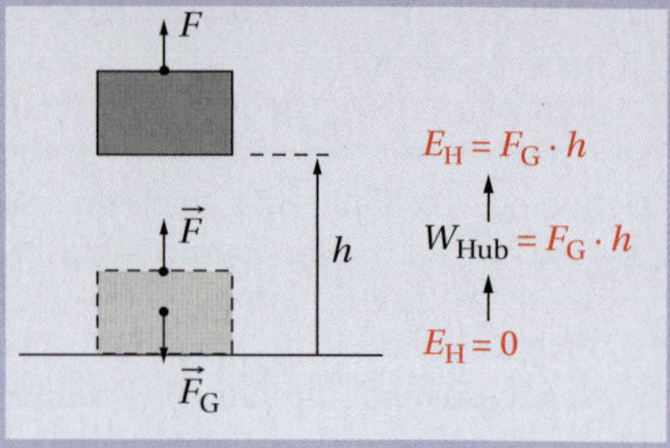

Kraft, Beschleunigungsarbeit und kinetische Energie

Damit ein Pkw oder ein Radfahrer seine Geschwindigkeit vergrößert, muss eine beschleunigende Kraft wirken.
Für den Zusammenhang zwischen Kraft F, Beschleunigung a und Masse m des zu beschleunigenden Körpers gilt das **newtonsche Grundgesetz:**

$$F = m \cdot a \quad \text{oder} \quad a = \frac{F}{m}$$

Das bedeutet: Die Beschleunigung eines Fahrzeugs ist umso größer, je größer die beschleunigende Kraft und je kleiner die Masse sind.
Beim Beschleunigen eines Fahrzeugs, z. B. eines Pkw, wird mechanische Arbeit verrichtet. Wir gehen davon aus, dass das Fahrzeug zunächst in Ruhe ist und mit der konstanten Kraft F beschleunigt wird. Dann gilt für die Beschleunigungsarbeit:

$$W_B = F \cdot s$$

Das Fahrzeug würde sich wegen $a \sim F$ gleichmäßig beschleunigt bewegen und nach einem Weg s die Geschwindigkeit v erreichen.

1

1 ▸ Damit ein Fahrrad beschleunigt, ist eine beschleunigende Kraft erforderlich.

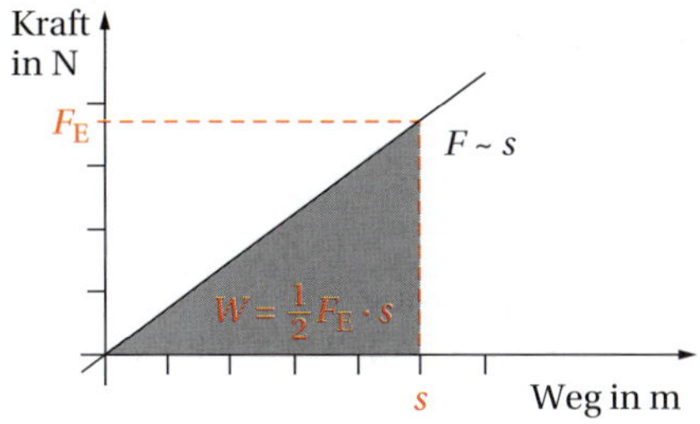

2 ▸ *s*-*F*-Diagramm für eine elastische Feder: Als Graph ergibt sich eine Gerade.

In einem s-F-Diagramm ist die Fläche unter dem Graphen gleich der verrichteten Spannarbeit.

Es hat dann eine bestimmte kinetische Energie. Diese bei jedem bewegten Körper vorhandene kinetische Energie, auch **Bewegungsenergie** genannt, ist umso größer,

- je größer die Masse des Körpers ist und
- je größer seine Geschwindigkeit ist .

Verdoppelt sich die Geschwindigkeit eines Körpers, so vervierfacht sich seine kinetische Energie.

Beschleunigungsarbeit führt zur Vergrößerung der kinetischen Energie.

$W_B = \Delta E_{kin} = \frac{1}{2} m \cdot v^2$

m Masse des Körpers
v Geschwindigkeit des Körpers

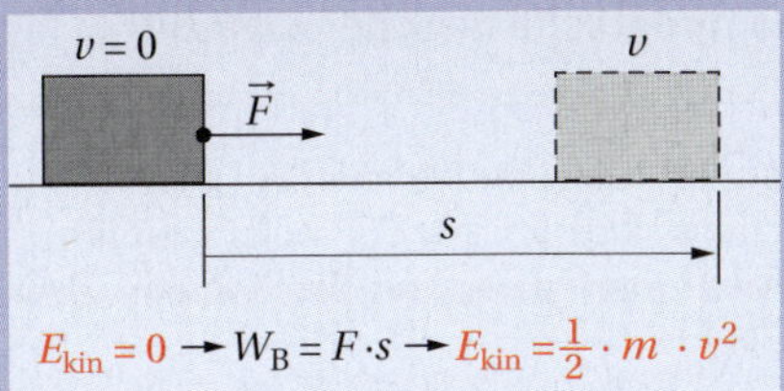

Federspannkraft, Spannarbeit und Spannenergie

Wird eine elastische Feder gedehnt oder gestaucht, so ist dazu eine Kraft erforderlich. Diese Federspannkraft hat nach dem hookeschen Gesetz den Betrag:

$$F = D \cdot s$$

Diese Kraft ist nicht konstant, sondern vergrößert sich proportional zur Stauchung bzw. Dehnung der Feder (Abb. 2). Die zum Verformen der Feder erforderliche Arbeit kann deshalb nicht mit der Gleichung $W = F \cdot s$ berechnet werden. Aus der grafischen Darstellung ist aber ableitbar:

$$W_{Sp} = \frac{1}{2} F_E \cdot s$$

Mit $F_E = D \cdot s$ erhält man:

$$W_{Sp} = \Delta E = \frac{1}{2} D \cdot s^2$$

Federspannarbeit führt zu einer Vergrößerung der Spannenergie.

$W_{Sp} = \Delta E_{Sp} = \frac{1}{2} F_E \cdot s = \frac{1}{2} D \cdot s^2$

Es wird immer davon ausgegangen, dass die Dehnung der Feder bei s = 0 beginnt.

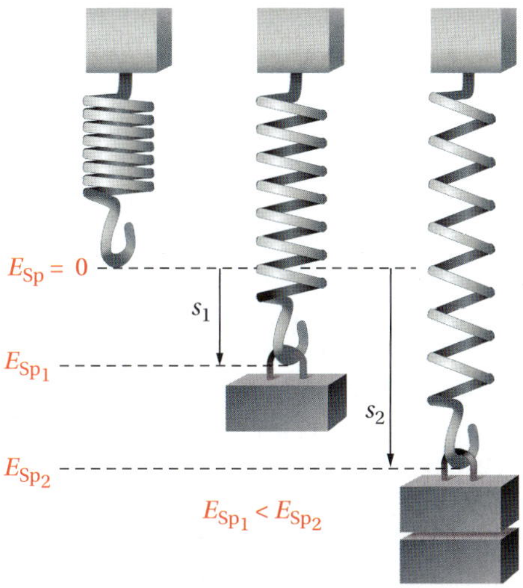

3 ▸ Eine gespannte Feder besitzt Energie.

1 ▸ Mit einer losen Rolle wird die aufzuwendende Kraft kleiner, der Weg aber größer.

Kraftwandler

Arbeit zu verrichten ist seit Jahrtausenden Bestandteil des menschlichen Alltags. Deshalb ist es nicht verwunderlich, das die Menschen stets nach Wegen gesucht haben, sich diese Arbeit zu vereinfachen. Zahlreiche Hilfsmittel wie schiefe Ebenen, Hebel, Rollen oder Flaschenzüge wurden entwickelt, um schwere Gegenstände heben, ziehen oder verformen zu können. Aus der täglichen Erfahrung wissen wir, dass solche Anordnungen – in der Physik **Kraftwandler** genannt – uns die Arbeit erleichtern können. Lässt sich mit ihnen aber auch Arbeit einsparen?

Rollen und Flaschenzüge

Rollen und **Flaschenzüge** ermöglichen es, den Angriffspunkt einer Kraft zu verschieben, ihre Richtung zu ändern oder den Betrag der aufzubringenden Kraft zu verringern. Dazu werden feste Rollen und lose Rollen verwendet.

Eine **feste Rolle** (s. Abb.) ändert ihren Ort beim Bewegen der Last nicht. Die Zugkraft ist genauso groß wie die Gewichtskraft der Last. Zugweg und Lastweg sind ebenfalls gleich groß. Man kann aber die Kraft in eine andere Richtung umlenken. Dabei ist es egal, ob man senkrecht oder schräg am Seil zieht. Deshalb wird eine feste Rolle auch als **Umlenkrolle** bezeichnet.

Eine **lose Rolle** hängt an zwei Seilstücken (Abb. 1). Bei einer losen Rolle verteilt sich die Gewichtskraft der Last auf zwei Seile. Auf jedes Seil wirkt nur die halbe Kraft. Um die Last zu bewegen, ist also nur die halbe Gewichtskraft der Last erforderlich. Die feste Rolle in Abb. 1 dient lediglich zur Umlenkung dieser Kraft. Der Zugweg ist allerdings doppelt so groß wie der Lastweg. Wird am freien Seilende gezogen, so hebt sich die Last, aber auch die lose Rolle. Die Gewichtskraft der losen Rolle muss der Gewichtskraft der Last zugerechnet werden.

Eine Anordnung von mehreren festen und losen Rollen bezeichnet man als **Flaschenzug** (Abb. 2). Bei dieser Art eines Flaschenzugs verteilt sich die Gewichtskraft der Last auf die Anzahl der tragenden Seile. Die aufzubringende Kraft ist damit noch kleiner als bei einer losen Rolle, der Zugweg dafür aber größer. Für lose Rollen und solche Flaschenzüge gilt:

> **Je größer die Anzahl der Rollen ist, desto kleiner ist die aufzuwendende Kraft und desto größer ist der Zugweg.** M

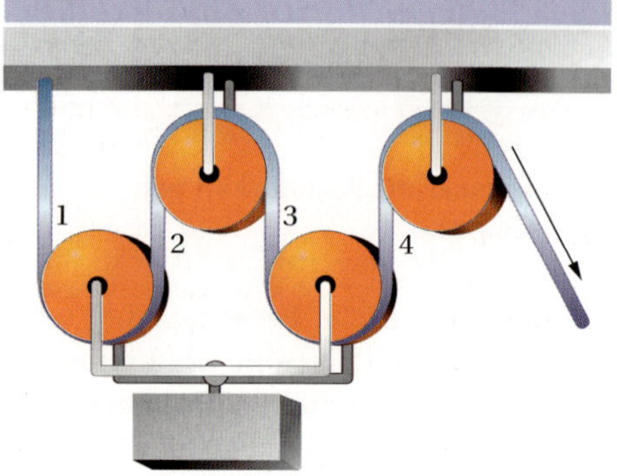

2 ▸ Flaschenzug mit vier tragenden Seilen

feste Rolle	lose Rolle	Flaschenzug
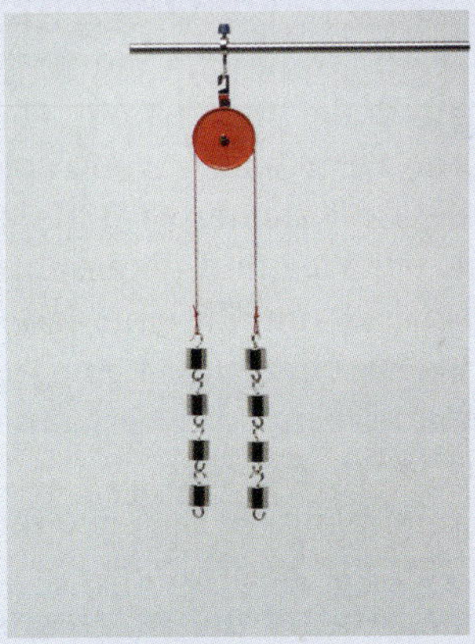		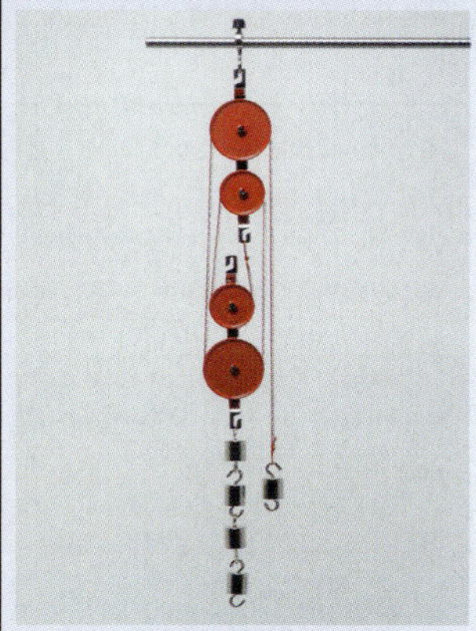
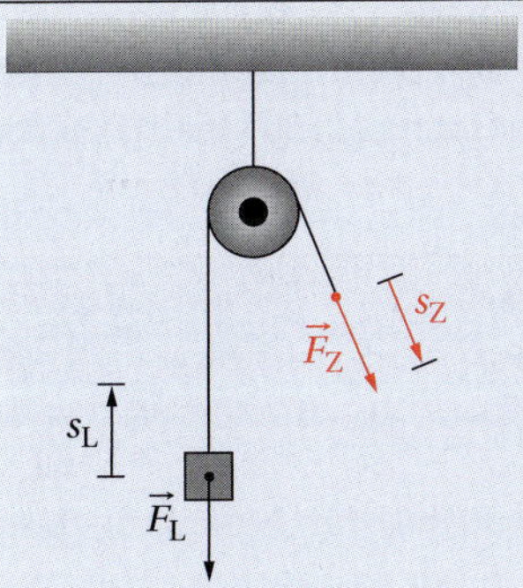	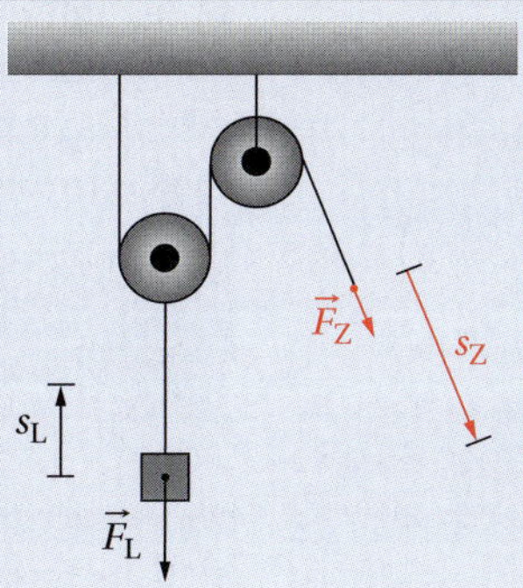	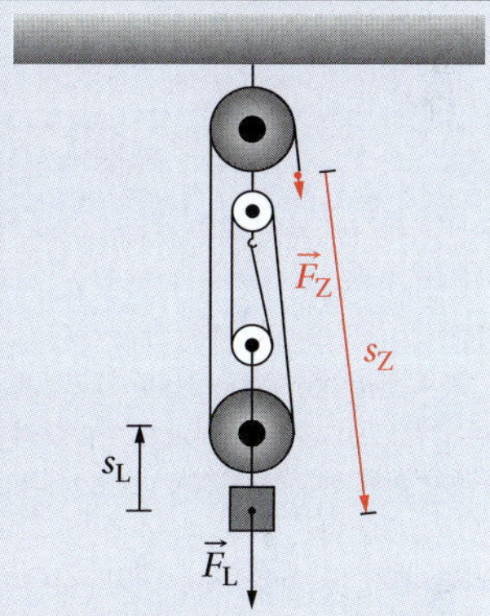
Bei einer festen Rolle ist die Zugkraft F_Z genauso groß wie die Gewichtskraft F_L der Last. Man kann aber die Kraft in eine andere Richtung umlenken (Umlenkrolle).	Bei einer losen Rolle verteilt sich die Gewichtskraft der Last auf zwei Seile. Die feste Rolle dient nur zur Umlenkung der Kraft.	Bei einem Flaschenzug verteilt sich die Gewichtskraft der Last auf die Anzahl der tragenden Seile, im gezeichneten Fall auf vier Seile.
	Auf jedes Seil wirkt nur die halbe Gewichtskraft.	Die Zugkraft F_Z beträgt ein Viertel der Gewichtskraft F_L der Last.
$F_Z = F_L$	$F_Z == \frac{1}{2} F_L$	$F_Z = \frac{1}{4} F_L$
Zugweg s_Z und Lastweg s_L sind gleich groß. $s_Z = s_L$	Der Zugweg s_Z ist doppelt so groß wie der Lastweg s_L. $s_Z = 2\ s_L$	Der Zugweg s_Z ist viermal so groß wie der Lastweg s_L. $s_Z = 4\ s_L$

Beträgt die Anzahl der Rollen n, dann gilt allgemein:

$$F_Z = \frac{F_L}{n} \qquad s_Z = n \cdot s_L$$

Der Zusammenhang zwischen den Kräften gilt exakt nur unter der Bedingung, dass die Masse der Seile und der losen Rollen sowie die Reibung vernachlässigt werden können. Da aber Rollen und Seile eine Masse haben und stets auch Reibung auftritt, ist in der Praxis die tatsächlich erforderliche Zugkraft größer als die mit der oben genannten Gleichung berechnete Kraft.

Die schiefe Ebene

Soll ein Körper in eine andere Höhe gebracht werden, so könnte man ihn hochheben. Dazu ist eine Kraft erforderlich, die gleich seiner Gewichtskraft ist. Kraft wird gespart, wenn man stattdessen den Körper über eine schiefe Ebene bewegt (Abb. 1). Der Betrag der aufzubringenden Kraft hängt von der Neigung der Ebene ab.

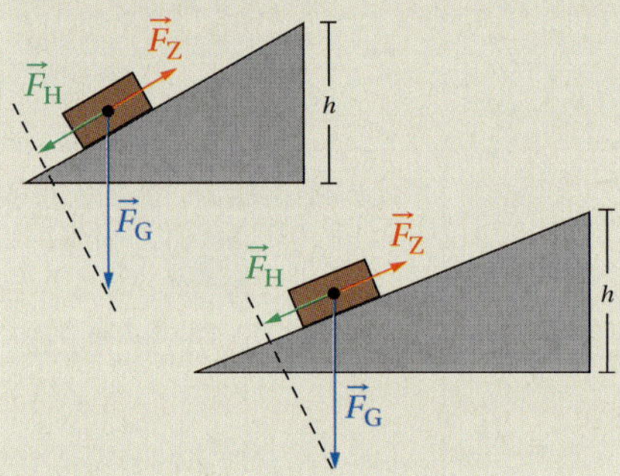

1 ▸ Die aufzubringende Kraft an der schiefen Ebene ist umso geringer, je weniger die Ebene geneigt ist.

Es gilt: Je weniger eine Ebene geneigt ist, desto kleiner ist die erforderliche Zugkraft und desto länger ist der Weg, um eine bestimmte Höhe zu erreichen.

$F_G \cdot h = F_Z \cdot s$

F_Z erforderliche Zugkraft
F_G Gewichtskraft des Körpers
s zurückgelegter Weg
h Höhe der schiefen Ebene

Schiefe Ebenen sind Straßen mit Anstieg oder Gefälle, Rollbänder, schräge Rampen oder Bauaufzüge.

Die Goldene Regel der Mechanik

Vergleicht man die Kräfte und die Wege bei einer losen Rolle oder einem Flaschenzug, dann zeigt sich: Wenn die aufzuwendende Kraft kleiner wird, dann vergrößert sich der Weg und umgekehrt. Es lässt sich also auch mithilfe einer losen Rolle oder eines Flaschenzuges keine Arbeit sparen, sondern nur das Verhältnis zwischen Kraft und Weg ändern.
Dieser Zusammenhang zwischen Kraft und Weg gilt für alle Kraftwandler und wird als **Goldene Regel der Mechanik** bezeichnet. Diese Regel wurde vor ca. 400 Jahren von dem italienischen Physiker GALILEO GALILEI (1564 bis 1642) wie folgt formuliert:

Was man an Kraft spart, muss man an Weg zusetzen.

Die Goldene Regel der Mechanik lässt sich in Form einer Proportionalität ausdrücken oder als Gleichung formulieren.

Für Kraftwandler gilt unter der Bedingung, dass die Reibung vernachlässigbar ist:

$F \sim \frac{1}{s}$ oder $F_1 \cdot s_1 = F_2 \cdot s_2$

F Kraft
s zurückgelegter Weg

Das bedeutet: Eine Verdopplung der Kraft verringert den Weg auf die Hälfte, eine Verdreifachung der Kraft auf ein Drittel. Es heißt auch: Eine Halbierung der Kraft führt zu einer Verdopplung des Weges. Will man nur ein Drittel der Kraft aufwenden, dann muss man den dreifachen Weg zurücklegen. Welche Möglichkeit man bei einem gegebenen Sachverhalt wählt, hängt von den jeweiligen Bedingungen ab, z. B. von den zur Verfügung stehenden Zugkräften.

1

Einseitige und zweiseitige Hebel

Zu den Kraftwandlern zählen auch die unterschiedlich Arten von Hebeln.

Hebel können je nach ihrem Verwendungszweck unterschiedliche Formen und Anordnungen haben. Alle Hebel besitzen jedoch eine **Drehachse** und zwei **Kraftarme.** Je nach Lage der Kraftarme zur Drehachse unterscheidet man zwischen **einseitigen** und **zweiseitigen Hebeln** (Abb. 1, 2).

Einseitige Hebel sind z. B. Nussknacker, Pinzetten, Flaschenöffner oder Türklinken. Beispiele für zweiseitige Hebel sind Zangen, Scheren, Kinderwippen oder Balkenwaagen.

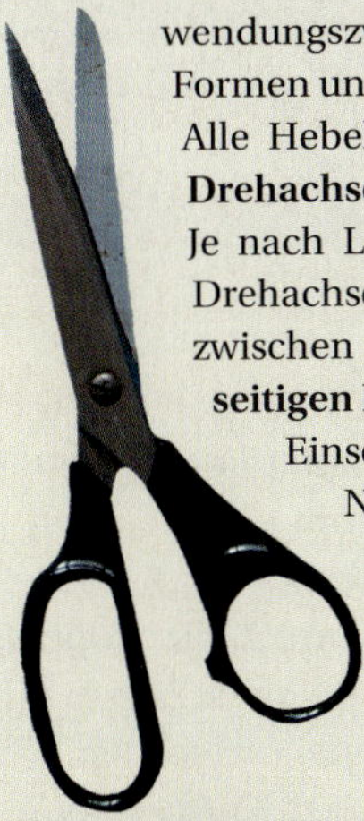

Befindet sich ein einseitiger oder zweiseitiger Hebel im Gleichgewicht, so gilt das **Hebelgesetz:**

Je länger der gewählte Kraftarm ist, desto kleiner ist die aufzuwendende Kraft.

$$F_1 \cdot l_1 = F_2 \cdot l_2$$

F_1, F_2 wirkende Kräfte
l_1, l_2 Längen der zugehörigen Kraftarme

Bei Hebeln wirken nicht nur Kräfte. Es werden auch Wege zurückgelegt, z. B. bei einer Schere oder bei einem Schraubenschlüssel. Bei Hebeln gilt ebenfalls die Goldene Regel der Mechanik: Je länger der Kraftarm und damit der Weg ist, desto kleiner ist die erforderliche Kraft.

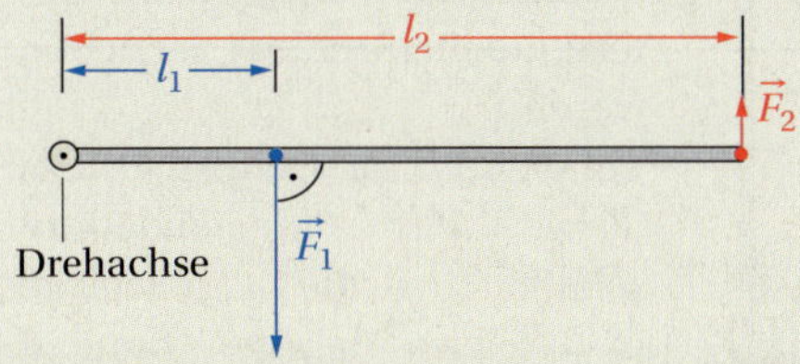

1 ▸ Einseitiger Hebel: Die Kräfte greifen auf **einer** Seite der Drehachse an.

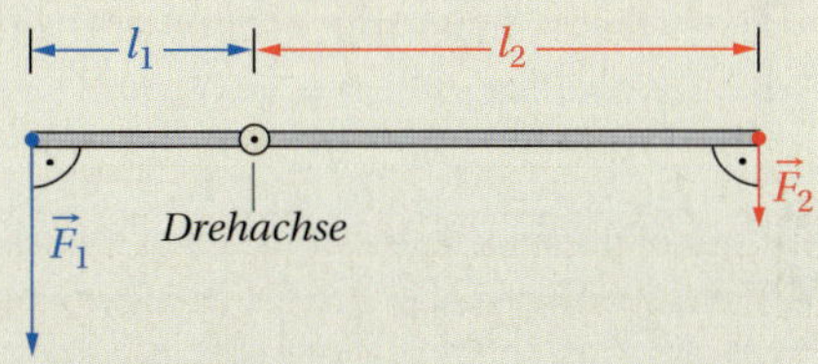

2 ▸ Zweiseitiger Hebel: Die Kräfte greifen auf **verschiedenen** Seiten der Drehachse an.

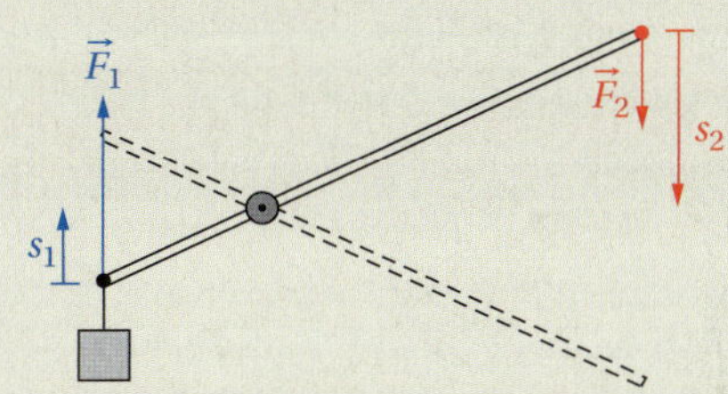

3 ▸ Bei Hebeln ist die Kraft umso kleiner, je größer der Weg ist.

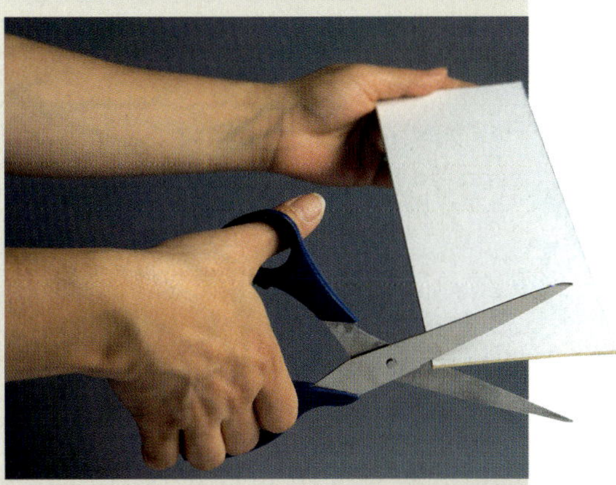

4 ▸ Auch bei einer Schere gilt: Die Schneidkraft hängt vom Verhältnis der Kraftarme ab.

Die Kraftarme l_1 und l_2 sind die Entfernungen zwischen der Drehachse und den Angriffspunkten der betreffenden Kräfte.

Die Leistung

Mechanische Arbeit kann unterschiedlich schnell verrichtet werden.
Tina und Lisa wiegen jeweils 50 kg. Beim Stangenklettern schafft Tina die 4-m-Strecke in 7 s, Lisa dagegen braucht dafür 10 s. Tina hat die gleiche mechanische Arbeit schneller verrichtet als Lisa. Damit ist Tinas **Leistung** größer als die von Lisa.

Die mechanische Leistung gibt an, wie schnell mechanische Arbeit verrichtet wird.

Formelzeichen: *P*

Einheiten:

1 Joule je Sekunde	$\left(1\,\frac{J}{s}\right)$
1 Newtonmeter je Sekunde	$\left(1\,\frac{Nm}{s}\right)$
1 Watt	(1 W)

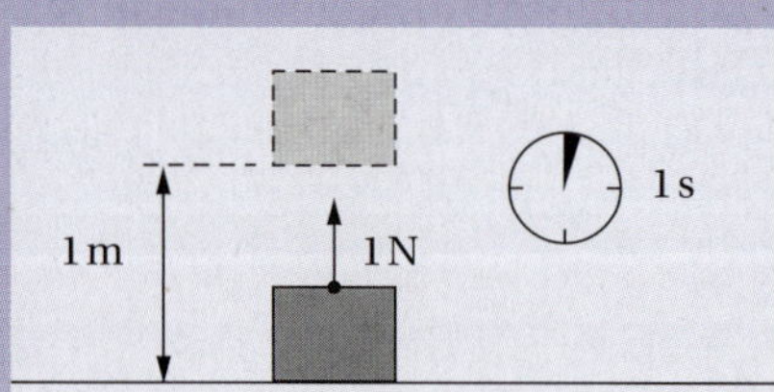

Die Einheit 1 W ist nach JAMES WATT (1736 bis 1819) benannt, der die erste für die Wirtschaft brauchbare Dampfmaschine entwickelt hat.

Für die Einheiten gilt: $1\ W = 1\frac{J}{s} = 1\frac{Nm}{s}$

Eine Leistung von 1 W wird vollbracht, wenn ein Körper mit einer Gewichtskraft von 1 N in 1 s um 1 m gehoben wird.

Vielfache der Einheit 1 W sind ein Kilowatt (1 kW) und ein Megawatt (1 MW):
1 kW = 1 000 W
1 MW = 1 000 kW = 1 000 000 W

Manchmal wird auch noch die gesetzlich nicht mehr zulässige Einheit eine Pferdestärke (1 PS) verwendet:
1 PS = 736 W

Eine Leistung von 1 Watt wird auch vollbracht, wenn ein Körper mit einer Kraft von 1 Newton in einer Sekunde 1 Meter in Richtung der Kraft bewegt wird.

Die mechanische Leistung kann berechnet werden mit der Gleichung:

$$P = \frac{W}{t}$$

W **verrichtete Arbeit**
t **dafür benötigte Zeit**

Ein Fahrstuhl, der für die gleiche Stockwerkshöhe nur die Hälfte der Zeit benötigt wie ein anderer, hat eine doppelt so große Leistung wie dieser.

Wird von einem Kran A die doppelte Menge Steine in der gleichen Zeit in eine bestimmte Höhe transportiert wie von einem Kran B, dann hat Kran A doppelt soviel geleistet wie Kran B.

Während Maschinen ausdauernd eine bestimmte hohe Leistung vollbringen können, sind Menschen nur kurzzeitig zu einer Höchstleistung in der Lage. Diese Höchstleistung kann mehr als 1 000 W betragen. Die mittlere Leistung eines Menschen über einen längeren Zeitraum hinweg liegt bei etwa 100 W.

Leistungen in Natur und Technik	
Taschenrechner	0,02 W
Fahrraddynamo	3 W
Mensch (Dauerleistung)	80 W bis 100 W
Rad fahren	200 W
Tauchsieder	300 W bis 1000 W
Dauerleistung eines Pferdes	ca. 500 W
kurzzeitige sportliche Höchstleistung (Mensch)	1,5 kW bis 2 kW
mittlerer Automotor	50 kW
Formel-1-Rennwagen	ca. 500 kW

1

Der Wirkungsgrad

Bei den meisten Vorgängen in Natur, Technik und Alltag wird eine Energieform in mehrere andere Energieformen umgewandelt. Dabei sind einige der entstehenden Energieformen für den beabsichtigten Zweck erwünscht und andere unerwünscht. So wird z. B. bei einer Glühlampe elektrische Energie in Licht und Wärme umgewandelt (Abb. 1). Die entstehende innere Energie ist dabei für den Zweck der Beleuchtung unerwünscht.

Der Motor eines Pkw soll das Fahrzeug in Bewegung setzen. Durch das Verbrennen des Kraftstoffs im Motor entsteht nicht nur kinetische Energie, sondern auch unerwünschte Wärme, die über Abgase und Kühlwasser an die Umgebung abgegeben wird (Abb. 2).

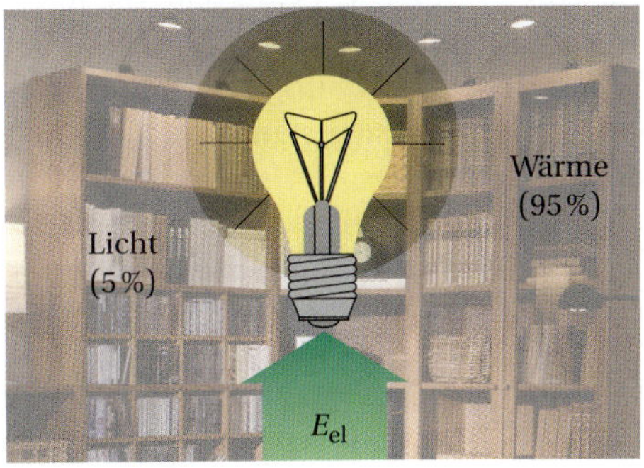

1 ▸ Energieumwandlungen bei einer Glühlampe

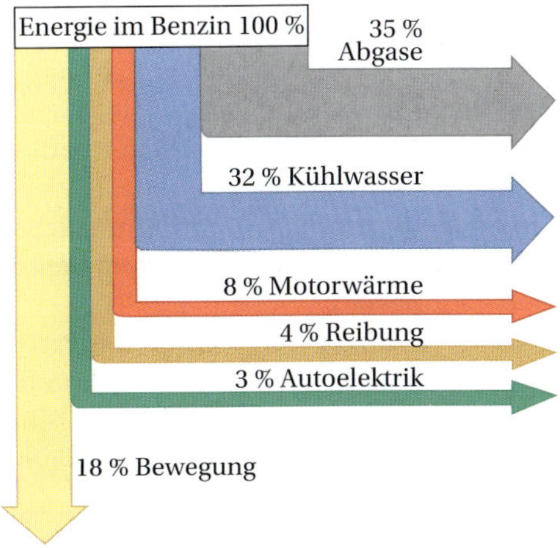

2 ▸ Energieflussdiagramm für einen Pkw-Motor

Je größer der Anteil der nutzbringenden Energie ist, desto günstiger ist ein Gerät, eine Maschine oder eine Anlage für die Energieumwandlung.
Die Güte einer Anlage zur Energieumwandlung wird durch den Wirkungsgrad gekennzeichnet.

Der Wirkungsgrad gibt an, welcher Anteil der zugeführten Energie in nutzbringende Energie umgewandelt wird.

Formelzeichen: η

η ist der griechische Buchstabe „eta“.

Ein Wirkungsgrad von 0,18 oder 18 % bedeutet, dass 18 % der zugeführten Energie in nutzbringende Energie umgewandelt wird. Der andere Teil der Energie, im genannten Fall also 82 %, wird nicht genutzt.

Der Wirkungsgrad kann berechnet werden mit der Gleichung:

$$\eta = \frac{E_{nutz}}{E_{zu}}$$

E_{nutz} **nutzbringende Energie**
E_{zu} **zugeführte Energie**

Der Wirkungsgrad η von technischen Geräten, Maschinen und auch Lebewesen ist immer kleiner als 1 bzw. 100 %.

Wirkungsgrade in der Technik	
erste Dampfmaschine	3 % bis 4 %
Glühlampe	5 %
Solarzelle	15 %
Leuchtstofflampe	25 %
Benzinmotor	bis 30 %
Dieselmotor	bis 40 %
Kohlekraftwerk	40 %
Dampfturbine	bis 45 %
Elektromotor	bis 90 %
Generator	bis 99 %

Physik in Natur und Technik

Eine geniale Erfindung

In einem Pumpspeicherkraftwerk strömt Wasser durch Rohrleitungen aus einem Oberbecken in ein Unterbecken und treibt über eine Turbine einen Generator an (Abb. 1).

Ein genialer Erfinder hatte nun die Idee, einen Teil der erzeugten elektrischen Energie zum Antrieb einer Pumpe zu verwenden, die das Wasser aus dem Unterbecken in das Oberbecken pumpt, sodass ein Wasserkreislauf entsteht. Der andere Teil der Energie wird ständig ins Netz eingespeist.

Damit steht der Menschheit eine unerschöpfliche Energiequelle zur Verfügung, so der Erfinder.

Kann diese Erfindung funktionieren?

Die Erfindung ist ein typisches Perpetuum mobile, das nicht funktionieren kann.

E_{pot} → E_{kin} → E_{el}

Das Wasser im Oberbecken besitzt potenzielle Energie, die beim Herunterströmen des Wassers in kinetische Energie umgewandelt wird. Die kinetische Energie wird im Generator in elektrische Energie umgewandelt.

E_{el} → E_{pot}

Um den Wasserkreislauf in Gang zu setzen, wird mithilfe einer Pumpe die elektrische Energie in potenzielle Energie des Wassers umgewandelt.

Nach dem Gesetz von der Erhaltung der Energie muss die notwendige elektrische Energie zum Hochpumpen des Wassers mindestens genauso groß sein wie die elektrische Energie, die aus dem herabströmenden Wasser gewonnen werden kann. Mit dieser Erfindung könnte somit im besten Falle der Wasserkreislauf aufrechterhalten werden. Da jedoch Reibung auftritt, käme der Kreislauf sehr schnell zum Erliegen. Eine Einspeisung von Energie ins Netz wäre auf jeden Fall ausgeschlossen.

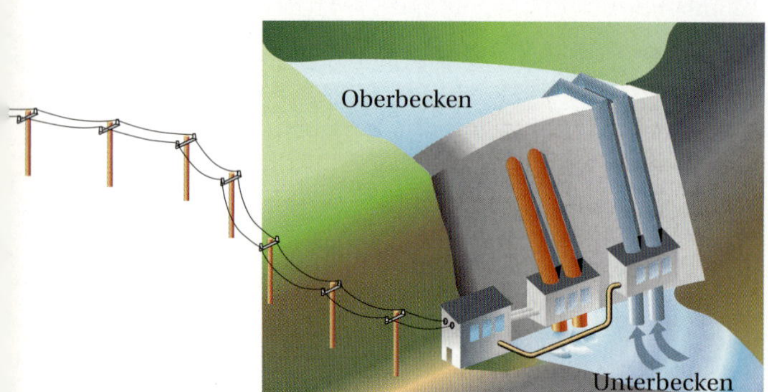

1 ▸ Aufbau eines Pumpspeicherkraftwerkes

Was ist ein Perpetuum mobile?

Viele Jahrhunderte lang versuchten Erfinder eine Maschine zu konstruieren, die dauernd Energie abgibt, ohne dass ihr Energie zugeführt wird oder die mehr Energie abgibt als ihr zugeführt wurde. Eine solche Anordnung wird als **Perpetuum mobile** („sich ständig bewegend") bezeichnet.

Die Abbildung zeigt eine Konstruktion des holländischen Mathematikers SIMON STEVIN (1548–1620).

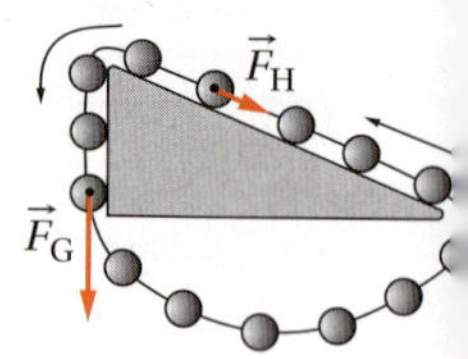

Auf einer schiefen Ebene befindet sich eine Kugelkette. Ein Teil der Kugeln wirkt mit ihrer Gewichtskraft in der einen Richtung. Die Kugeln auf der schiefen Ebene wirken mit einer geringeren Kraft in der entgegengesetzten Richtung. Die gesamte Kette soll sich ständig in Pfeilrichtung bewegen.

Ein solches Perpetuum mobile kann nicht funktionieren. Es widerspricht dem Energieerhaltungssatz.

Bereits im Jahre 1775 erklärten die Pariser Akademie der Wissenschaften und die Royal Society in London dass sie keinen Vorschlag für ein Perpetuum mobile mehr prüfen werden.

Trotzdem gab und gibt es noch Versuche, ein Perpetuum mobile zu konstruieren.

Ein Beispiel für die Goldene Regel der Mechanik

Die Goldene Regel der Mechanik besagt: Was man an Kraft spart, muss man an Weg zusetzen. Nun soll mithilfe eines Krans (Abb. 1) eine Betonplatte mit der Masse 800 kg um 7 m angehoben werden. Die Anzahl der tragenden Seile ist vier.

Welche mechanische Arbeit ist zum Heben der Betonplatte erforderlich?
Welche Arbeit muss der Elektromotor des Krans am Seilende verrichten?
Vergleiche die Ergebnisse!

Analyse:
Vereinfacht wird die Anordnung als Flaschenzug mit vier tragenden Seilen betrachtet. Reibung, Masse der Seile und Masse der losen Rollen werden vernachlässigt.

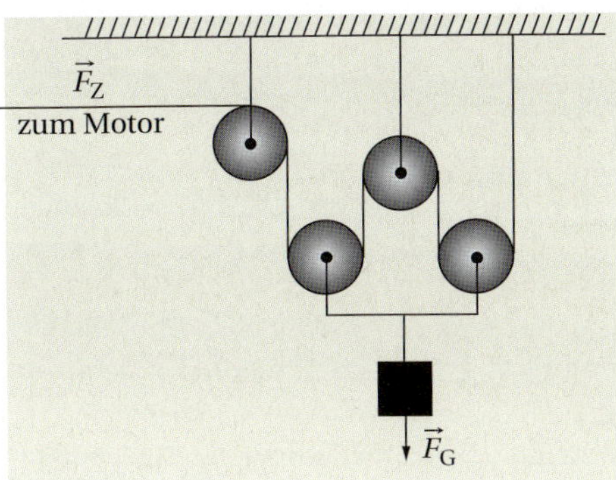

Nach den Gesetzen für Rollen muss der Motor ein Viertel der Gewichtskraft der Betonplatte aufbringen. Der Weg, den das Seil in Richtung Motor bewegt werden muss, ist viermal so lang wie der Weg, um den die Betonplatte gehoben wird.

Gesucht: W_{Hub}
W_{Motor}
Gegeben: $h = 7\,\text{m}$
$m = 800\,\text{kg}$
Mit $g = 10\,\text{m/s}^2$ erhält man als Gewichtskraft: $F_G = 8\,000\,\text{N}$
$n = 4$

Für die Zugkraft und den Zugweg gilt:

$$F_Z = \frac{F_G}{n}$$

$$F_Z = \frac{1}{4} \cdot 8\,000\,\text{N} = 2\,000\,\text{N}$$

$$s_Z = n \cdot h$$
$$s_Z = 4 \cdot 7\,\text{m} = 28\,\text{m}$$

Lösung:
Für die Hubarbeit ergibt sich:

$$W_{Hub} = F_G \cdot h$$
$$W_{Hub} = 8\,000\,\text{N} \cdot 7\,\text{m}$$
$$\underline{W_{Hub} = 56\,000\,\text{Nm}}$$

Für die Arbeit des Motors erhält man:

$$W_{Motor} = F_Z \cdot s_Z$$
$$W_{Motor} = 2\,000\,\text{N} \cdot 28\,\text{m}$$
$$\underline{W_{Motor} = 56\,000\,\text{Nm}}$$

Ergebnis:
Die mechanische Arbeit zum Heben der Betonplatte ist genauso groß wie die Arbeit, die der Elektromotor aufbringen muss. Allgemein kann man die Goldene Regel der Mechanik auch wie folgt formulieren: Mit Kraftwandlern wird keine mechanische Arbeit gespart. Bei der Berücksichtigung der Reibung sowie der Gewichtskräfte von Rollen und Seilen muss sogar mehr Arbeit als ohne Kraftwandler verrichtet werden.

1 ▸ Kran mit vier tragenden Seilen

Methode

Lösen physikalisch-mathematischer Aufgaben

Ein wichtiges Ziel der Physik ist es, physikalische Gesetze zum Lösen von Aufgaben und Problemen anzuwenden, z. B. zum Erklären und Voraussagen von Erscheinungen, zum Konstruieren technischer Geräte oder zum Berechnen physikalischer Größen.
Um z. B. eine physikalische Größe zu berechnen, wendet man Verfahren und Regeln der Gleichungslehre an. Dabei ist es zweckmäßig, eine bestimmte Schrittfolge einzuhalten. Diese Schrittfolge soll an einem Beispiel erläutert werden.

Beim Anfahren an einer Kreuzung wird ein Lkw, der voll beladen eine Gesamtmasse von 3800 kg hat, in 18 s aus dem Stand heraus auf 60 km/h beschleunigt.
Wie viel Energie, die durch Verbrennung des Kraftstoffes freigesetzt wird, braucht man allein für die Beschleunigung des Fahrzeugs?

Schritt ①

Analyse der Aufgabe

- Lies die Aufgabe gründlich durch! Versuche, dir den Sachverhalt der Aufgabe vorzustellen!
- Vereinfache den Sachverhalt aus der Sicht der Physik! Lasse Unwesentliches weg!
- Fertige, wenn möglich, eine Skizze zum Sachverhalt an!
- Stelle die gesuchten und die gegebenen Größen zusammen! Mitunter müssen die Einheiten der Größen noch umgerechnet werden.

Beim Anfahren wird Beschleunigungsarbeit verrichtet. Dadurch ändert sich die kinetische Energie des Lkw.

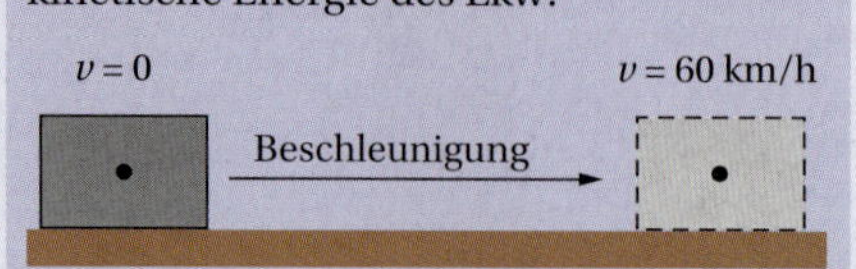

$E_{kin} = 0 \Rightarrow W_B = F_B \cdot s \Rightarrow E_{kin} = \frac{1}{2} m \cdot v^2$

Darüber hinaus gilt für den gesamten Vorgang der Energieerhaltungssatz: Die kinetische Energie des Lkw entspricht einer bestimmten Energie, die durch Verbrennung des Kraftstoffs freigesetzt wurde.

Gesucht: E_{kin}
Gegeben: $m = 3800\ \text{kg}$
$t = 18\ \text{s}$
$v = 60\ \frac{\text{km}}{\text{h}} = 16{,}7\ \frac{\text{m}}{\text{s}}$

Schritt ②

Lösung der Aufgabe

- Versuche, im Sachverhalt der Aufgabe Zusammenhänge zu erkennen!
- Gib Gleichungen an, die unter den gegebenen Bedingungen gelten!
- Setze die Werte für die gegebenen Größen in die Gleichung ein und berechne die gesuchte Größe! Beachte die Einheiten!

$E_{Benzin} = E_{kin} \qquad E_{kin} = \frac{1}{2} m \cdot v^2$

$E_{Benzin} = \frac{1}{2} m \cdot v^2$

$E_{Benzin} = \frac{1}{2} \cdot 3800\ \text{kg} \cdot 16{,}7^2\ \frac{\text{m}^2}{\text{s}^2}$

$\underline{E_{Benzin} = 530\ \text{kJ}}$

Beachte: Manchmal muss die Gleichung erst nach der gesuchten Größe umgestellt werden.

Schritt ③

Ergebnis der Aufgabe

- Formuliere das Ergebnis der Aufgabe!
- Berücksichtige die Genauigkeit der Größenangaben!
- Beantworte dabei die Fragen im Aufgabentext

Für die Beschleunigung des Lkw auf 60 km/h wird eine Energie von ca. 530 kJ benötigt, die bei der Verbrennung von Kraftstoff freigesetzt wird.

1

Höchstleistung leider nicht von Dauer

Während beim Hochsprung nur die Höhe der übersprungenen Latte interessiert, geht es beim Gewichtheben allein um ein „Kräftemessen".
Ein Vergleich der beiden sportlichen Leistungen im physikalischen Sinne ist nur möglich, wenn einige Größen bekannt sind. So hebt der Hochspringer ($m = 75\,kg$) seinen Körperschwerpunkt etwa um 1 m (Abb. 2). Dafür benötigt er 0,5 s. Der Gewichtheber hebt 180 kg in etwa 2 s um 2 m.

1 ▸ Die Leistung hängt nicht nur von der Hubhöhe, sondern auch von der Zeit ab.

Sowohl beim Hochspringer als auch beim Gewichtheber handelt es sich um Leistungen, die innerhalb eines kurzen Zeitraumes vollbracht werden.
Vergleiche die Leistungen eines Hochspringers und eines Gewichthebers mit der menschlichen Dauerleistung von etwa 100 W!

Analyse:
Beide Sportler verrichten Arbeit, um die Höhenenergie des eigenen Körpers bzw. der Hantel zu vergrößern.

Gesucht: Leistung des Hochspringers P_H
Leistung des Gewichthebers P_G

Gegeben:
$m_H = 75\,kg \Rightarrow F_{G_H} = 750\,N$
$m_G = 180\,kg \Rightarrow F_{G_G} = 1\,800\,N$
$h_H = 1\,m \qquad h_G = 2\,m$
$t_H = 0{,}5\,s \qquad t_G = 2\,s$

2 ▸ Ein Hochspringer vollbringt kurzzeitig eine sportliche Höchstleistung.

Lösung:
Die Leistung kann berechnet werden mit der Gleichung:

$$P = \frac{W}{t} \qquad W = F_G \cdot h$$

Damit ergibt sich für die Leistung:

$$P = \frac{F_G \cdot h}{t}$$

$$P_H = \frac{750\,N \cdot 1\,m}{0{,}5\,s} \qquad P_G = \frac{1\,800\,N \cdot 2\,m}{2\,s}$$

$$\underline{P_H = 1\,500\,W} \qquad \underline{P_G = 1\,800\,W}$$

Ergebnis:
Die Leistung des Gewichthebers von 1 800 W ist 1,2-mal so groß wie die Leistung des Hochspringers von 1 500 W. Beide liegen als kurzzeitige Leistungen weit über der Dauerleistung eines Menschen von etwa 100 W. Solche Höchstleistungen können von Menschen nur über einen kurzen Zeitraum lang erbracht werden. Die genannte Dauerleistung von 100 W kann dagegen auch mehrere Stunden lang erbracht werden.

Vielleicht möchtest du auch deine eigene Dauerleistung bzw. deine Höchstleistung wissen. Dann überlege dir:

- Wie könnte ich meine Dauerleistung bestimmen? Der Zeitraum sollte dabei mindestens 10 min betragen.
- Wie könnte ich meine Höchstleistung ermitteln? Der Zeitraum sollte nicht mehr als 10 s betragen.

Experimente

Energie, mechanische Arbeit und Leistung

Experiment 1

Weise nach, dass sich die Höhenenergie einer Kugel proportional zur Höhe verändert!

Vorbereitung:

a) Die folgende Versuchsanordnung kann als abgeschlossenes System angesehen werden.

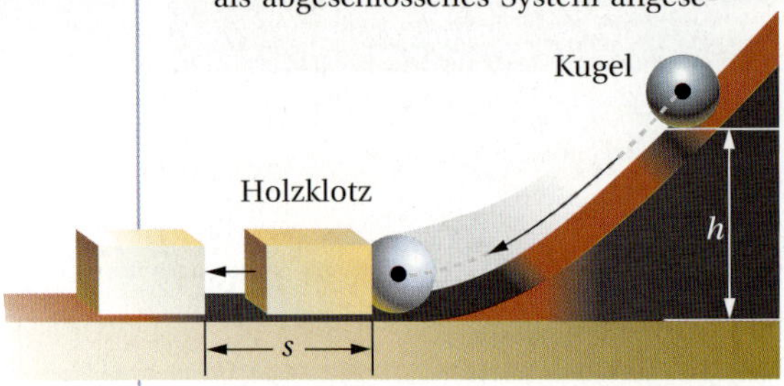

Beschreibe die Energieumwandlungen, wenn man die Kugel aus einer Höhe *h* herabrollen lässt!

b) Unten stößt die Kugel gegen einen Holzklotz. Begründe, dass der Weg *s*, den der Holzklotz bis zum Stillstand zurücklegt, ein Maß für die Höhenenergie der Kugel ist!

Durchführung:

Lass die Kugel aus verschiedenen Höhen herunterrollen und miss jeweils den Weg *s*, den der Holzklotz zurücklegt! Erfasse die Werte in einer Messwertetabelle!

Auswertung:

Prüfe, ob für das Experiment $s \sim h$ gilt!

Experiment 2

Bestimme die mechanische Arbeit, die zum Spannen einer Feder bzw. eines Gummibandes erforderlich ist!

Vorbereitung:

a) Stelle folgende Materialien und Hilfsmittel bereit: Feder, Gummiband, Massestücke, Lineal, Klammern als Markierung!

b) Informiere dich über den Inhalt des hookeschen Gesetzes!

Durchführung:

a) Baue das Experiment so wie rechts oben dargestellt auf!

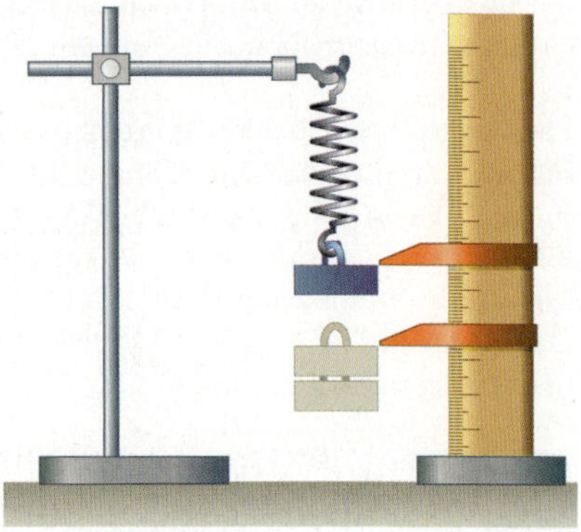

b) Bestimme zunächst die Länge der Feder ohne Belastung! Belaste dann die Feder durch Anhängen von Massestücken und miss jeweils die Verlängerung *s*! Erfasse deine Messwerte in einer Messwertetabelle nach folgendem Muster:

m in g	F_G in N	*s* in cm	$\frac{F_G}{s}$ in $\frac{N}{cm}$
...	...	...	...

c) Führe die entsprechenden Untersuchungen für ein Gummiband durch!

Auswertung:

a) Bestimme für die Feder aus den verschiedenen Wertepaaren für *F* und *s* die Federkonstante! Bilde den Mittelwert! Berechne daraus die Spannarbeit für die maximale Auslenkung *s*!

b) Zeichne für die Feder und das Gummiband jeweils ein *s*-*F*-Diagramm! Gilt das hookesche Gesetz?

c) Bestimme für beide Fälle die Spannarbeit durch Auszählen der Fläche unter dem Graphen im *s*-*F*-Diagramm!

Experiment 3

Mit einem Federstoßgerät wird eine Kugel nach oben geschleudert. Bestimme aus der maximalen Höhe die Federspannenergie!

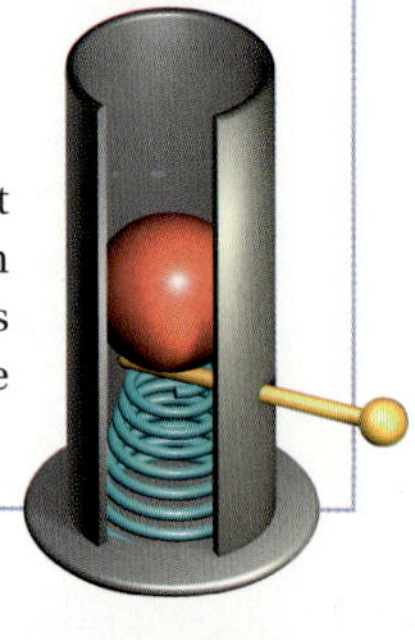

1

Experimente

Experiment 4

Weise in einem Experiment nach, dass an einer festen Rolle die Zugkraft gleich der Gewichtskraft der Last ist!

Durchführung:

a) Baue die Anordnung wie in der Abbildung oder ähnlich auf!
b) Führe die Messungen für 5 verschiedene Gewichtskräfte durch!

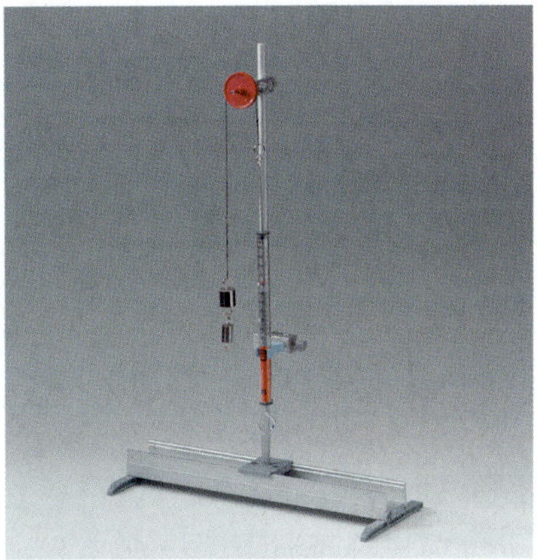

Experiment 5

Weise die Gesetze für die Zugkraft und den Zugweg für eine lose Rolle nach!
Vergleiche die verrichteten mechanischen Arbeiten!

Durchführung:

a) Baue eine Experimentieranordnung für eine lose Rolle auf!
b) Miss Kräfte und Wege!
c) Trage die Messwerte in eine Messwertetabelle ein!

F_G in N	F_Z in N	s in cm	s_Z in cm
…	…	…	…

Auswertung:

a) Lassen sich die Gesetze für den Zugweg und die Zugkraft bestätigen?
b) Welche Abweichungen treten auf?
c) Vergleiche die verrichtete Arbeit zum Heben der Last ohne Rolle mit der verrichteten Arbeit beim Heben der Last mit loser Rolle!

Experiment 6

Weise die Goldene Regel der Mechanik für eine schiefe Ebene nach!

Durchführung:

a) Baue das Experiment wie in der Abbildung oder ähnlich auf!

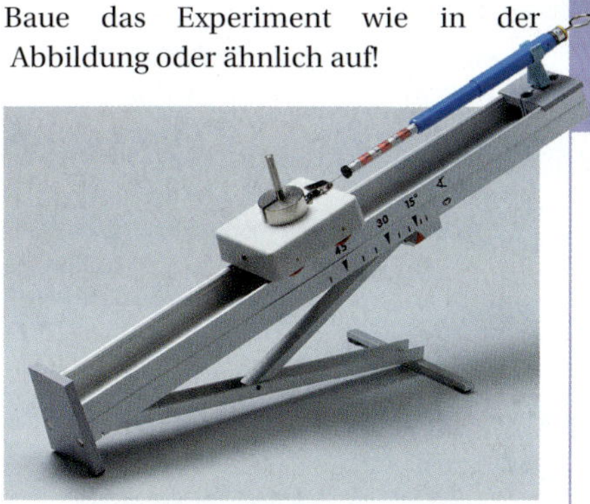

b) Miss die Gewichtskraft F_G des Körpers!
c) Miss die Zugkraft F_Z auf der schiefe Ebene!
d) Miss die Höhe der schiefe Ebene h und den Weg s, um diese Höhe zu erreichen!
e) Ändere nun die Neigung der Ebene!
f) Wiederhole die Messungen!

Auswertung:

a) Gilt die Goldene Regel der Mechanik für deine Experimentieranordnung?
b) Welche Fehler sind aufgetreten?

Experiment 7

Bestimme experimentell deine Leistung beim Treppensteigen!

***Experiment 8**

Baue das Modell einer Seilwinde und bestimme den Wirkungsgrad der Anordnung!

Vorbereitung und Durchführung:

Baue die Anordnung nach der Skizze auf! Bestimme alle für die Berechnung des Wirkungsgrades erforderlichen Größen! Die Leistung des Motors erfährst du von der Lehrkraft.

Auswertung:

Berechne den Wirkungsgrad der Anordnung!

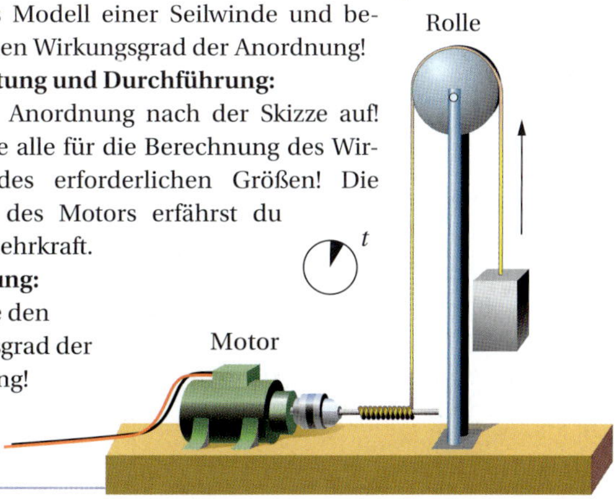

Aufgaben

1. Die Abbildungen zeigen Beispiele, bei denen Kräfte wirken.

Welche Arten von Arbeit werden verrichtet? Begründe jeweils deine Aussage und erläutere, an oder von welchem System die Arbeit verrichtet wird!

2. Welche Arten mechanischer Arbeit werden bei folgenden Vorgängen verrichtet?
a) Ein Pkw verringert durch Bremsen seine Geschwindigkeit.
b) Ein Radfahrer fährt an.
c) Ein Kind steigt eine Leiter hinauf.
d) Ein Handwerker biegt ein Rohr.

3. Eine Kiste wird mit einer Kraft von 150 N auf dem Boden 3 m weit geschoben.
Wie groß ist die verrichtete Arbeit?

4. Du läufst mit deiner Schultasche auf einer ebenen Straße 350 m weit.
Welche Arbeit verrichtest du an der Schultasche? Begründe deine Aussage!

5. Nenne Beispiele für Hubarbeit, Spannarbeit, Beschleunigungsarbeit und Reibungsarbeit!
Erläutere, welche Kräfte wirken und welche Wege zurückgelegt werden!

6. Gleich schwere Kisten sind vom Boden in einzelne Felder eines Regals gehoben worden. In welchen Fällen wurde die gleiche Arbeit zum Füllen der Regalfelder verrichtet? Antworte so: $W_{1A} = W_{2C}$.

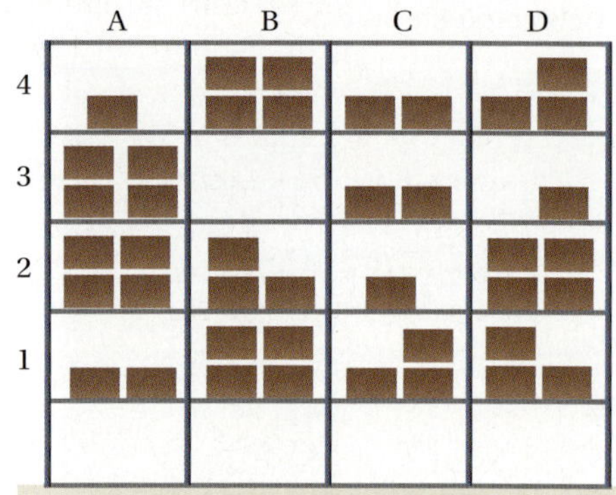

7. Berechne die fehlenden Werte unter der Bedingung, dass eine konstante Kraft in Richtung des Weges wirkt!

	F	*s*	*W*
a)	400 N	2,5 m	
b)	0,3 N		9 Nm
c)		3,8 m	76 kJ
d)	12,6 N	10 cm	

8. Ein Schüler verrichtet eine Arbeit von 100 J. Nenne vier verschiedene Möglichkeiten, diese Arbeit zu verrichten!

9. Ein Lkw hat eine Masse von 32 t, ein Pkw von 1 t.
a) Vergleiche die kinetische Energie der beiden Fahrzeuge bei einer Geschwindigkeit von 80 km/h!
b) Was kann man aus dem Vergleich der kinetischen Energien über mögliche Unfallfolgen bei beiden Fahrzeugen ableiten?

10. Nils (m = 50 kg) beschleunigt sein 12 kg schweres Fahrrad aus dem Stand bis auf 5,0 m/s. Der Beschleunigungsweg beträgt dabei 45 m.

a) Welche Arbeit verrichtet er?

b) Wie groß ist die mittlere Kraft, die Nils zur Beschleunigung aufwenden muss?

11. Ein Pkw (m = 1200 kg) fährt auf einer Landstraße mit 80 km/h. Um ein vor ihm fahrendes Fahrzeug überholen zu können, beschleunigt der Fahrer auf 100 km/h.

a) Wie groß ist die kinetische Energie des Pkw nach dem Beschleunigungsvorgang?

b) Wie groß ist die vom Motor verrichtete Beschleunigungsarbeit?

***12.** Ein Pkw hat eine Masse von 1 200 kg und fährt auf einer bergigen Strecke. Gibt es eine Geschwindigkeit v und eine Höhe h gegenüber dem Ausgangspunkt, bei denen potenzielle und kinetische Energie des Pkw gleich groß sind? Wenn ja, nenne mögliche (sinnvolle) Werte!

13. Durch eine gespannte Feder wird eine Kugel (m = 200 g) hochgeschleudert und erreicht eine maximale Höhe von 1,65 m.

a) Beschreibe die Energieumwandlungen!

b) Wie groß war die Energie der gespannten Feder?

14. Auf einer Baustelle soll ein Gefäß mit Mörtel (25 kg) ins erste Stockwerk transportiert werden. Die zur Verfügung stehende lose Rolle hat eine Gewichtskraft von 15 N.

a) Welche Kraft muss der Bauarbeiter mindestens aufbringen?

b) Ändert sich diese Kraft, wenn er das Seil zusätzlich noch über eine feste Rolle führt?

c) Wie verändert sich die Kraft, wenn er das Seil nicht senkrecht nach unten, sondern schräg zieht?

15. Thomas und Patrick überlegen, wie sie beim Seilklettern Kraft sparen könnten. Thomas schlägt Variante 1 (s. oben) vor, Patrick Variante 2. Welche Variante würdest du bevorzugen? Begründe deine Entscheidung!

16. Eine Kiste mit einer Masse von 100 kg soll angehoben werden.

a) Welche Kraft ist bei den angegebenen drei Varianten jeweils erforderlich? Die Masse der losen Rollen und die Reibung werden vernachlässigt.

*b) Gib eine weitere Möglichkeit an, bei der die erforderliche Zugkraft kleiner als 250 N ist.

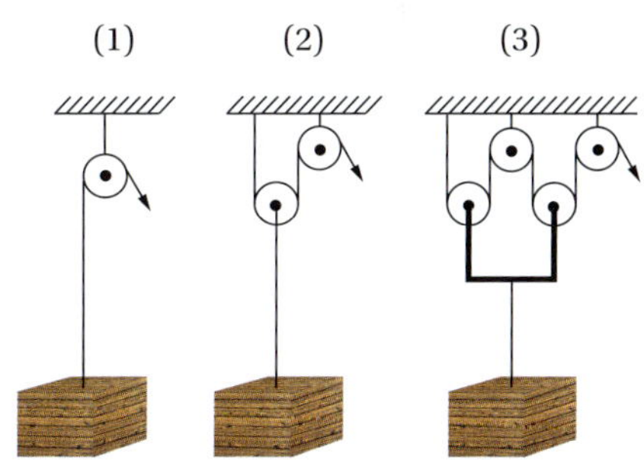

***17.** Aus wie vielen Rollen muss ein Flaschenzug bestehen, wenn zum Beladen eines Fahrzeugs mit Maschinenteilen der Masse 92 kg ein Motor zur Verfügung steht, der eine Zugkraft von 230 N aufbringen kann? Die Massen der Rollen und die Reibung sollen vernachlässigt werden.
Skizziere zwei verschiedene Varianten eines solchen Flaschenzugs!

***18.** Reicht die Muskelkraft eines Arbeiters (800 N) aus, um mit der in der Skizze dargestellten Anordnung eine Betonplatte von 0,4 t zu heben? Die Masse der mit zu hebenden Rollen beträgt 2 kg.

19. Auf einer Bergwanderung wählen alle bis auf eine gut trainierte Person einen allmählich ansteigenden kurvigen Weg. Der Sportler entscheidet sich für eine sehr steile Abkürzung.

a) Wer hat den längerer Weg, wer braucht die größere Kraft?

b) Erläutere an diesem Beispiel die Goldene Regel der Mechanik!

20. Berechne die fehlenden Werte unter der Bedingung, dass die Arbeit gleichmäßig verrichtet wird!

	W	P	t
a)	360 J		12 s
b)		100 W	1 h
c)	1,2 kJ	0,3 kW	
d)	880 Nm		5 s

21. Ein Autofahrer sagt: „Mein Auto hat eine Leistung von 65 kW." Ein anderer stellt fest: „Mein Auto hat 80 PS, ist also leistungsstärker." Hat er Recht?

22. Ein Bergsteiger (m = 65 kg) mit 10 kg Ausrüstung bewältigt einen Höhenunterschied von 970 m in 2 ½ Stunden. Wie groß ist die von ihm verrichtete Hubarbeit, wie groß seine mechanische Leistung?

23. Um wie viel größer ist die Leistung von Tina beim Stangenklettern, wenn sie eine Höhe von 4 m in 7 s schafft, Lisa dagegen 10 s benötigt? Beide wiegen 50 kg.

***24.** Mithilfe einer Pumpe werden 2 000 l Wasser aus einer Baugrube gepumpt.

a) Wie viel Arbeit verrichtet die Pumpe, wenn das Wasser 5 m hoch gepumpt wird?

b) Wie groß ist die Leistung der Pumpe, wenn zum Herauspumpen des Wassers 15 min benötigt werden?

25. Ein Kran hat eine Betonplatte mit einer Masse von m = 500 kg in 15 s um 5 m hochgehoben. Dann wird die Betonplatte in horizontaler Richtung um 4 m bewegt (s. Abb.).

a) Wie groß ist die durch den Kran verrichtete Hubarbeit?

b) Wie groß ist die Arbeit, wenn die Platte nur horizontal bewegt wird?

c) Wie groß ist die aufgebrachte Leistung?

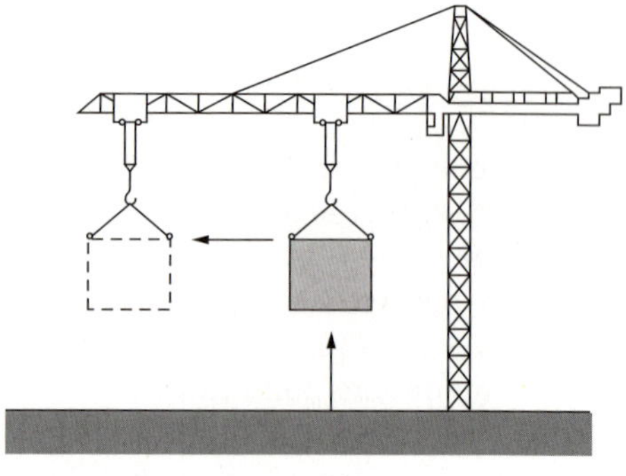

26. Der Wirkungsgrad des Menschen beim Treppensteigen beträgt etwa 30 %, beim Schwimmen etwa 3 %. Was bedeuten diese Angaben?

1

Das Wichtigste auf einen Blick

Energie, mechanische Arbeit und Leistung

Wird an einem abgeschlossenen System oder von einem solchen System mechanische Arbeit W verrichtet, so verändert sich die Energie E des Systems. Es gilt:

$$\boldsymbol{W = \Delta E}$$

Einheiten: $1\ \mathrm{J} = 1\ \mathrm{Nm} = 1\frac{\mathrm{kg} \cdot \mathrm{m}^2}{\mathrm{s}^2}$

Unter der Bedingung, dass die Kraft konstant ist und in Richtung des Weges wirkt, gilt für die mechanische Arbeit:

$$\boldsymbol{W = F \cdot s}$$

F wirkende Kraft s zurückgelegter Weg

Formen mechanischer Arbeit

- **Hubarbeit** führt zu einer Vergrößerung der Höhenenergie.
  $$W_{\mathrm{H}} = \Delta E_{\mathrm{H}} = F_{\mathrm{G}} \cdot h = m \cdot g \cdot h$$
- **Beschleunigungsarbeit** führt zu einer Vergrößerung der kinetischen Energie
  $$W_{\mathrm{B}} = \Delta E_{\mathrm{kin}} = \frac{1}{2} m \cdot v^2$$
- **Spannarbeit** führt zu einer Vergrößerung der Spannenergie. Für eine elastische Feder gilt:
  $$W_{\mathrm{Sp}} = \Delta E_{\mathrm{Sp}} = \frac{1}{2} F_{\mathrm{E}} \cdot s = \frac{1}{2} D \cdot s^2$$

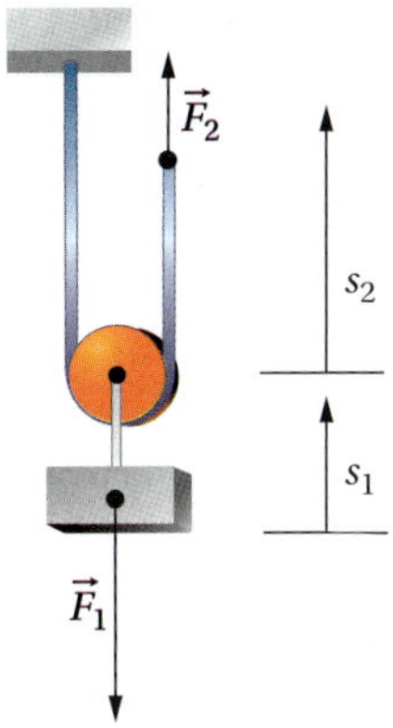

Für alle **Kraftwandler** (Rollen, Flaschenzüge, Hebel, schiefe Ebenen) gilt die **Goldene Regel der Mechanik.**

Was man an Kraft spart, muss man an Weg zusetzen.

Bei Vernachlässigung der Reibung und der Gewichtskraft loser Rollen gilt: $F \sim \frac{1}{s}$ oder $F_1 \cdot s_1 = F_2 \cdot s_2$

Die mechanische **Leistung** P gibt an, wie schnell mechanische Arbeit verrichtet wird.

$$P = \frac{W}{t}$$

Einheiten: $1\frac{\mathrm{J}}{\mathrm{s}} = 1\frac{\mathrm{kg} \cdot \mathrm{m}^2}{\mathrm{s}^3} = 1\mathrm{W}$

Der **Wirkungsgrad** η einer Anordnung gibt an, welcher Anteil der zugeführten Energie in nutzbringende Energie umgewandelt wird.

$$\eta = \frac{E_{\mathrm{nutz}}}{E_{\mathrm{zu}}}$$

1.4 Profilbereich NTG: Druck

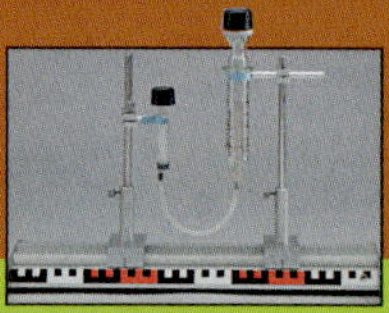

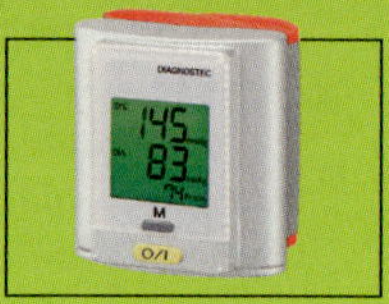

Tiefendruck ▸▸ Die Herstellung von Halbkugeln aus Glas für Tiefseetauchboote erfordert hohe Präzision. Nur wenn sie eine völlig gleichmäßige Wandstärke haben, können sie dem riesigen Druck standhalten, der in größeren Meerestiefen herrscht. Der Druck in diesen Tiefen kann einige Hundert Mal so groß wie der normale Luftdruck sein.
Wodurch kommt der Druck im Wasser zustande? Wie verändert er sich mit der Tiefe?

Anglerglück ▸▸ Zum Angeln gehört nicht nur Glück, sondern auch Können. Wenn schon mal ein Fisch angebissen hat, muss man ihn noch aus dem Wasser bekommen. Für große Fische verwendet man dazu einen Kescher.
Warum kann man große Fische zwar mit der Angel zu sich heranziehen, braucht aber einen Kescher, um sie aus dem Wasser zu holen?

1

Druck und Druckkraft

Damit Autoreifen funktionstüchtig bleiben, wird in Abständen der Druck kontrolliert, der in ihrem Inneren herrscht (Abb. 1). Ähnliches gilt für unseren Blutdruck. Die eingeschlossene Luft im Reifen bzw. das Blut in unseren Venen stehen „unter Druck“.
Sie können Kräfte auf die Begrenzungsfläche ausüben. Diese Kräfte werden als **Druckkräfte** bezeichnet.

Allgemein ist der Druck auf eine Fläche abhängig vom Betrag der Kraft, der senkrecht auf diese Fläche wirkt, und der Größe der Fläche selbst.

M **Unter der Bedingung, dass die Kraft senkrecht auf die Fläche wirkt, kann der Druck p mit folgender Gleichung berechnet werden:**

$p = \frac{F}{A}$ — F wirkende Kraft (Druckkraft); A Fläche, auf die die Kraft wirkt

Als Einheit für den Druck ergibt sich aus der Gleichung ein Newton je Quadratmeter ($1\,N/m^2$). Diese Einheit wird als ein Pascal (1 Pa) bezeichnet:

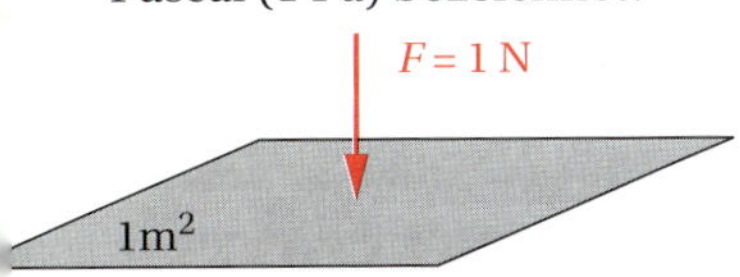

$$1\,Pa = 1\,\frac{N}{m^2}$$

1 ▸ In Reifen von Pkw hat die Luft meist einen Druck zwischen 2,0 bar und 3,0 bar.

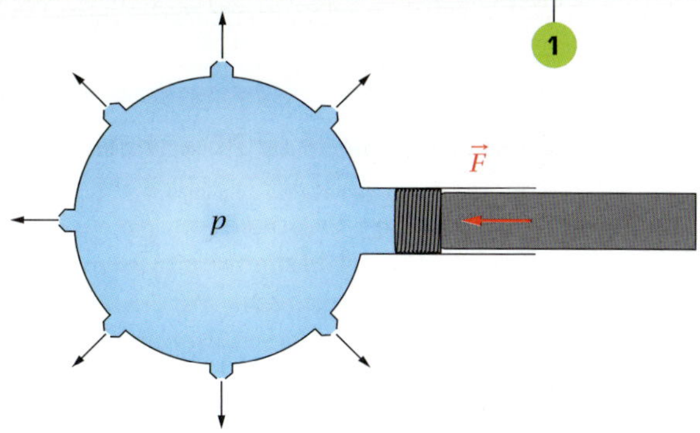

2 ▸ Infolge des Drucks im Inneren der Kugel tritt das Wasser gleichmäßig in alle Richtungen aus.

Mit einer solchen Kugelspritze kann man zeigen, dass der Druck in einem geschlossenen Gefäß gleichmäßig nach allen Seiten wirkt (s. S. 58).

Die Einheit ein Pascal ist nach dem französischen Wissenschaftler BLAISE PASCAL (1623–1662) benannt. 1 Pascal ist der Druck, bei der eine Kraft von 1 N senkrecht auf eine Fläche von $1\,m^2$ wirkt. Dieser Druck ist sehr klein. Deshalb nutzt man meist **Vielfache dieser Einheit.** Es gilt:

$$1\,Pa = 1\,N/m^2 = 0{,}000\,1\,N/cm^2$$
$$1\,kPa = 1\,000\,Pa = 0{,}1\,N/cm^2$$
$$1\,MPa = 1\,000\,kPa = 100\,N/cm^2$$

Eine weitere Einheit des Druckes ist ein Bar (1 bar):
$$1\,bar = 100\,000\,Pa = 100\,kPa = 10\,N/cm^2$$

Der Druck in Flüssigkeiten und Gasen kann mit **Druckmessern** (Abb. 3) direkt gemessen werden. Dabei unterscheidet man zwischen **Manometern** und **Barometern** (Luftdruckmessern).
Genutzt werden können auch verschiedene Arten von **Drucksensoren.** Mit solchen Sensoren, die sehr klein sein können, lässt sich der Druck elektronisch messen.

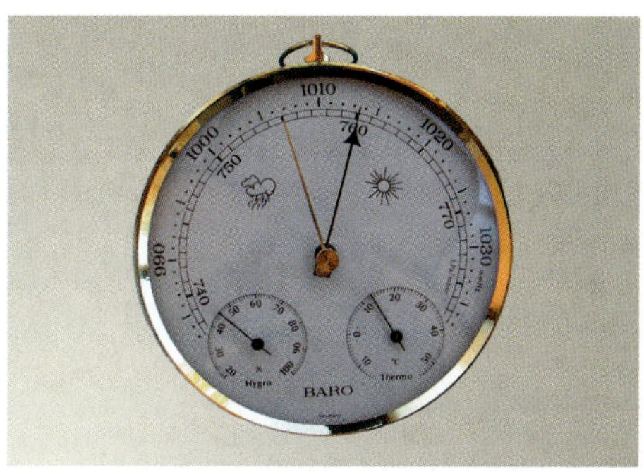

3 ▸ Der Luftdruck kann mit einem solchen Barometer gemessen werden.

Druck eingeschlossener Flüssigkeiten

Der Druck von Flüssigkeiten, die sich in geschlossenen Gefäßen befinden, wird z. B. bei Bremsanlagen von Kraftfahrzeugen oder bei hydraulischen Pressen genutzt. Untersucht man den Druck, den eine Flüssigkeit in einem abgeschlossenen Gefäß an verschieden Stellen hat, so ergibt sich:

Der Druck einer Flüssigkeit in einem geschlossenen Gefäß ist überall gleich groß. Er wirkt nach allen Seiten.

Der Druck in der Flüssigkeit wird häufig durch eine Kraft auf einen Kolben hervorgerufen. Er wird deshalb **Kolbendruck** genannt und ist umso größer, je größer die auf den Kolben wirkende Kraft *F* und je kleiner die Fläche *A* des Kolbens ist.

Der Kolbendruck kann berechnet werden mit der Gleichung:

$$p = \frac{F}{A}$$

Im Unterschied zu Gasen liegen die Teilchen in einer Flüssigkeit dicht, sind aber leicht gegeneinander verschiebbar. Wird auf eine Flüssigkeit eine Kraft ausgeübt, dann weichen die Teilchen in alle Richtungen aus. Dabei stoßen sie mit anderen Teilchen zusammen und übertragen so die Kraft in der gesamten Flüssigkeit und auf ihre Begrenzungsflächen.

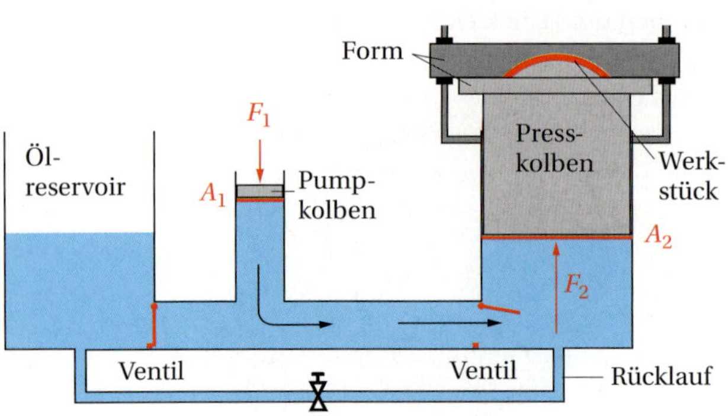

1 ▸ In einer hydraulischen Presse erzeugt eine kleine Kraft auf den Pumpkolben eine große Kraft auf den Presskolben.

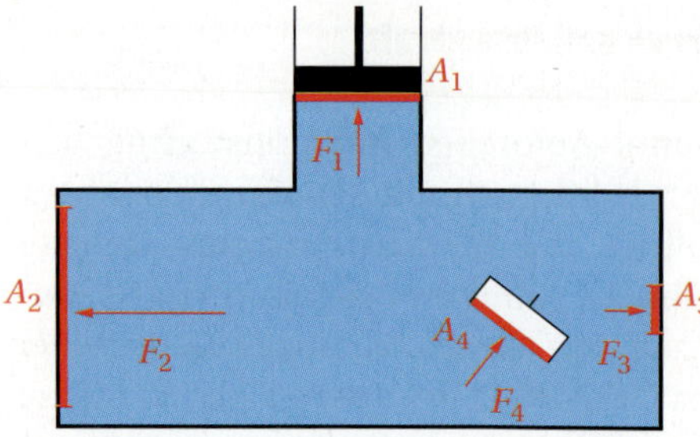

2 ▸ Der Druck in einer Flüssigkeit ist überall gleich groß, die Kräfte auf Flächen sind verschieden.

Wagenheber, Hebebühnen, Bremsanlagen von Fahrzeugen oder Pressen (Abb. 1) sind **hydraulische Anlagen.** Sie funktionieren nach demselben Prinzip: Sie vergrößern Kräfte mithilfe von Flüssigkeiten. So gesehen sind sie Kraftwandler (s. S. 40 ff.).

Eine hydraulische Anlage besteht meist aus zwei unterschiedlich großen Zylindern mit beweglichen Kolben, die miteinander verbunden sind (Abb. 1). Als Flüssigkeit wird Öl verwendet.

Drückt man mit einer kleinen Kraft F_1 auf den **Pumpkolben** mit kleiner Fläche A_1, so erzeugt man einen Druck *p*, der überall in der Anlage gleich ist. Dieser Druck *p* wirkt auch auf den Presskolben. Da die Fläche A_2 dieses zweiten Kolbens groß ist, ist auch die Kraft F_2 auf den Kolben groß.

Für jede hydraulische Anlage im Gleichgewicht gilt:

$$\frac{F_1}{A_1} = \frac{F_2}{A_2} \quad \text{oder} \quad \frac{F_1}{F_2} = \frac{A_1}{A_2}$$

In hydraulischen Pressen werden nach diesem Prinzip so große Kräfte erzeugt, dass z. B. Karosserieteile im kalten Zustand verformt werden können. Bei Hebebühnen kann ein Pkw durch eine kleine Kraft angehoben werden.

1

Der Blutdruck

Der Mensch besitzt, wie auch alle Säugetiere, ein geschlossenes Blutgefäßsystem, zu dem das Herz, die Arterien, die Venen und die Kapillaren gehören (Abb. 1). In diesem Röhrensystem bewegt sich das Blut durch den Körper und erreicht alle Organe. Das Herz pumpt dabei sauerstoffreiches Blut aus der Lunge in die Arterien.

Über die Arterien erreicht das Blut alle Körperteile und versorgt sie mit dem notwendigen Sauerstoff und mit Nährstoffen.

Das sauerstoffarme Blut gelangt über die Venen zurück zum Herzen und von dort wieder zur Lunge. Die Kapillaren ermöglichen im Körperkreislauf (Abb. 1) den Stoffaustausch zwischen Blut und Zellen und im Lungenkreislauf den Stoffaustauch zwischen Blut und Lungenbläschen.

Angetrieben wird unser Blut durch das Herz, das wie eine Pumpe wirkt. Krankhafte Veränderungen zeigen sich u. a. beim Blutdruck.

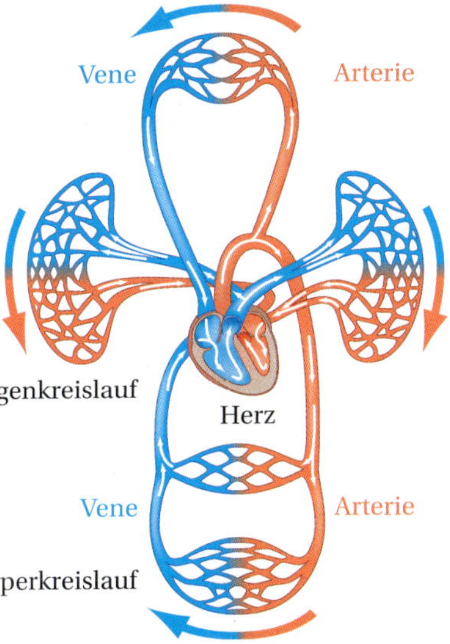

1 ▸ Das Blut durchfließt unseren Körper in Arterien, Kapillaren und Venen. Alle diese Blutgefäße bilden ein geschlossenes Röhrensystem. In ihm bewegt sich, angetrieben vom Herzen, das Blut und erreicht alle Organe.

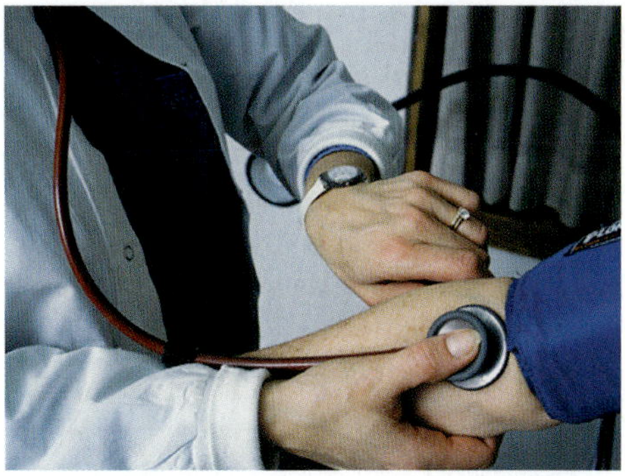

2 ▸ Die Messung des Blutdruckes erfolgt meist am Arm mithilfe von Blutdruckmessgeräten. Am einfachsten sind automatische Geräte zu bedienen.

Was versteht man unter Blutdruck? Wie kann man ihn messen? Welche Blutdruckwerte sind normal?

Der Blutstrom in den Gefäßen übt auf die elastischen Gefäßwände einen Druck aus. Dieser Druck, mit dem das Blut gegen die Gefäßwände drückt, wird als **Blutdruck** bezeichnet. Dabei wird zwischen dem systolischen und dem diastolischen Druck unterschieden.

Der systolische (höhere) Wert ist der Druck während der Kontraktion des Herzens und gibt Auskunft über die Leistung des Herzens. Der diastolische (niedrigere) Wert ist der Druck während der Erschlaffung der Herzmuskulatur.

Gemessen wird der Blutdruck mithilfe von Blutdruckmessgeräten, die sehr unterschiedlich gebaut sein können (Abb. 2). Dazu wird eine Druckmanschette um den Arm gelegt und der Druck gemessen.

Angegeben werden der systolische und der diastolische Wert meist in der Einheit Torr. Ein Wert von 120/80 bedeutet: Der systolische Wert beträgt 120 Torr (16 kPa), der diastolische Wert 80 Torr (11 kPa).

Wenn der Blutdruck aber auch bei geringer Belastung ständig über 140/90 liegt, sollte ein Arzt konsultiert werden.

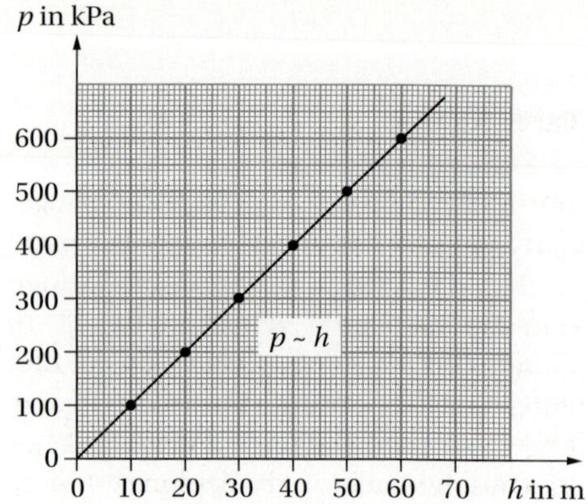

1 ▸ In Wasser nimmt der Schweredruck je 10 m Tiefe um etwa 100 kPa zu.

Der Schweredruck in Flüssigkeiten

Der Druck in einer Flüssigkeit, der infolge der Gewichtskraft der darüber liegenden Flüssigkeit entsteht, heißt **Schweredruck.** Er ist abhängig von

- der Höhe der Flüssigkeitssäule (Eintauchtiefe) h und
- der Dichte der Flüssigkeit ϱ.

> M **Der Schweredruck in einer Flüssigkeit kann berechnet werden mit der Gleichung:**
>
> $p = \varrho \cdot g \cdot h$ g **Fallbeschleunigung**

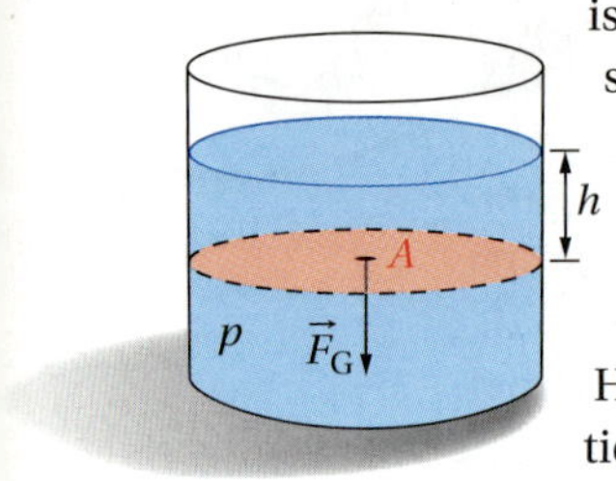

In einer größeren Tiefe ist die darüber liegende Flüssigkeitssäule länger. Sie hat eine größere Gewichtskraft. Demzufolge ist der Schweredruck größer. Man spürt z. B. beim Tauchen, wie der Druck des Wassers auf unser Trommelfell mit der Tiefe zunimmt. Der Zusammenhang zwischen dem Druck und der Höhe der Wassersäule (Eintauchtiefe) ist in der Abb. 1 dargestellt.

Der Marianengraben im pazifischen Ozean ist mit 11 034 m der tiefste der Welt. Auf seinem Boden beträgt der Schweredruck ca. 11 000 N/cm^2. Das bedeutet: Auf eine Fläche von 1 cm^2 wirkt dort etwa die Gewichtskraft eines Pkw.

Bei Wasser ist auch zu beachten: Salzwasser hat eine etwas größere Dichte als Süßwasser. Deshalb ist der Schweredruck bei gleicher Tiefe in Salzwasser etwas größer als in Süßwasser. Unterschiedliche Dichten führen auch zu unterschiedlichen Höhen der Flüssigkeitssäulen in den beiden Schenkeln eines U-Rohrs, wenn verschiedene Flüssigkeiten wie Wasser und Öl eingefüllt werden (s. Abb.).

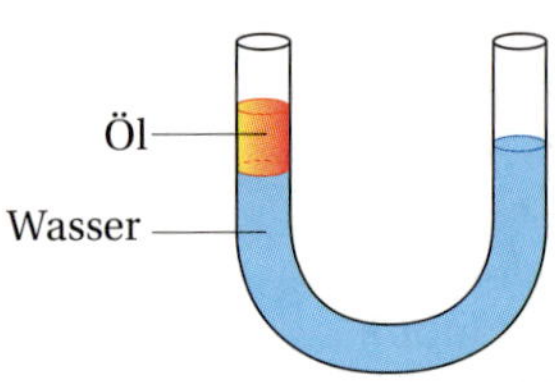

In Experimenten kann man zeigen, dass der Schweredruck nicht von der Form eines Gefäßes abhängig ist (Abb. 2).

Obwohl sich verschieden viel Wasser in den Gefäßen befindet, zeigen die Kraftmesser denselben Wert an. Der Druck auf den Boden hängt nur von der Höhe der Flüssigkeitssäule und deren Dichte ab. Sonderbar (paradox) ist daran, dass eine kleine Flüssigkeitsmenge dieselbe Kraft auf eine Fläche erzeugen kann wie eine große. Die Erscheinung wird deshalb **hydrostatisches Paradoxon** genannt.

> **Der Schweredruck in einer Flüssigkeit ist unabhängig von der Gefäßform.** M

Das zeigt sich auch in **verbundenen Gefäßen,** z. B. in Gießkannen. Gießt man Wasser in eine der Öffnungen, dann gleichen sich die Flüssigkeitsspiegel aus, bis sie in beiden Schenkeln gleich hoch sind.

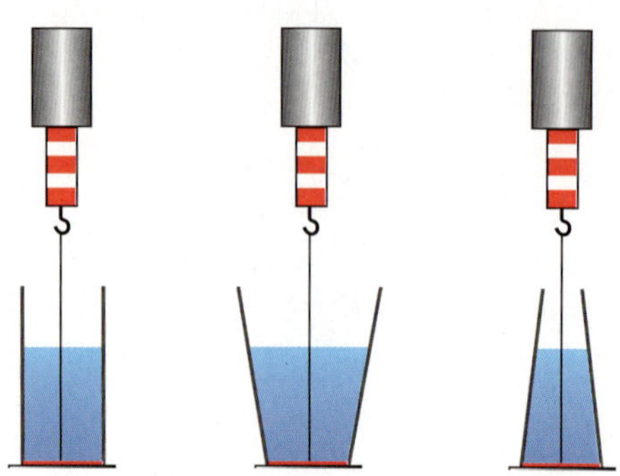

2 ▸ Die Druckkräfte auf die gleich großen Bodenflächen sind bei gleicher Höhe der Wassersäulen gleich groß, unabhängig von der Gefäßform.

1

Auftrieb und archimedisches Gesetz

Ein Surfbrett, ein Baumstamm, ein Eiswürfel oder ein viele Tonnen schweres Schiff (Abb. 1) schwimmen auf der Wasseroberfläche. Körper aus unterschiedlichen Stoffen tauchen dabei unterschiedlich tief ein. Ebenso liegt ein beladenes Schiff tiefer im Wasser als ein unbeladenes. Aber bei beiden Schiffen ist im Meerwasser deutlich zu sehen, wie weit sie im Binnengewässer eingetaucht waren.

Andere Körper dagegen, wie Steine, Metallschrauben oder ein voll Wasser laufendes Schiff, gehen unter. Untersucht man genauer, welche Körper schwimmen und welche nicht, dann zeigt sich: Entscheidend ist die mittlere Dichte des Körpers im Vergleich zur Dichte des Wassers.

M **Ein Körper schwimmt, wenn seine mittlere Dichte kleiner als die Dichte von Wasser ist.**

Damit ein Körper schwimmt, muss der nach unten gerichteten Gewichtskraft eine gleich große Kraft entgegenwirken. Diese Kraft nennt man **Auftriebskraft** F_A, die Erscheinung selbst **Auftrieb.**
Eine Auftriebskraft wirkt nicht nur auf schwimmende Körper, sondern auf jeden Körper, der sich in einer Flüssigkeit befindet (Abb. 2). Sie ist umso größer, je mehr der Körper in die Flüssigkeit eintaucht (Abb. 3).

1 ▸ Ein Schiff schwimmt, weil seine mittlere Dichte kleiner als die von Wasser ist.

2 ▸ Taucht ein Körper in Wasser ein, dann verringert sich scheinbar seine Gewichtskraft.

Ein Körper geht unter, wenn seine mittlere Dichte größer als die von Wasser ist.

Das Volumen des eingetauchten Teils des Körpers verdrängt ein gleich großes Volumen der Flüssigkeit. Die Gewichtskraft des verdrängten Volumens der Flüssigkeit ist umso größer, je größer das Volumen des eingetauchten Teils des Körpers ist. Damit ergibt sich ein Zusammenhang zwischen der Auftriebskraft, die ein Körper in einer Flüssigkeit erfährt, und der Gewichtskraft der von ihm verdrängten Flüssigkeit. Dieser Zusammenhang wird durch das **archimedische Gesetz** beschrieben.

M **Die auf einen Körper wirkende Auftriebskraft F_A ist gleich der Gewichtskraft F_G der verdrängten Flüssigkeit.**

$F_A = F_G$

Dieses Gesetz wurde von ARCHIMEDES (um 285–212 v. Chr.) entdeckt. Es gilt auch für Körper in einem Gas, z. B. für einen Wetterballon in Luft.

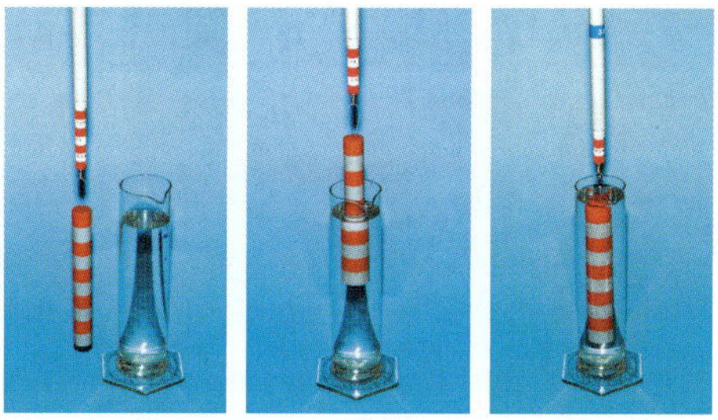

3 ▸ Je tiefer ein Körper in Wasser eintaucht, desto größer ist die Auftriebskraft, die er erfährt.

Die Gewichtskraft einer verdrängten Flüssigkeit oder eines verdrängten Gases ist vom Volumen der Körper abhängig, die sich in der Flüssigkeit bzw. in dem Gas befinden. Sie hängt auch von der Dichte der Flüssigkeit bzw. des Gases ab.
Es gilt:

Die Auftriebskraft F_A kann berechnet werden mit der Gleichung:

$$F_A = \varrho \cdot V \cdot g$$

- ϱ **Dichte des Stoffes, aus dem der verdrängte Körper besteht (z. B. Wasser oder Luft)**
- V **Volumen des Teils vom Körper, der sich in der Flüssigkeit bzw. im Gas befindet**
- g **Fallbeschleunigung**

Es gilt:
$F_G = m \cdot g$
mit $m = \varrho \cdot V$
und $F_G = F_A$
erhält man die Gleichung für die Auftriebskraft.

Sinken, Schweben, Steigen, Schwimmen

Je nachdem, wie groß die Gewichtskraft eines Körpers F_G und die an ihm wirkende Auftriebskraft F_A sind, kann der Körper in einer Flüssigkeit oder einem Gas **sinken, schweben, steigen** oder **schwimmen.** Da das Volumen des eingetauchten Körpers und das der verdrängten Flüssigkeit bzw. des verdrängten Gases immer den gleichen Wert hat, sind die Dichten der Stoffe, aus denen die Körper bestehen, letztlich entscheidend dafür, ob ein Körper sinkt, steigt oder schwebt. Für den Körper ist dabei seine **mittlere Dichte** wichtig.
In der nachfolgenden Übersicht sind die Bedingungen für das Sinken, Schweben, Steigen und Schwimmen eines Körpers angegeben.

Sinken	Schweben	Steigen	Schwimmen
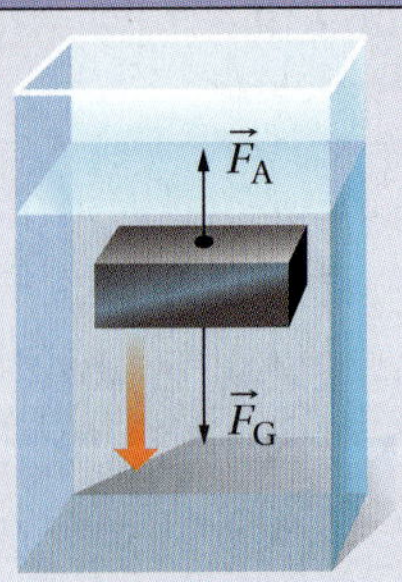	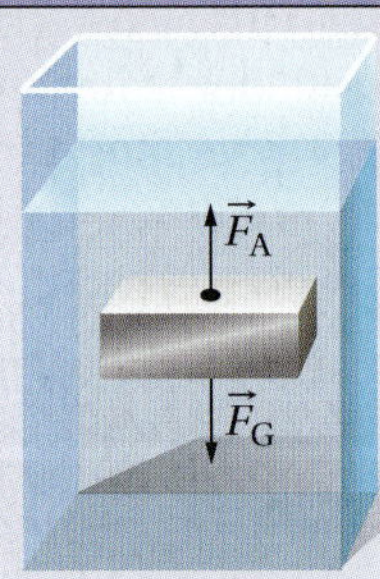	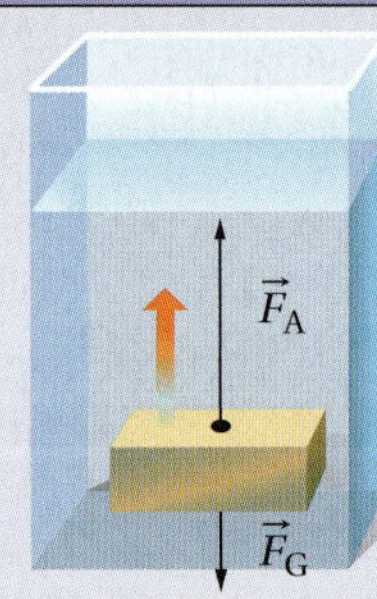	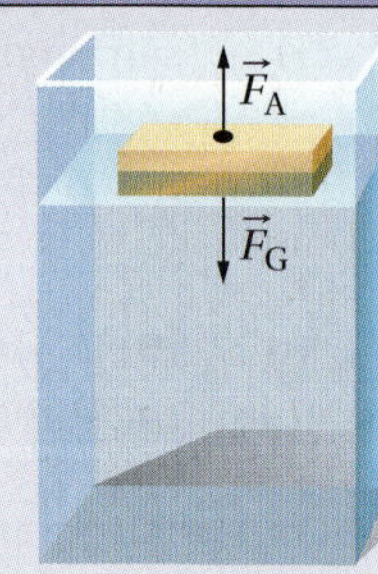
$F_A < F_G$	$F_A = F_G$	$F_A > F_G$	$F_A = F_G$ Ein Teil des Körpers befindet sich außerhalb der Flüssigkeit.
$\varrho_{Fl} < \varrho_{Körper}$	$\varrho_{Fl} = \varrho_{Körper}$	$\varrho_{Fl} > \varrho_{Körper}$	$\varrho_{Fl} > \varrho_{Körper}$

Ein Stein sinkt im Wasser nach unten.	Ein Taucher schwebt im Wasser in einer bestimmten Tiefe.	Ein Fisch steigt aus großer Tiefe nach oben.	Ein Schiff schwimmt auf dem Wasser.

Experimente

Druck und seine Wirkungen

Experiment 1

Weise nach, dass der Schweredruck des Wassers von der Eintauchtiefe eines Körpers abhängt!

Durchführung:

a) Fülle einen Luftballon mit Wasser! Befestige den Ballon an einem durchsichtigen Plastikröhrchen!
b) Tauche die Anordnung unterschiedlich tief in ein Gefäß mit Wasser!
c) Markiere die Wasserstände im Steigrohr!

Auswertung:

a) Begründe, warum die Steighöhe des Wassers ein indirektes Maß für die Änderung des Schweredrucks ist!
b) Formuliere das Ergebnis!

Experiment 2

Führe das Experiment durch (s. Abb.)! Bringe dazu in einer Plastikflasche drei kleine Öffnungen in verschiedenen Höhen an!

Auswertung:
Erkläre die unterschiedlichen Weiten der Wasserstrahlen!

Experiment 3

Probiere das dargestellte Experiment mit Leitungswasser aus! Beschreibe den Ablauf! Erkläre, warum das Wasser nicht ausfließt!

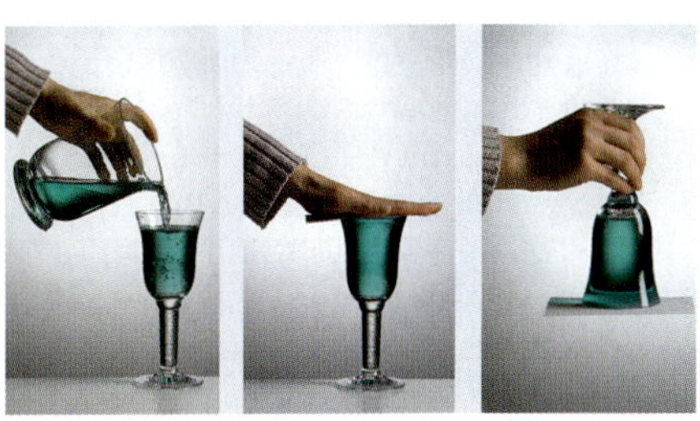

Experiment 4

Untersuche den Zusammenhang zwischen Auftriebskraft und Gewichtskraft der verdrängten Flüssigkeit!

Vorbereitung:

a) Wie kann man die Gewichtskraft eines Körpers aus seiner Masse bestimmen?
b) Baue dir gegebenenfalls ein Überlaufgefäß mithilfe eines Plastikbechers und eines Trinkröhrchens!
c) Übernimm die Messwertetabelle in dein Heft!

Körper	Eintauchen in ...		
	F_A in N	m in g	F_G in N
...	...	...	...

Geräte und Materialien:
Digitalwaage, Federkraftmesser, Auffanggefäß, Überlaufgefäß, Tauchkörper (z. B. große Schrauben, Wägestücke von 100 g), Wasser, Glyzerin oder Spiritus, Faden

Durchführung:

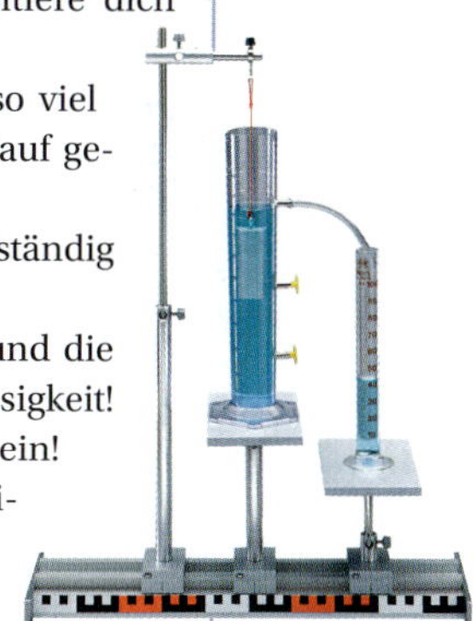

a) Baue den Versuch auf! Orientiere dich dabei an der Abbildung!
b) Fülle das Überlaufgefäß mit so viel Wasser, bis es aus dem Überlauf gerade noch nicht abfließt!
c) Tauche den Tauchkörper vollständig in das Wasser!
d) Bestimme die Auftriebskraft und die Masse der verdrängten Flüssigkeit! Trage die Werte in die Tabelle ein!
e) Wiederhole nun das Experiment mit anderen Körpern und mit anderen Flüssigkeiten!

Auswertung:

a) Ermittle die Gewichtskräfte der verdrängten Flüssigkeit und vergleiche diese mit den jeweiligen Auftriebskräften!
b) Formuliere das Ergebnis!
c) Welche Fehler haben die Messungen beeinflusst?

Experiment 5

Lege ein gekochtes Ei in ein Glas mit Wasser! Streue langsam Salz in das Wasser! Beschreibe und erkläre deine Beobachtung!

Experimente

Experiment 6

Baue ein U-Rohr-Manometer, eiche die Skala und miss mit dem Manometer den Gasdruck in einem Gefäß!

Durchführung:

a) Gehe davon aus, welchen Schweredruck eine Wassersäule von 10 cm Länge erzeugt!
   Baue das Experiment auf (s. Abb.)!

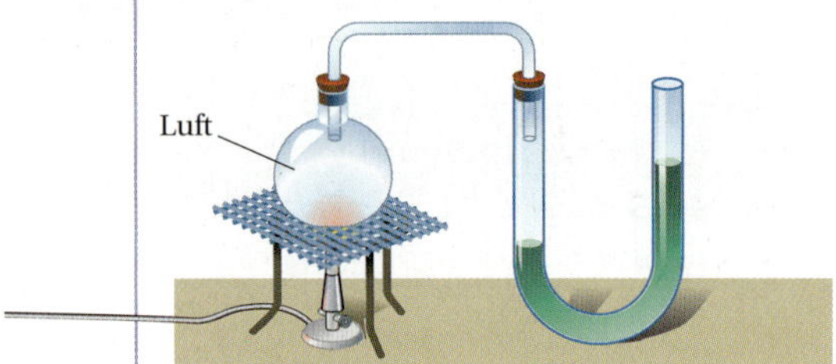

   Miss mit diesem Manometer den Druck, der in einem Glaskolben entsteht, wenn er vorsichtig erwärmt wird!

Auswertung:

Erläutere dein Vorgehen und deine Messergebnisse!

Experiment 7

Bei Schiffen ist die Eintauchtiefe von der Masse der Zuladung abhängig.

Untersuche den Zusammenhang zwischen dem Volumen des verdrängten Wassers und der Masse der „Zuladung" zu einem schwimmenden Körper (s. Abb.)!

Vorbereitung:

a) Wie kannst du das Volumen des verdrängten Wassers und die Masse der Zuladung bestimmen?
b) Bereite eine Messwertetabelle für 5 Messungen vor!

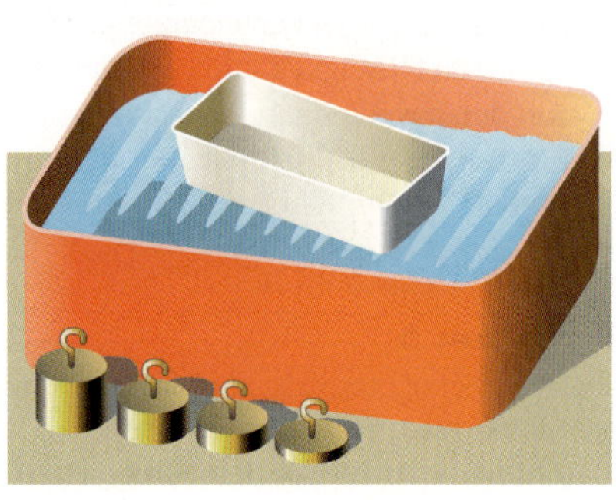

Hilfsmittel: leere Kunststoffdose als schwimmender Körper, Hakenkörper als Zuladung

Durchführung:

Nimm 5 Messwertepaare auf und trage diese in die Tabelle ein!

Auswertung:

a) Fertige ein m-V-Diagramm an und trage die Messwertepaare ein!
b) Welcher Zusammenhang besteht zwischen dem Volumen des verdrängten Wassers und der Masse der Zuladung?
c) Welche Bedeutung hat dieser Zusammenhang für die Beladung von Schiffen?

Experiment 8

Mithilfe eines kartesischen Tauchers kann man gut das Schwimmen, Schweben, Sinken und Steigen demonstrieren. Benannt ist der Taucher nach dem französischen Forscher RENE DESCARTES (lateinisch: CARTESIUS), der von 1596–1650 lebte. Baue selbst Tauchkörper und zeige, wie sie sinken, schweben oder steigen!

Vorbereitung:

Unter welchen Bedingungen sinkt, schwebt und steigt ein Körper?

Wie kannst du die Gewichtskraft des Tauchkörpers ändern?

Durchführung:

a) Baue verschiedene Tauchkörper, die in eine Plastikflasche passen!
   Variante A: Drehe eine dicke Metallschraube in ein Stück Styropor!
   Variante B: Bringe in der Mitte des Verschlusses von einem kleinen Tablettenröhrchen eine sehr kleine Öffnung an, sodass Wasser ein- und ausströmen kann! Fülle solange kleine Nägel ein, bis der Taucher mit der Öffnung nach unten gerade noch schwimmt!
b) Fülle eine große Plastikflasche vollständig mit Wasser, tue den Tauchkörper hinein und verschließe die Flasche dicht!
c) Drücke nun kräftig mit beiden Händen gegen die Flasche!

Auswertung:

a) Beschreibe, wann die Tauchkörper sinken, schweben und steigen!
b) Begründe deine Ergebnisse!

1

Aufgaben

1. Bestimme den Auflagedruck, den du selbst auf den Erdboden ausübst! Die auf den Boden wirkende Kraft ist deine Gewichtskraft. Die Fläche deiner Füße kannst du ermitteln, indem du auf ein Blatt kariertes Papier trittst, den Umriss deines Fußes markierst und die Fläche anschließend auszählst.

2. Warum kannst du einen voll aufgedrehten Wasserhahn nicht mit bloßer Hand zuhalten, wohl aber ein kleines Loch in einem Gartenschlauch?

3. In den Arterien, die vom menschlichen Herzen wegführen, herrscht ein Druck von 14 kPa. Mit welcher Kraft wird das Blut in die Arterien gedrückt, wenn diese eine Querschnittsfläche von $3\,\text{cm}^2$ haben?

4. Kannst du es schaffen, ein Auto mit einer Gewichtskraft von etwa 10 000 N mit einem hydraulischen Wagenheber anzuheben? Das Verhältnis der Querschnittsflächen von Hub- und Pumpkolben beträgt 20 : 1.

5. In Waschmaschinen und Geschirrspülern wird der Zufluss von Wasser mit einer Druckdose reguliert (s. Abb.).

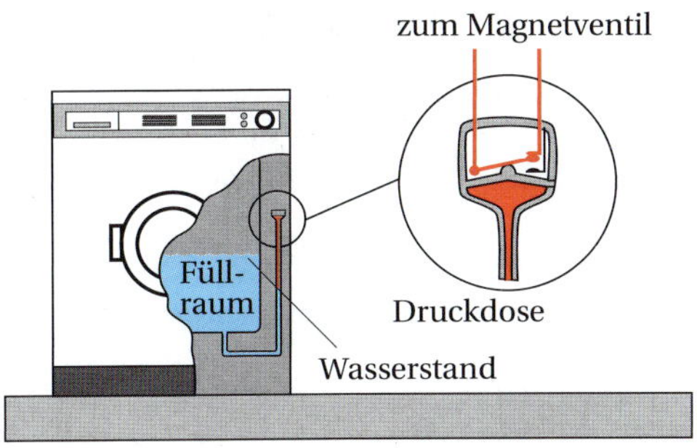

Die Druckdose steuert ein Magnetventil, das die Wasserzufuhr ein- bzw. ausschaltet. Erkläre die Wirkungsweise einer solchen Wasserstandsregulierung!

6. Die Türen in Bussen und modernen Eisenbahnwaggons werden mit Druckluft geöffnet und geschlossen. Welche physikalischen Gesetze werden dabei genutzt? Welche Vorteile hat Druckluft gegenüber einer hydraulischen Flüssigkeit für die Kraftübertragung in diesen Fällen?

7. Informiere dich mithilfe des Internets, was Blutdruckmessgeräte anzeigen und welche Blutdruckwerte normal sind!

8. In den Bremsleitungen von Kraftfahrzeugen dürfen keine Lufteinschlüsse sein. Nach jeder Reparatur muss die Bremsanlage sorgfältig entlüftet werden.
Erkläre, warum Luftbläschen die Bremskraft der Bremsanlage verringern!

9. Die Skizze zeigt, wie eine Wasserversorgungsanlage aufgebaut sein könnte.
   a) Wie funktioniert ein solche Wasserversorgungsanlage?
   b) Warum ist es notwendig, beim Hochhaus eine Zusatzpumpe zu installieren?

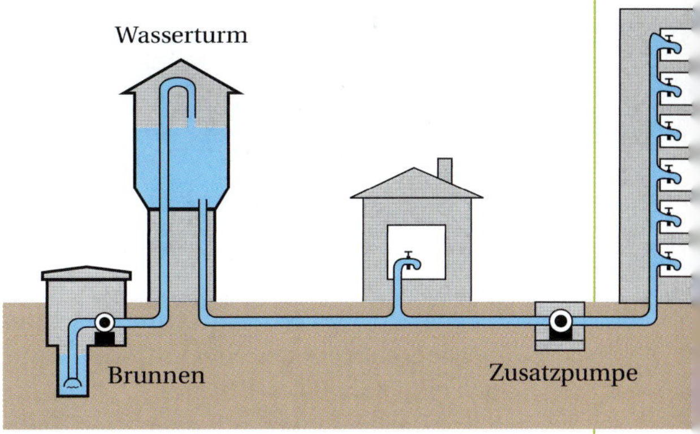

10. Beim Tauchen im Wasser merkt man die Kräfte auf das Trommelfell im Ohr.
   a) Wie entstehen diese Kräfte?
   b) Wie verändern sich die Kräfte, wenn man tiefer taucht? Begründe!
   c) Auch beim Starten eines Flugzeugs merkt man solche Kräfte. Erkläre!

11. Der Druck in einer Wasserleitung beträgt 500 kPa. Mit welcher Kraft müsste man auf ein Loch im Rohr drücken, um es zu verschließen? Das Loch hat eine Fläche von $2\,cm^2$.
Könnte dir das gelingen?

12. In 150 m Tiefe unter dem Meeresspiegel herrscht ein Druck von 1 500 kPa.
Welche Kraft würde dort auf eine Luke eines U-Bootes wirken? Der Durchmesser der Luke beträgt 1 m.

13. Ein Schiff wird in Rostock (Ostsee) beladen und fährt durch den Nord-Ostsee-Kanal und die Nordsee in den Atlantischen Ozean. Wie wird sich die Eintauchtiefe des Schiffes ändern, wenn seine Beladung gleich bleibt? Begründe!

14. Um Schiffe in der Werft zu reparieren, werden sie mitunter mit Schwimmdocks aus dem Wasser gehoben (s. Abb.).
Erkläre die Wirkungsweise eines solchen Schwimmdocks!

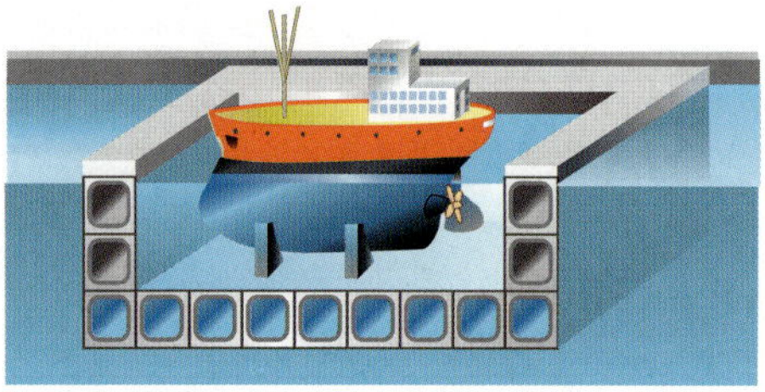

15. Als Stefans Bruder schwimmen lernte, konnte Stefan ihn bequem mit einer Hand waagerecht im Wasser halten.
Warum gelang das nicht auch außerhalb des Wassers?

16. a) Was musst du tun, um möglichst ohne Schwimmbewegung auf der Wasseroberfläche zu schwimmen?

a) Warum ist das in sehr salzhaltigem Meerwasser einfacher als in einem Binnensee?

17. Am Rumpf von Hochseeschiffen zeigen Markierungen an, bis zu welcher Eintauchtiefe das Schiff in einer bestimmten Region beladen werden darf (s. Abb.). Man nennt sie Freibordmarken. Warum sind diese Freibordmarken unterschiedlich hoch?

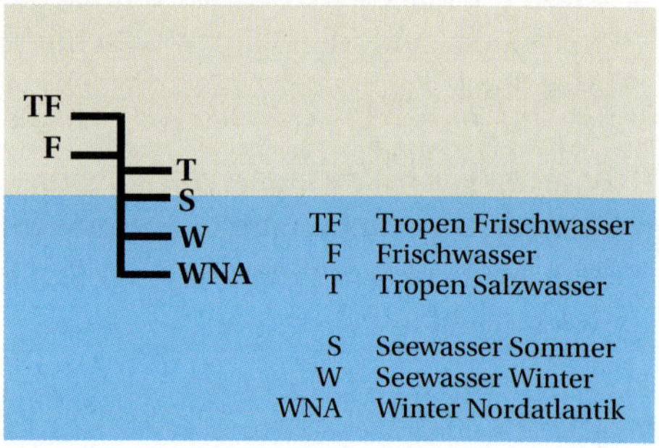

18. Warum schwimmen Eiswürfel im Wasser?

19. Unterseeboote (U-Boote) können im Wasser schwimmen, sinken, schweben oder steigen. Um das zu ermöglichen, besitzen sie Tauchzellen, die mit Wasser oder mit Luft gefüllt sein können. Das Wasser kann durch Ventile einströmen. Durch Pressluft kann es aus diesen Tauchzellen herausgedrückt werden.

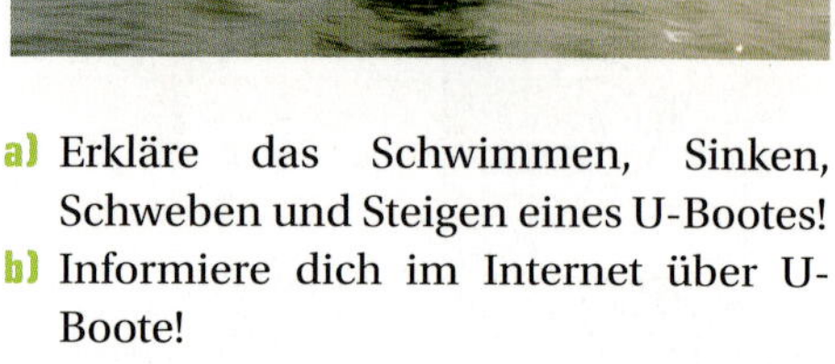

a) Erkläre das Schwimmen, Sinken, Schweben und Steigen eines U-Bootes!

b) Informiere dich im Internet über U-Boote!

20. Viele Fische haben eine Schwimmblase, die mit einem Gas gefüllt ist. Wie können sie im Wasser sinken, steigen oder schweben? Vergleiche mit einem U-Boot!

1

Das Wichtigste auf einen Blick

Druck

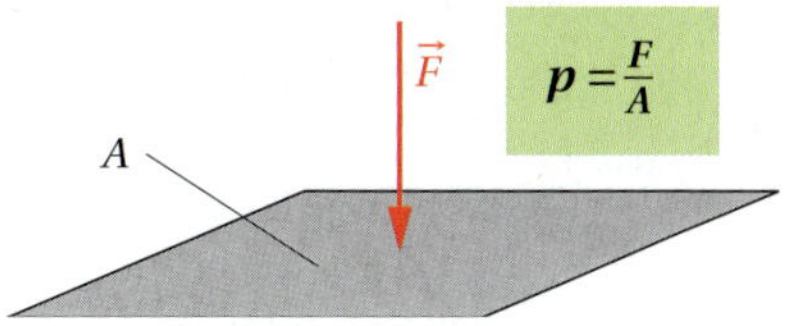

$$p = \frac{F}{A}$$

Der **Druck** gibt an, mit welcher Kraft F ein Körper senkrecht auf eine Fläche A wirkt.
Wenn eine Kraft von 1 N auf 1 m² wirkt, beträgt der Druck 1 Pa (1 Pascal).

Wirkt ein Druck auf eine Fläche, entsteht eine **Druckkraft:** $F = p \cdot A$

Der **Druck eingeschlossener Flüssigkeiten** ist überall gleich groß. Er wirkt nach allen Seiten.
Genutzt wird das bei hydraulischen Anlagen, für die gilt:

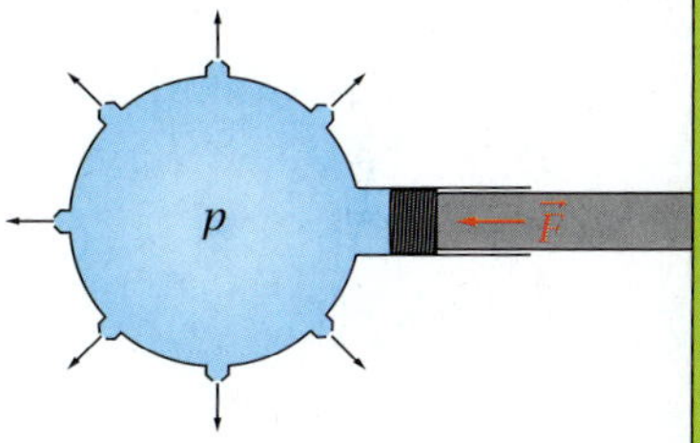

$$\frac{F_1}{A_1} = \frac{F_2}{A_2}$$

Der Druck, den das Blut auf die Gefäßwände ausübt, heißt **Blutdruck.**

In Flüssigkeiten wirkt infolge der Gewichtskraft der Flüssigkeit ein Druck, der Schweredruck genannt wird. Für den **Schweredruck** gilt:

$$p = \varrho \cdot g \cdot h$$

Befindet sich ein Körper in einer Flüssigkeit oder einem Gas, so wirkt auf ihn eine **Auftriebskraft,** die immer entgegengesetzt zur Gewichtskraft gerichtet ist.

Die auf einen Körper wirkende Auftriebskraft ist gleich der Gewichtskraft der verdrängten Flüssigkeit bzw. des verdrängten Gases:

$$F_A = F_G \text{ bzw. } F_A = \varrho \cdot V \cdot g$$

Sinken

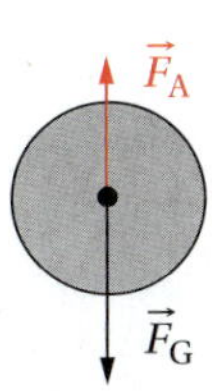

$F_A < F_G$

Schweben

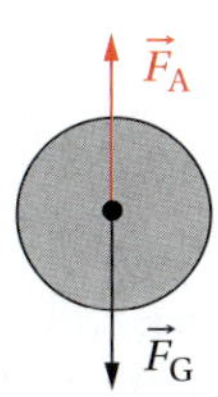

$F_A = F_G$

Steigen

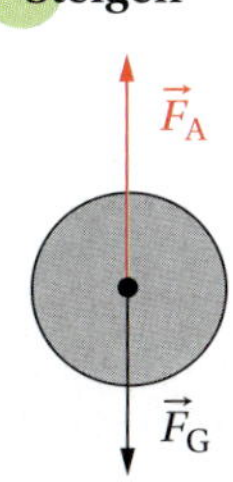

$F_A > F_G$

Schwimmen

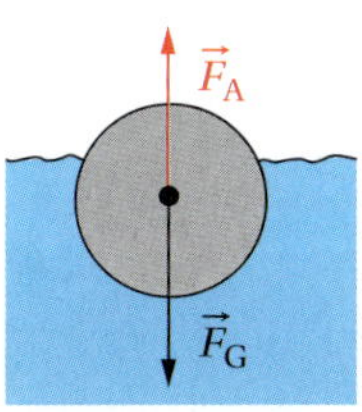

$F_A = F_G$

2

Aufbau der Materie und Wärmelehre

2

2.1
Aufbau der Materie und innere Energie

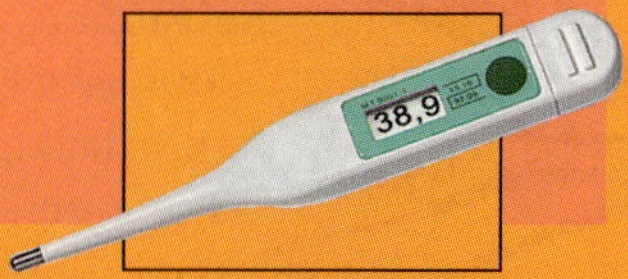

Verschiedene Freuden ▸▸ Im Sommer kannst du Baden gehen. Im Winter erwärmst du dich in der Sauna – oder du gehst zum Skilaufen oder zum Eislaufen. Eis, Wasser und Wasserdampf sind chemisch gleich.
Worin bestehen dann die Unterschiede? Wie sind Stoffe überhaupt aufgebaut?

Empfindungen täuschen ▸▸ Wenn du an einem heißen Sommertag am Strand liegst, kommst du leicht ins Schwitzen. Wenn du aber nach einem ausgiebigen Bad aus dem Wasser steigst, dann kommt es dir relativ kühl vor, obwohl sich die Lufttemperatur nicht verändert hat.
Wie kann man diese unterschiedlichen Empfindungen erklären?

Stoffe in verschiedenen Aggregatzuständen

Alle Gegenstände unserer Umwelt werden in der Physik als **Körper** bezeichnet. Ein Baum, eine Katze, ein Auto, die Sonne, das Wasser in einem See (Abb. 3) oder die Luft über einer Stadt sind Körper. Auch der menschliche Körper ist für physikalische Untersuchungen ein solcher Körper.

Das Material, aus dem ein Körper besteht, bezeichnet man als **Stoff.** Aus dem Alltag kennen wir den Begriff Stoff bereits von Werkstoffen, Duftstoffen, Rohstoffen, Stoffen für Bekleidungsstücke usw.

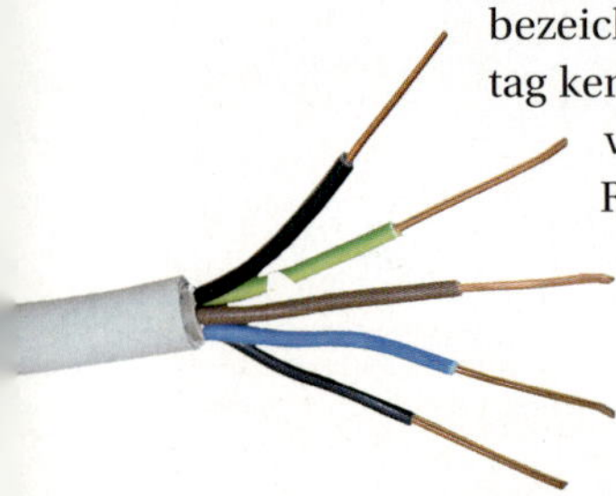

Körper können aus einem oder mehreren Stoffen bestehen. Der Körper Elektrokabel besteht z. B. aus den Stoffen Kupfer und Plastik.

Alle Körper bestehen aus Stoffen.

Ein solcher Stoff ist Wasser. Von Wasser wissen wir: Es kann in fester Form vorliegen (Abb. 1). Es kann aber auch flüssig oder gasförmig sein (Abb. 3). Das gilt nicht nur für den Stoff Wasser, sondern ebenfalls für viele andere Stoffe.

Ein Stoff kann in unterschiedlichen Zuständen vorliegen, die in der Physik als **Aggregatzustände** bezeichnet werden.

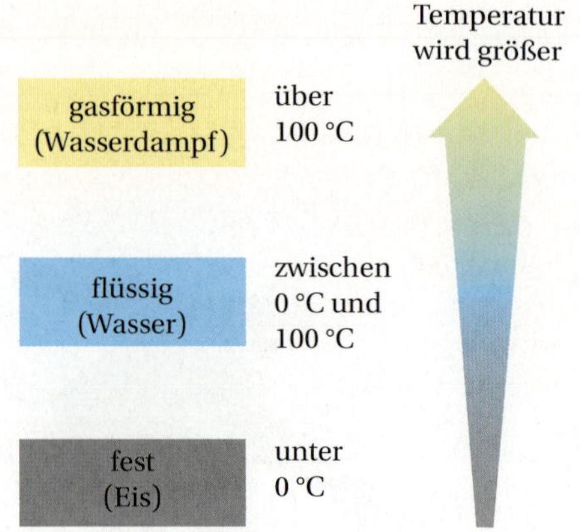

2 ▸ Der Aggregatzustand eines Stoffes hängt von der Temperatur ab.

Wasser ist flüssig. Bei Temperaturen unter 0 °C wird es fest und wir bezeichnen es dann als Eis. Flüssiges Wasser kann verdunsten oder verdampfen und existiert dann als Wasserdampf. Wasserdampf ist ein unsichtbares Gas.

Es gibt feste Körper, Flüssigkeiten und Gase.

In welchem Aggregatzustand sich ein Körper befindet, hängt im Wesentlichen von seiner Temperatur und vom Druck ab (Abb. 2). Auch ein Stoff wie Stahl kann flüssig oder gasförmig sein. Bei Temperaturen von über 1 500 °C wird Stahl flüssig, bei über 3 000 °C verdampft selbst Stahl.

1 ▸ Eis und Schnee bestehen aus Wasser im festen Aggregatzustand.

3 ▸ Im See befindet sich Wasser in flüssiger Form, in der Luft in Form von Wolken.

Aufbau der Stoffe aus Teilchen

Körper kann man durch Sägen, Schneiden oder Feilen in Teile zerlegen. Bei einem Stück Kreide geht das sehr leicht schon mithilfe der Finger. Dabei erhält man immer kleinere Teilchen, die mit bloßem Auge nicht mehr zu erkennen sind.

Wenn wir Zucker in Tee lösen, dann schmecken wir zwar den Zucker, sehen können wir ihn aber nicht mehr. Der Zucker hat sich im Tee in sehr kleine Teilchen zerteilt, die untereinander gleich sind (Abb. 1).

Luft ist überall vorhanden. Bei Wind spüren wir sie auch. Luft ist aber nicht sichtbar. Sie besteht ebenso aus sehr kleinen Teilchen, die wiederum untereinander gleich, aber verschieden von denen anderer Stoffe sind. Wie wir aus der 7. Klasse wissen, bezeichnen Physiker und Chemiker diese Teilchen als Atome bzw. Moleküle. Sie befinden sich in ständiger Bewegung (Abb. 2). Zwischen ihnen wirken Kräfte. Das spürt man, wenn man z. B. ein Lineal verbiegen will.

Das Wissen über den Aufbau der Stoffe können wir zu einer anschaulichen, vereinfachten Vorstellung zusammenfassen, die der Physiker als **Modell** bezeichnet. Die Teilchen eines Stoffes können wir uns vereinfacht als kleine Kugeln vorstellen. Das Modell wird **Teilchenmodell** genannt.

1 ▸ Zucker löst sich in Tee. Die Zuckerteilchen bleiben vorhanden, sind aber unsichtbar.

2

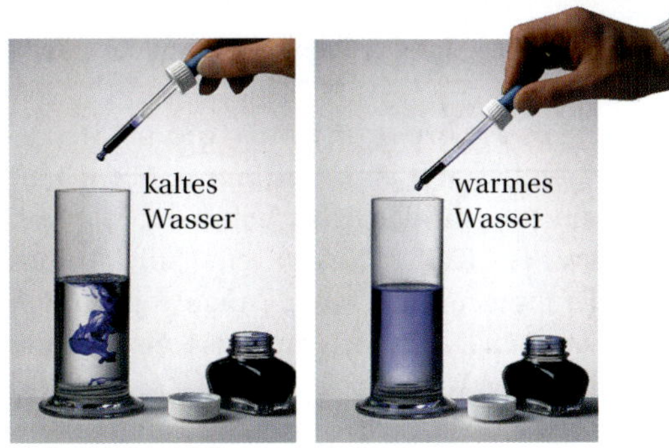

2 ▸ Tinte verteilt sich in Wasser, weil die Teilchen von Wasser und Tinte in ständiger Bewegung sind.

Beachte: Ein Modell ist immer eine Vereinfachung der Wirklichkeit und wird von Menschen für einen bestimmten Zweck geschaffen. Mit dem Teilchenmodell kann man z. B. erklären, warum sich Tinte in Wasser verteilt.

Das Teilchenmodell:

1. **Alle Stoffe bestehen aus Teilchen.**
2. **Die Teilchen der Stoffe befinden sich in ständiger, unregelmäßiger Bewegung.**
3. **Zwischen den Teilchen wirken Kräfte.**

Die brownsche Bewegung

Der schottische Mediziner und Biologe Robert Brown (1773–1858) untersuchte im Jahre 1827 Blütenstaub unter einem Mikroskop. Dabei fiel ihm eine unruhige Bewegung der Staubkörnchen auf.
Brown nahm zunächst an, dass die Körnchen lebendige Körper seien, die sich von selbst im Wasser bewegen. Aber bei weiteren Versuchen beobachtete er, dass sich „tote" Staub- und Rußteilchen ebenso wie die Blütenstaubkörnchen ständig zickzackförmig bewegten.
Erst 1905 konnte der Physiker Albert Einstein (1879–1955) eine Begründung dafür geben: Die winzig kleinen, nicht sichtbaren Teilchen einer Flüssigkeit, die Moleküle, befinden sich in ständiger Bewegung. Sie stoßen dabei an die viel größeren, im Mikroskop sichtbaren Blütenstaubkörnchen und schieben diese unregelmäßig hin und her. Die **brownsche Bewegung** ist ein Beleg für die Existenz kleinster, aber nicht sichtbarer Teilchen.

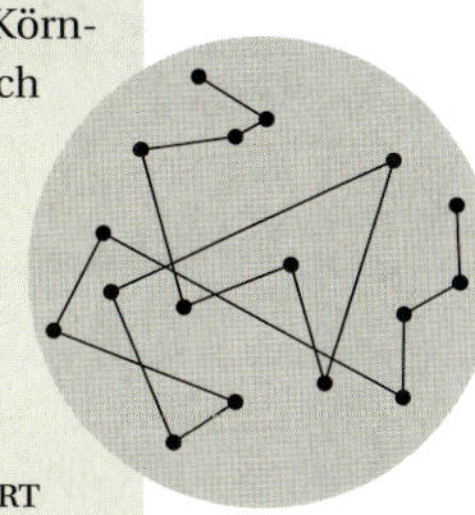

So sieht die Bewegung eines Teilchens über einen längeren Zeitraum hinweg aus.

Volumen- und Formverhalten von Körpern

Das Verhalten von Körpern in verschiedenen Aggregatzuständen kann man mit dem Teilchenmodell (s. S. 71) erklären.

Feste Körper, z.B. ein dicker Metalldraht, haben eine bestimmte Form und ein unveränderliches Volumen. Nur mit großen Kräften kann ein Stück eines Drahtes mithilfe einer Zange abgekniffen werden. Das liegt daran, dass die Teilchen in festen Körpern feste Plätze haben und dicht beieinander liegen. Zwischen ihnen wirken große Kräfte. Die Teilchen lassen sich nicht zusammendrücken.

Gießt man **Flüssigkeiten** nacheinander in verschiedene Gefäße, dann passen sie sich den Formen an. Ihr Volumen ändert sich jedoch nicht. Das liegt daran, dass die Kräfte zwischen den Teilchen von Flüssigkeiten nicht so groß sind wie bei festen Körpern. Deshalb sind Flüssigkeitsteilchen leicht gegeneinander verschiebbar. Da der Abstand zwischen ihnen aber unverändert bleibt, lassen sich Flüssigkeiten nicht zusammendrücken.

Gase passen sich in Form und Volumen dem Gefäß an, in dem sie sich gerade befinden. Die Teilchen haben keinen festen Platz und der Abstand zwischen ihnen ist relativ groß. Deshalb kann z. B. die Luft in einer Luftpumpe zusammengedrückt oder ein Luftballon durch Kräfte verformt werden.

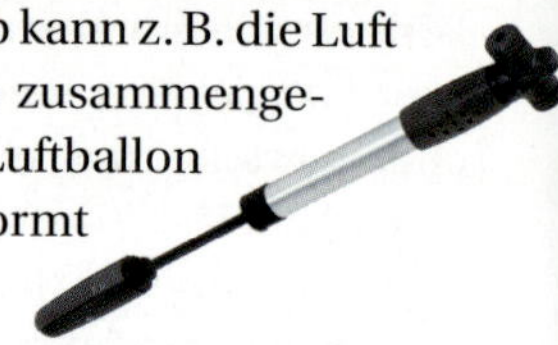

	Feste Körper	Flüssigkeiten	Gase
Aufbau und Eigenschaften	Teilchen haben einen bestimmten Platz. 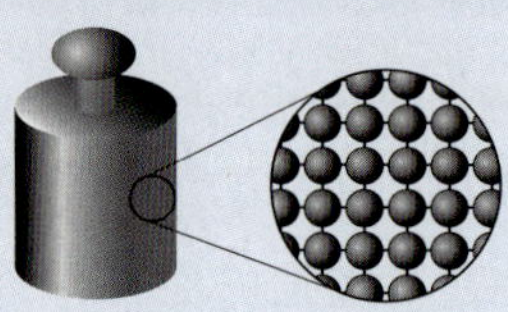 Die Teilchen schwingen um ihren Platz hin und her. Zwischen ihnen wirken starke anziehende bzw. abstoßende Kräfte.	Teilchen sind gegeneinander verschiebbar. 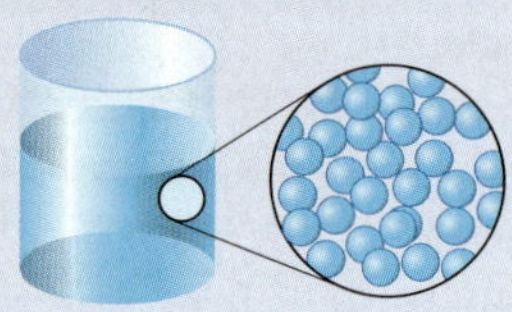 Die Teilchen führen unregelmäßige Bewegungen aus. Zwischen den Teilchen wirken Kräfte, die kleiner als bei festen Körpern sind.	Teilchen bewegen sich beliebig im Raum. 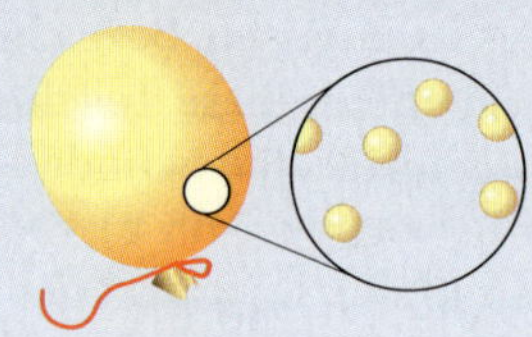 Die Teilchen bewegen sich fast frei im vorhandenen Raum. Zwischen den Teilchen wirken nur geringe Kräfte.
Form	Feste Körper haben eine bestimmt Form. 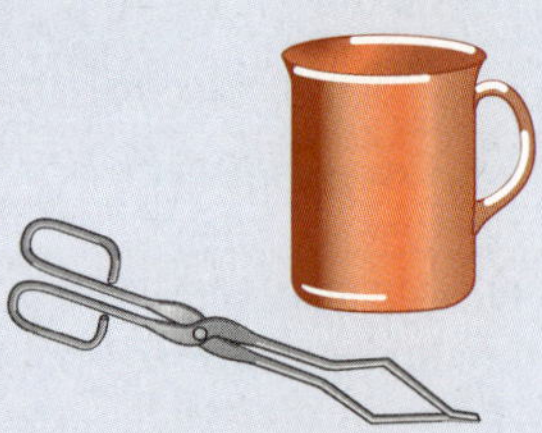	Flüssigkeiten passen sich der Form des Gefäßes an, in dem sie sich befinden. 	Gase passen sich der Form des Gefäßes an, in dem sie sich befinden. 
Volumen	Feste Körper haben ein bestimmtes Volumen. Sie lassen sich nicht zusammendrücken.	Flüssigkeiten haben ein bestimmtes Volumen. Sie lassen sich fast nicht zusammendrücken.	Gase nehmen den gesamten Raum ein, der ihnen zur Verfügung steht. Sie lassen sich zusammendrücken und haben ein veränderliches Volumen.

Potenzielle und kinetische Energie der Teilchen

Nach dem Teilchenmodell (s. S. 71) befinden sich die Teilchen eines Stoffes in ständiger Bewegung. Dabei verändern sich auch ihre Abstände voneinander. Für einen festen Körper kann man das gut in einem Modell veranschaulichen, so wie es in Abb. 1 dargestellt ist. Bewegt sich ein Teilchen hin und her, so verändert sich seine Energie: Beim Durchschwingen der Ruhelage ist die kinetische Energie (s. S. 27) am größten und die potenzielle Energie null, an den Umkehrpunkten ist es umgekehrt. Für beliebige Stoffe gilt:

Die Teilchen eines Stoffes besitzen potenzielle bzw. kinetische Energie.

Untersuchungen zeigen, dass sich die Teilchen unterschiedlich schnell bewegen. Für ein Teilchen lässt sich nur eine mittlere Geschwindigkeit angeben. Aus den mittleren Geschwindigkeiten aller Teilchen kann man den Mittelwert bilden und bekommt so die mittlere Teilcheng eschwindigkeit $\bar{v}$. Daraus kann man die mittlere kinetische Energie der Teilchen im Körper berechnen, indem man die Gleichung für E_{kin} (s. S. 24) anwendet.

Die insgesamt in einem Körper enthaltene Energie wird innere Energie genannt.

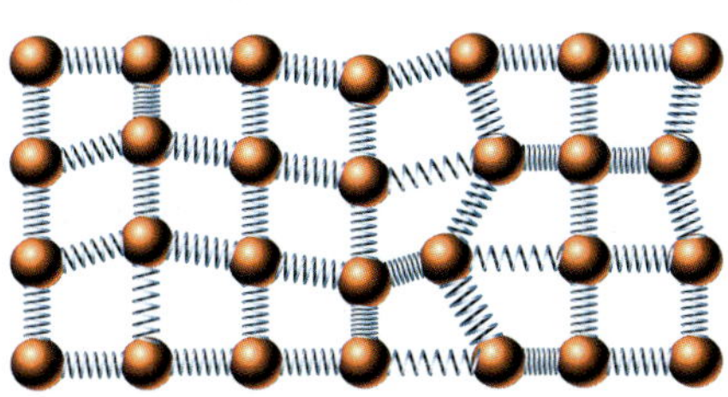

1 ▸ Modell eines Festkörpers: Die Teilchen schwingen um eine Gleichgewichtslage hin und her. Sie besitzen potenzielle bzw. kinetische Energie.

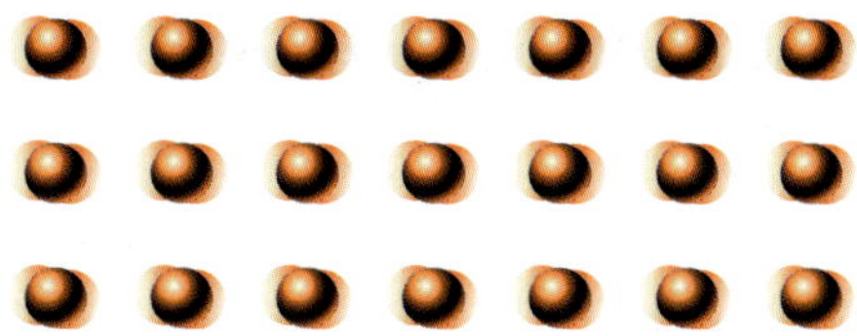

2 ▸ Bei niedriger Temperatur schwingen die Teilchen eines festen Körpers um ihre Plätze hin und her.

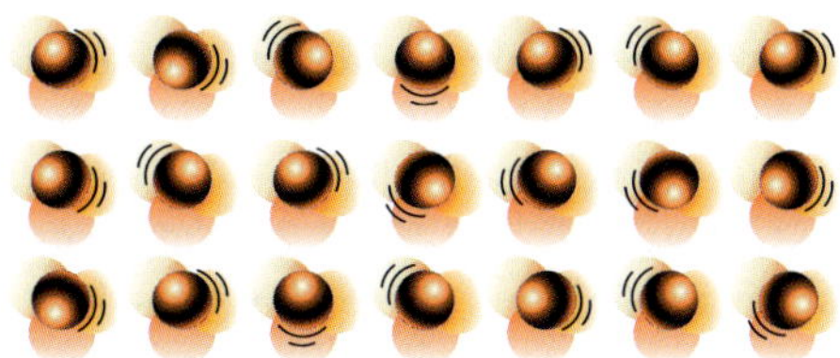

3 ▸ Bei hoher Temperatur schwingen die Teilchen eines festen Körpers heftiger, bleiben aber immer an den gleichen Plätzen.

Zusammenhang zwischen mittlerer kinetischer Energie und Temperatur

Bei einer bestimmten Temperatur haben die Teilchen eines Körpers eine gewisse mittlere kinetische Energie. Verändert sich diese mit der Temperatur?
Betrachten wir als Beispiel zwei Flüssigkeiten unterschiedlicher Temperatur, in die wir einige Tropfen Tinte geben (s. Abb. 2, S. 71). Die Durchmischung geht bei warmen Wasser schneller vor sich, weil sich die Teilchen bei höherer Temperatur im Mittel schneller bewegen. Auch zwei Gase vermischen sich bei höherer Temperatur aufgrund ihrer höheren mittleren Geschwindigkeit schneller miteinander. Entsprechendes gilt für Festkörper (Abb 2, 3).
Mit Vergrößerung der mittleren Teilchengeschwindigkeit vergrößert sich die mittlere kinetische Energie der Teilchen, denn es gilt $E_{kin} \sim \bar{v}^2$. Damit ergibt sich:

Je größer die mittlere kinetische Energie der Teilchen eines Körpers ist, desto größer ist seine Temperatur.

Die gut messbare Temperatur ist damit ein Maß für die mittlere kinetische Energie der Teilchen eines Körpers.

Der absolute Temperaturnullpunkt

Der auf S. 73 dargestellte Zusammenhang zwischen der mittleren kinetischen Energie der Teilchen eines Körpers und seiner Temperatur gilt auch in der umgekehrten Richtung: Je kleiner die mittlere kinetische Energie der Teilchen eines Körpers ist, umso niedriger ist seine Temperatur. Die kinetische Energie der Teilchen eines Körpers kann bestenfalls null werden. Dann würden sich die Teilchen nicht mehr bewegen. Bei welcher Temperatur ist das der Fall?

Durch experimentelle Untersuchungen (s. S. 124–125) und theoretische Überlegungen fand man heraus, dass die kinetische Energie der Teilchen bei einer Temperatur von –273,15 °C verschwindet, also null wird.

Der englische Naturforscher W. Thomson hat diese Temperatur zum Ausgangspunkt einer Temperaturskala gemacht. Genauere Informationen dazu sind auf S. 124–125 zu finden.

M **Die Temperatur, bei der die kinetische Energie der Teilchen eines Körpers verschwindet, wird als absoluter Temperaturnullpunkt bezeichnet. Er liegt bei –273,15 °C.**

Eine tiefere Temperatur als –273,15 °C kann es nicht geben. Der absolute Temperaturnullpunkt ist die tiefstmögliche Temperatur. In Forschungslaboratorien ist es gelungen, sich dieser tiefstmöglichen Temperatur bis auf Bruchteile eines Grads anzunähern.

1 ▸ Ein glühender Stahlblock leuchtet kirschrot. Das bedeutet: Er hat eine Temperatur von etwa 800 °C.

Aus solchen Glühfarben kann man auf die ungefähre Temperatur schließen.

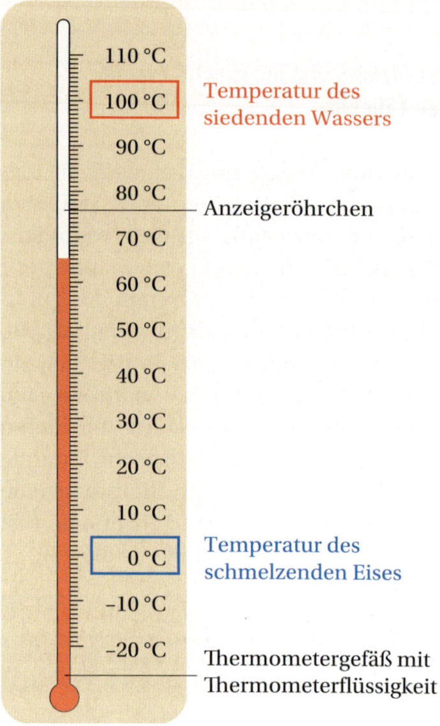

2 ▸ Aufbau eines Flüssigkeitsthermometeters mit Celsiusskala und Fixpunkten

Temperatur und Temperaturskala

Mit den wärmeempfindlichen und kälteempfindlichen Punkten in unserer Haut können wir fühlen, ob Luft oder Wasser heiß, warm oder kalt sind. Unser **Temperatursinn** lässt sich aber leicht täuschen. Insbesondere bei heißen oder kalten Körpern versagt unser Temperaturempfinden. Wir müssen die Temperatur in irgendeiner Weise messen.

Messgeräte für die Temperatur sind **Thermometer.** Zur Angabe der Temperatur eines Körpers in Grad Celsius (°C) wird die **Celsiusskala** genutzt (Abb. 2). Das Formelzeichen für die Temperatur in °C ist ϑ (griechischer Buchstabe theta).

Benannt ist diese Skala nach dem schwedischen Naturforscher Anders Celsius (1701–1744), der sie entwickelt hat. Die Temperaturen 0 °C und 100 °C sind **Fixpunkte** dieser Skala.

Thermometer für unterschiedliche Anwendungen

Je nach Verwendungszweck und Bauform gibt es unterschiedliche Arten von Thermometern. Die Thermometer unterscheiden sich nicht nur in ihrem Aufbau und ihrer Wirkungsweise, sondern vor allem auch in ihren Messbereichen. Im Haushalt werden vielfach verschiedene Arten von Flüssigkeitsthermometern verwendet (Abb. 1).
Als **Zimmerthermometer** nutzt man meist Thermometer mit einem Messbereich, der zwischen −10 °C und 40 °C liegt (Abb. 1a).
Außenthermometer haben meist einen Messbereich, der zwischen −30 °C und 50 °C liegt.

Mit **Kühlschrankthermometern,** wie in der Abb. 1b, will man die Temperatur im Innern eines Kühlschranks messen. Der Messbereich solcher Thermometer geht deshalb meist bis −20 °C oder −30 °C.

Mit einem **Fieberthermometer** soll möglichst genau die Körpertemperatur gemessen werden. Der Messbereich dieser Thermometer liegt deshalb zwischen 35 °C und 42 °C, also im Bereich der normalen Körpertemperatur von 37 °C (Abb. 1c). Da es hier auf sehr genaue Messungen ankommt, besitzen Fieberthermometer eine hohe Messgenauigkeit, mit der man auf 0,1 °C genau ablesen kann.
Flüssigkeitsthermometer mit Quecksilber oder Alkohol als Thermometerflüssigkeit werden zunehmend durch elektrische Thermometer ersetzt.

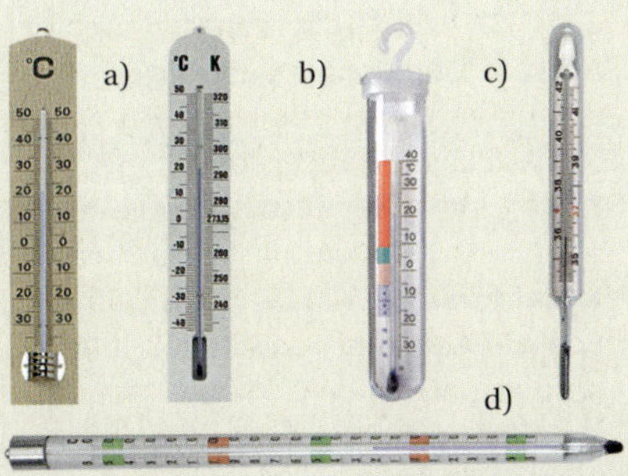

1 ▸ Verschiedene Flüssigkeitsthermometer

2 ▸ Bimetallthermometer

Mit speziellen **Laborthermometern** kann man Temperaturen von über 100 °C messen (Abb. 1d).
Neben Flüssigkeitsthermometern gibt es auch Thermometer, die völlig anders funktionieren. Weit verbreitet sind **Bimetallthermometer** (Abb. 2).
Zunehmend verwendet werden **elektrische Thermometer** (Abb. 4).
Besonders interessant ist das **galileische Thermometer** (Abb. 3), das GALILEO GALILEI (1564–1642) erfunden hat. Die Wirkungsweise dieses Thermometers ist mit dem Auftrieb in Flüssigkeiten zu erklären. Es gibt auch Thermometer, die nutzen, dass bestimmte Stoffe mit der Temperatur ihre Farbe wechseln (Abb. 5).

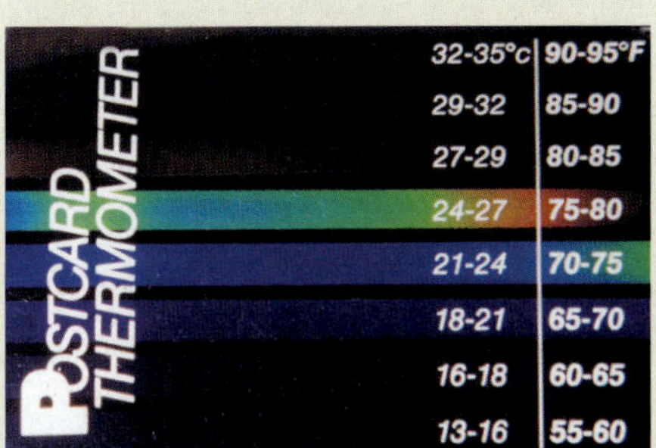

5 ▸ Postkartenthermometer (Thermofarben)

3 ▸ Thermometer nach GALILEI

4 ▸ Elektrisches Thermometer: Neben der Innen- und Außentemperatur wird von dem Gerät auch die Luftfeuchtigkeit angezeigt.

Methode

Vorgehen beim Messen der Temperatur

1. Schätze die Temperatur des Körpers und wähle ein geeignetes Thermometer aus!
2. Beachte dabei den Messbereich des Thermometers und die notwendige Messgenauigkeit!
3. Bringe den Messfühler (z. B. das Thermometergefäß) in guten Kontakt mit dem Körper, dessen Temperatur gemessen werden soll!
4. Warte ab, bis sich die angezeigte Temperatur nicht mehr ändert!
5. Lies die Temperatur an der Skala ab!

Temperaturmessung

Neben Flüssigkeitsthermometern gibt es noch viele andere Arten von Thermometern, die sich in Aufbau und Wirkungsweise unterscheiden (s. S. 75).
Jedes Thermometer hat einen Messbereich und eine bestimmte Messgenauigkeit. Will man die Temperatur möglichst genau messen, so sind die oben genannten Regeln zu beachten.

Temperaturen in Natur und Technik	
Zentrum der Sonne	16 Mio. °C
Oberfläche der Sonne	6 000 °C
Glühwendel in der Glühlampe	2 500 °C
Kerzenflamme	1 200 °C
rot glühender Stahl	800 °C
Siedetemperatur von Wasser	100 °C
normale Körpertemperatur des Menschen	37 °C
Schmelztemperatur von Eis	0 °C
niedrigste in Deutschland gemessene Lufttemperatur	-45,9 °C
niedrigste gemessene Lufttemperatur	-89,2 °C
Temperatur flüssiger Luft (Siedepunkt)	-193 °C

Weitere Temperaturskalen

Temperaturangaben müssen für jedermann und überall dasselbe aussagen. Das gelingt mit Bezugspunkten, die überall auf der Welt gleich sind. In der Geschichte der Physik hat es verschiedene Vorschläge gegeben (s. Abb.).

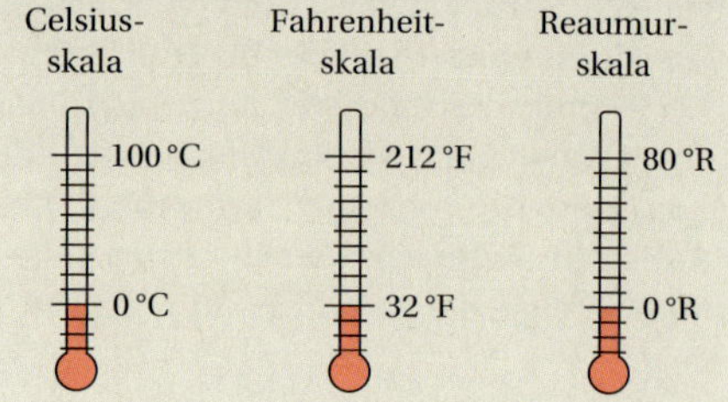

Der schwedische Forscher Anders Celsius (1701–1744) wählte die Temperaturen von schmelzendem Eis (0 °C) und siedendem Wasser (100 °C) und teilte den Abstand zwischen ihnen in 100 gleiche Teile. Eis schmilzt im Norden bei derselben Temperatur wie im Süden, und auch Wasser siedet überall bei derselben Temperatur, wenn der Druck gleich ist. Die **Celsiusskala** ist heute in den meisten Ländern verbreitet.
Noch vor Celsius, im Jahre 1714, entwickelte der Physiker Gabriel Daniel Fahrenheit (1686–1736) seine Temperaturskala. Als Nullpunkt der Skala wählte er die Temperatur eines Gemisches aus Eis, Salmiak und Wasser: 0 °F (sprich null Grad Fahrenheit). 0 °F entspricht -18 °C. Der andere Fixpunkt ist unsere Körpertemperatur (100 °F).
Die **Fahrenheitskala** ist noch heute in den USA und Großbritannien verbreitet. Auch auf internationalen Flügen werden die Außentemperaturen häufig sowohl in °C als auch in °F angegeben.
René Antoine Réaumur (1683–1757) schuf um 1730 die nach ihm benannte **Réaumurskala.** Als Fixpunkte wählte auch er die Temperatur von schmelzendem Eis und von siedendem Wasser, nannte sie aber 0 °R und 80 °R. Seine Skala wird heute nicht mehr verwendet.
Eine weitere Temperaturskala entwickelte Lord Kelvin (s. S. 125).

2

Physik in Natur und Technik

Ein selbst gebautes Thermometer

Die Fixpunkte der Celsiusskala sind leicht herzustellen. Dies kann man beim Bau eines Thermometers ausnutzen.
Wie kann man ein Flüssigkeitsthermometer mit einer Celsiusskala herstellen?

Die Fixpunkte der Celsiusskala sind 0 °C (Schmelztemperatur von Eis) und 100 °C (Siedetemperatur von Wasser) bei normalem Luftdruck.
Für das Flüssigkeitsthermometer benötigt man ein Thermometergefäß mit Anzeigeröhrchen und Thermometerflüssigkeit (z. B. gefärbten Alkohol). Dieses Thermometer, das noch keine Skala hat, wird zunächst in ein Gemisch aus Wasser und Eis getaucht (Abb. 1). Wenn sich die Flüssigkeitssäule im Anzeigeröhrchen nicht mehr ändert, kann man den Stand der Säule markieren. Damit wäre der erste Fixpunkt 0 °C ermittelt. Dann wird das Thermometer in siedendes Wasser gehalten. Wenn sich die Höhe der Flüssigkeitssäule nicht mehr ändert, kann der zweite Fixpunkt 100 °C markiert werden. Nun wird der Abstand zwischen den beiden Punkten in 10 gleiche Teile unterteilt, die jeweils 10 °C entsprechen.

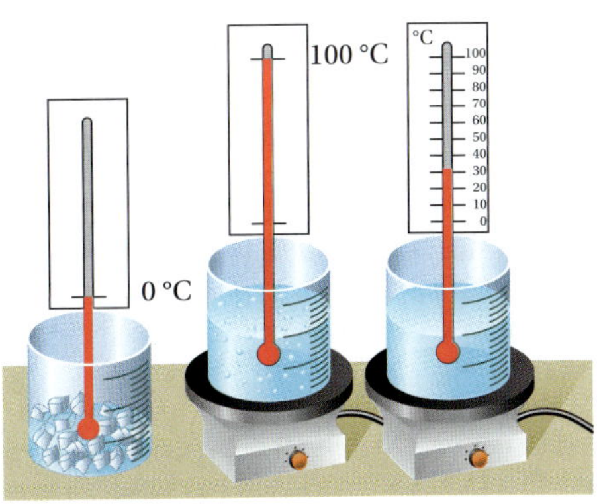

1 ▸ Festlegung der Fixpunkte eines Flüssigkeitsthermometers

Die tiefste und die höchste Temperatur

In Wetterstationen wird ständig die Lufttemperatur gemessen und aufgezeichnet. Für München ergaben die Messungen an einem Tag im März die in Abb. 2 dargestellten Werte. Aufgezeichnet wurden die von Mitternacht an gemessenen Werte.

Wie groß war die niedrigste, wie groß die höchste Temperatur in diesen 24 Stunden? Ist diese Temperaturverteilung zufällig?

Eine Analyse des Zeit-Temperatur-Diagramms ergibt: Die tiefste Temperatur wurde um 6 Uhr morgens mit 0,5 °C registriert, die höchste Temperatur trat um 14 Uhr mit 10 °C auf.
Die tiefste Lufttemperatur tritt unmittelbar vor Sonnenaufgang auf. Im März geht die Sonne gegen 6 Uhr auf.
Die Tageshöchsttemperatur der Luft tritt meist nicht mittags auf, wenn die Sonne ihren höchsten Stand erreicht hat, sondern ein bis zwei Stunden später. Das kommt daher, weil durch die Sonnenstrahlung zunächst die Erdoberfläche erwärmt wird und diese die Wärme dann an die Luft abgibt.

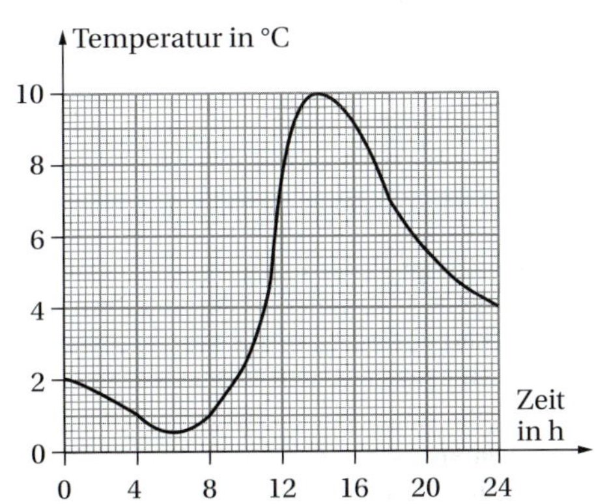

2 ▸ Zeit-Temperatur-Diagramm für einen Zeitraum von 24 Stunden

Eine solche Temperaturverteilung für einen ganzen Tag ist nicht zufällig, sondern ganz typisch.

Experimente

Aufbau der Materie, innere Energie, Temperatur

Experiment 1

Gib die gleiche Menge Zucker in zwei gleiche Tassen Tee! Rühre den Tee nur in einer der Tassen um! Warte etwa fünf Minuten! Dann probiere den Tee aus beiden Tassen! Was stellst du fest? Erkläre!

Experiment 2

Lege auf den Boden eines Gefäßes ein Stück Würfelzucker! Fülle so viel Wasser ein, dass der Würfelzucker noch etwas herausragt! Zerbrich Zahnstocher in kleine Stücke und ordne sie wie in der Abbildung an!
Wiederhole den Versuch, indem du nun in die Mitte ein Stück Seife gibst! Beschreibe und erkläre deine Beobachtungen!

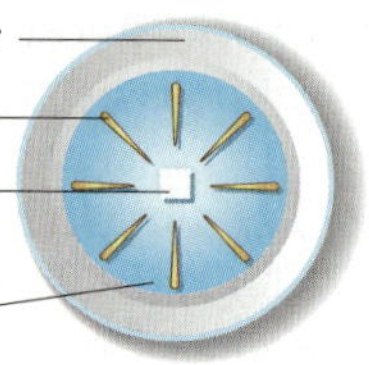

Experiment 3

Fülle Erbsen und eine Murmel in eine kleine Pappschachtel, sodass der Boden zum größten Teil bedeckt ist. Schüttle die Schachtel auf einem Tisch hin und her! Beobachte die Bewegung der Erbsen und der Murmel! Was soll mit diesem Versuch dargestellt werden?

Experiment 4

Fülle eine kleine Wassermenge in einen verschließbaren Becher und miss die Temperatur des Wassers!
Schüttle dann den Becher kräftig einige Minuten! Miss wieder die Temperatur des Wassers!

Auswertung:

a) Vergleiche die beiden Temperaturen!
b) Erkläre das Versuchsergebnis! Nutze dazu das Teilchenmodell!

Experiment 5

Baue dir mithilfe der rechts oben dargestellten Anordnung ein Thermometer!

Vorbereitung:

Stelle aus einem Kolben, einem Gummistopfen und einem Steigrohr die Anordnung zusammen!

Durchführung:

a) Bestimme die Fixpunkte 0 °C und 100 °C und markiere sie mit einem Stift am Steigrohr. Gehe dabei so vor, wie es auf S. 77 beschrieben ist. **Vorsicht!** Durch die heiße Herdplatte und das heiße Wasser besteht Verbrennungs- bzw. Verbrühungsgefahr!
b) Fertige, ausgehend von den Fixpunkten, eine Skala an! Nutze dazu das am Steigrohr angebrachte Papier!
c) Miss mit deinem Thermometer die Temperatur von lauwarmem Wasser! Bestimme die Temperatur auch mit einem „richtigen“ Thermometer!

Auswertung:

a) Vergleiche die gemessenen Temperaturen! Bewerte die Genauigkeit deines Thermometers!
b) Was müsste man an dem selbstgebauten Thermometer ändern, wenn man mit ihm mindestens auf 1 °C genau messen will?

Experiment 6

Untersuche den Tagesgang der Lufttemperatur in deinem Wohnort!

Durchführung:

a) Miss an einem Tag in der Zeit zwischen 8.00 Uhr und 20.00 Uhr mit einem Außenthermometer in Abständen von einer Stunde die Temperatur!
b) Achte darauf, dass sich das Thermometer ständig im Schatten befindet! Trage die Messwerte in eine Tabelle ein!

Auswertung:

Stelle die Messwerte in einem Zeit-Temperatur-Diagramm dar! Beschreibe den Zusammenhang in Worten! Gib eine Erklärung für den Temperaturverlauf!

Aufgaben

1. Nenne je zwei feste, flüssige und gasförmige Körper!
Gib an, aus welchen Stoffen sie bestehen!

2. Erkläre mithilfe der Teilchenvorstellung, warum feste Körper und Flüssigkeiten ein bestimmtes Volumen haben! Was ist bei Gasen in dieser Hinsicht anders?

3. Wo bleibt eigentlich die Luft beim Zerplatzen eines Luftballons?

4. Wie lässt sich mit dem Teilchenmodell die Ausbreitung von Parfümduft in der Umgebung erklären?

5. Wenn man Wasser aus einer Tasse sehr vorsichtig ausgießt, läuft es meist an der Tasse herunter. Das passiert aber nicht, wenn man das Wasser zügig ausgießt. Erkläre!

6. Ein Teilchen wird für eine Zeit von 20 s beobachtet und legt dabei einen Zickzack-Weg von 7,2 cm zurück.
Berechne die mittlere Geschwindigkeit des Teilchens!

7. Wenn Kinder in einem See baden, empfinden einige das Wasser als warm, andere dagegen als kalt. Vor allem Kinder, die vorher kalt geduscht haben, empfinden das Seewasser als warm. Kinder, die vorher in der Sonne lagen, empfinden das Seewasser als kalt.
Wie kommen diese unterschiedlichen Empfindungen zustande?

8. Führe folgenden Versuch aus!

Was stellst du fest, wenn du deine Hände aus den beiden Schüsseln gleichzeitig in die rechte Schüssel tauchst?
Wie lassen sich die jeweiligen Empfindungen erklären?

9. Erkunde, was für Thermometer es bei euch zu Hause gibt! Fertige nach dem Muster eine Übersicht an!

Verwendungszweck	Messbereich	Messgenauigkeit
…	…	…

10. An einem Wintertag wird früh um 7 Uhr eine Temperatur von –8 °C gemessen. Mittags klettert die Quecksilbersäule des Thermometers auf 4 °C. Wie groß ist der Temperaturunterschied?

11. Welche Temperaturen zeigen die dargestellten Thermometer an?

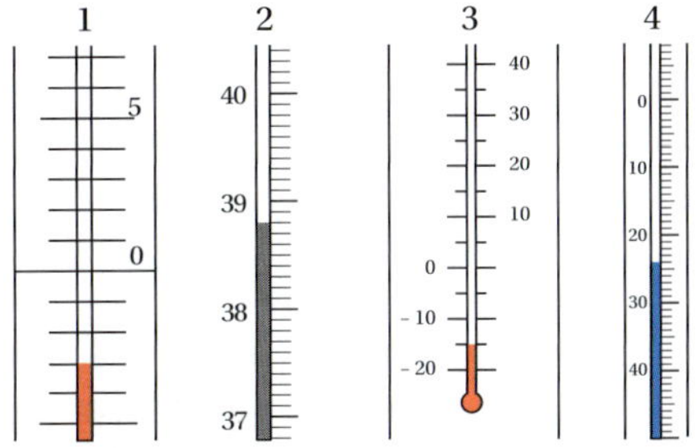

12. Warum ist es schwierig, die Temperatur eines kompakten Körpers, z. B. eines großen Steins oder eines Stahlblocks, zu messen? Wie könnte man das machen?

13. Gib an, welches der abgebildeten Thermometer du für die Temperaturmessung in der jeweiligen Situation nutzen würdest! Begründe deine Wahl!

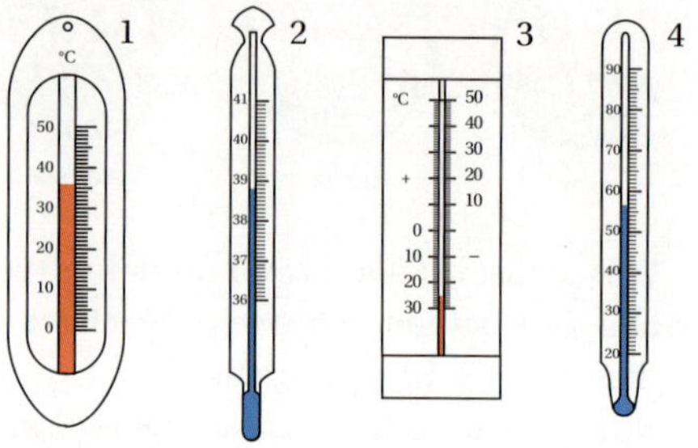

a) Temperatur in der Sauna
b) Körpertemperatur des Menschen
c) Außentemperatur der Luft
d) Temperatur im Tiefkühlfach des Kühlschranks
e) Temperatur von Badewasser

14. Die innere Energie eines Körpers kann in unterschiedlicher Weise geändert werden.
a) Überlege Möglichkeiten, wie man die innere Energie von Wasser, das sich in einem verschließbaren Becher befindet, vergrößern kann! Erläutere, was dabei mit den Wasserteilchen passiert!
b) Wenn man seine Hände aneinander reibt, kann man eine Erwärmung feststellen. Wie könnte man das mit dem Teilchenmodell deuten?

15. Die Bremsscheiben eines Autos erreichen bei starker Belastung Temperaturen von bis zu 600 °C.
Das Foto zeigt eine stark belastete Bremsscheibe auf einem Prüfstand. Erkläre, wodurch diese hohe Temperatur zustande kommt!

16. Woran kannst du erkennen, dass die mittlere Geschwindigkeit der Teilchen eines Körpers zunimmt oder abnimmt?

17. Ein Teilchen der Masse 1,3 mg hat eine kinetische Energie von 10 mJ.
Welchen Höhenunterschied könnte es aufgrund seiner Energie überwinden?

18. Lisas Bruder ist für ein Jahr als Austauschschüler nach Los Angeles (USA) gegangen. Lisa erhält einen Brief von ihm, in dem sie liest: „Gestern war es 86 ° warm." Lisa erfährt im Internet, dass in den USA die Temperatur in Grad Fahrenheit gemessen wird und findet die folgende Anweisung zum Umrechnen der Temperatur: „Ziehe von der Temperatur T_F in Grad Fahrenheit 32 ab und multipliziere das Ergebnis mit $\frac{5}{9}$. Das Ergebnis ist die Temperatur T_C in Grad Celsius."
a) Schreibe einen Term auf, mit dem man die Temperatur von Grad Fahrenheit in Grad Celsius umrechnen kann!
b) Berechne, wie warm es in Los Angeles war!
c) Wie viele Grad Fahrenheit sind 0 °C bzw. 100 °C?
d) In dem Buch bzw. Film „Fahrenheit 451" geht es um eine bestimmte Temperatur in Grad Fahrenheit. Berechne diese Temperatur in Grad Celsius! Welche Bedeutung hat diese Temperatur?

19. Die durchschnittliche Körpertemperatur eines Menschen beträgt etwa 37 °C. Erkunde mithilfe des Internets:
a) Gibt es bei der Körpertemperatur individuelle Unterschiede? Wie groß sind diese?
b) Körpertemperaturen von mehr als 42,6 °C sind lebensgefährlich. Warum ist das so?
c) Stelle einen Vortrag zum Thema „Körpertemperatur von verschiedenen Tieren" zusammen!

Das Wichtigste auf einen Blick

Aufbau der Materie und innere Energie

Körper können sich in verschiedenen **Aggregatzuständen** befinden. Die Unterschiede zwischen den Aggregatzuständen lassen sich mit einem **Teilchenmodell** (s. S. 71) beschreiben.

Feste Körper

Die Teilchen liegen sehr eng und regelmäßig beieinander. Sie haben einen festen Platz.

Flüssigkeiten

Die Teilchen liegen dicht beieinander, haben aber keinen festen Platz. Sie sind zwar gegeneinander verschiebbar, aber ihr Abstand bleibt gleich.

Gase

Der Abstand der Teilchen ist groß. Sie haben keinen festen Platz.

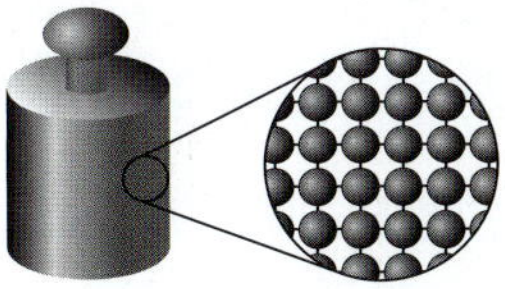

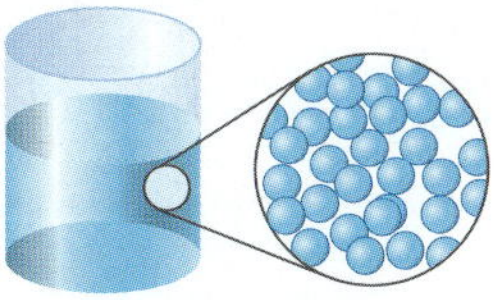

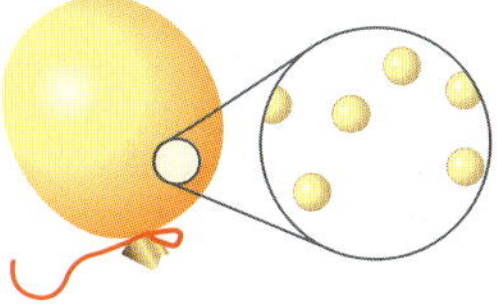

Die Teilchen eines Stoffes besitzen potenzielle bzw. kinetische Energie. Die insgesamt in einem Körper enthaltene Energie wird **innere Energie** genannt.

Menschen haben ein Temperaturempfinden, einen **Temperatursinn.**

Unser Temperatursinn

- hilft uns, Temperaturen zwischen ca. 15 °C und 45 °C zu unterscheiden.
- signalisiert uns, ob eine Wohlfühltemperatur herrscht, lässt sich aber auch leicht täuschen.

Um die **Temperatur** ϑ eines Körpers genau zu bestimmen, muss sie gemessen werden. Das Messgerät für die Temperatur ist das **Thermometer.**

Für feste, flüssige und gasförmige Körper gilt: Je niedriger die Temperatur eines Körpers ist, desto langsamer bewegen sich im Mittel die Teilchen, aus denen er besteht.

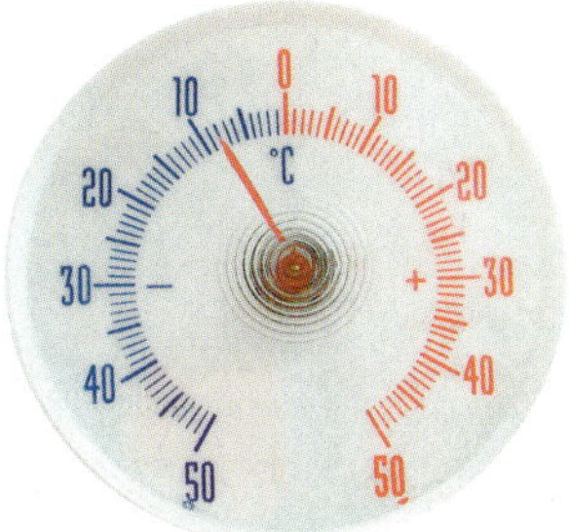

Die Temperatur, bei der die kinetische Energie der Teilchen von Stoffen verschwindet, heißt **absoluter Temperaturnullpunkt.** Er liegt bei –273,15 °C.

2.2 Änderung der inneren Energie

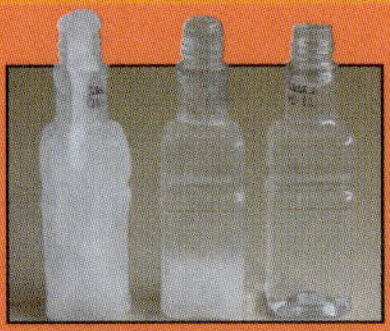

Heiß und glühend ▸▸ Um Stahl zum Glühen zu bringen, muss ihm viel Wärme zugeführt werden. Der glühende Stahl wird in Formen gegossen, die man Kokillen nennt. Dort kühlt er langsam ab.
Bei welcher Temperatur schmilzt Stahl?
Aus welchem Material müssen die Kokillen sein, damit sie nicht auch schmelzen?

Heiß oder kalt ▸▸ Wasser kann in fester, flüssiger oder gasförmiger Form auftreten.
Wie können wir aus Wasser Wasserdampf herstellen?
Wie lassen wir Wasser zu Eis werden? Wie ändert sich dabei die innere Energie des Wassers?
Welche Möglichkeiten haben wir überhaupt, die innere Energie von Körpern zu ändern?

Änderung der inneren Energie durch Arbeit

Wir wissen bereits: Ein beliebiger Körper besitzt bei einer bestimmten Temperatur eine bestimmte innere Energie. Die Temperatur ist ein Maß für die mittlere kinetische Energie der Teilchen des Körpers. Was geschieht mit der inneren Energie eines Körpers, wenn an ihm oder von ihm Arbeit verrichtet wird?

Wird an einem Körper Hubarbeit verrichtet, so verändert sich seine potenzielle Energie (s. S. 38). Die innere Energie des Körpers bleibt aber gleich. Das gilt auch beim Verrichten von Spannarbeit (s. S. 39). Beschleunigungsarbeit dagegen führt zu einer Vergrößerung der kinetischen Energie des Körpers, nicht aber zu einer Änderung seiner inneren Energie (s. S. 38/39). Immer gilt aber: $W = \Delta E$

Was geschieht, wenn an einem Körper Reibungsarbeit verrichtet wird? Betrachten wir dazu ein Beispiel.

Wenn du kräftig deine Handflächen aneinander reibst, stellst du eine Temperaturerhöhung fest.

Beim Bohren, Feilen oder Schleifen erwärmen sich Werkzeuge und Werkstücke (Abb. 1). Deshalb ist bei großen Bohrmaschinen eine Kühlung erforderlich. Bremsscheiben bei Fahrzeugbremsen können beim ständigen intensiven Abbremsen Temperaturen von mehreren Hundert Grad Celsius erreichen. Aus diesen Beispielen wird deutlich:

1 ▸ Feilen, Sägen oder Bohren führt zu einer Temperaturerhöhung.

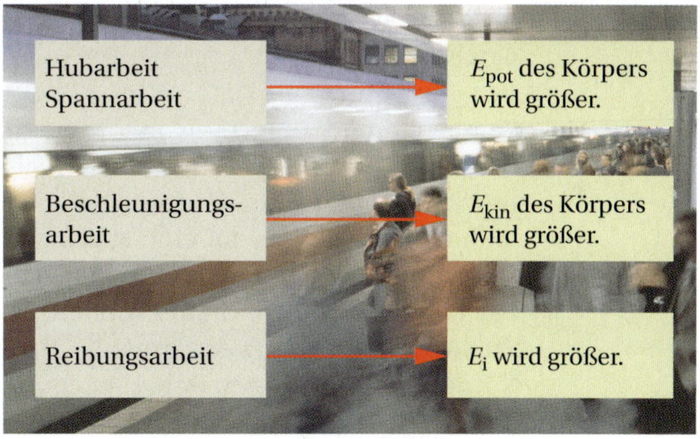

2 ▸ Unterschiedliche Arten von Arbeit führen zu einer Änderung verschiedener Energieformen.

Wird an einem Körper Reibungsarbeit verrichtet, so erhöht sich seine Temperatur und damit seine innere Energie.

Auch in diesem Fall gilt: $W = \Delta E$. Das bedeutet: Die Änderung der inneren Energie ist umso größer, je größer die Reibungsarbeit ist.

Die innere Energie eines Körpers verändert sich ebenfalls, wenn Gase komprimiert oder unelastische Körper verformt werden. Deshalb kann man allgemein formulieren:

Das schnelle Zusammendrücken der Luft in einer Luftpumpe führt zu einer Temperaturerhöhung.

Mechanische Arbeit kann zu einer Änderung der inneren Energie eines Körpers führen:
$W = \Delta E_i$

3 ▸ Durch Reibung entsteht eine Temperatur, die zum Entzünden ausreicht.

So wurde von unseren Vorfahren Feuer gemacht: Ein Hartholzstab wird schnell hin und her gedreht. Damit entstehen Temperaturen, die zur Entzündung von trockenem Moos führen.

Änderung der inneren Energie durch Wärme

Temperaturänderungen von Körpern kann man auch anders erreichen als durch Reibung. Wasser erwärmen wir dadurch, dass wir es auf eine Heizplatte stellen oder einen Tauchsieder nutzen. Die Luft in einem Wohnraum können wir durch einen Heizlüfter erwärmen.
Körper, die Wärme an ihre Umgebung abgeben, nennt man **Wärmequellen** (Abb. 2).
Wird von einem Körper Wärme abgegeben, so verringert sich seine innere Energie. Die Energie des Körpers, auf den die Wärme übertragen wird, vergrößert sich dementsprechend (Abb. 1). Die von einem Körper auf einen anderen Körper übertragene Wärme ist somit ein Maß für die Änderung der inneren Energie des Körpers.

M **Die Wärme gibt an, wie viel innere Energie von einem Körper auf einen anderen Körper übertragen wird.**

Formelzeichen: *Q*
Einheit: 1 Joule (1 J)

Benannt ist die Einheit nach dem englischen Forscher JAMES PRESCOTT JOULE (1818–1889).

Vielfache der Einheit 1 J sind 1 Kilojoule (1 kJ) und ein Megajoule (1 MJ). Es gilt: 1 MJ = 1 000 kJ = 1 000 000 J.

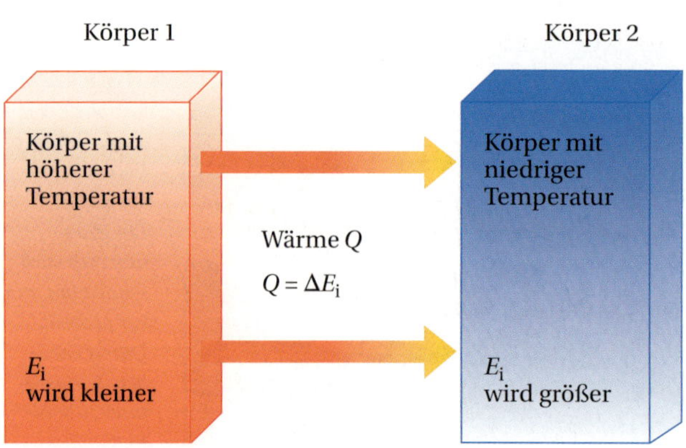

1 ▸ Energie wird in Form von Wärme von einem Körper auf einen anderen übertragen.

2 ▸ Wärmequellen geben Wärme an ihre Umgebung ab. Auch Lebewesen sind Wärmequellen.

Je höher die Temperatur eines Körpers ist, desto größer ist seine innere Energie. Deshalb hat z. B. ein Liter heißes Wasser eine größere innere Energie als ein Liter kaltes Wasser.
Die Wärme, die zum Erhitzen von Wasser erforderlich ist, wird beim Abkühlen des Wassers wieder an die Umgebung abgegeben. Es gilt also:

M **Wird einem Körper Wärme zugeführt oder von ihm an die Umgebung abgegeben, so ändert sich seine innere Energie:**

$$Q = \Delta E_i$$

Vergleicht man die drei Größen innere Energie, mechanische Arbeit und Wärme, dann wird deutlich:

- Alle drei Größen haben die gleiche Einheit (J, Nm, Ws).
- Die innere Energie beschreibt den Energiegehalt eines Körpers, also einen Zustand. Sie ist eine **Zustandsgröße.**
- Die Größen Arbeit und Wärme beschreiben Formen der Energieübertragung, also Prozesse. Deshalb nennt man diese Größen **Prozessgrößen.**

Arten der Wärmeübertragung

Innere Energie kann in unterschiedlicher Weise von einem Körper auf andere Körper übertragen werden.
Die Heizplatte eines Herdes erwärmt einen Kochtopf. Die Heißluft eines Föhns trocknet Haare. Die Sonne erwärmt die Erde. In jedem Fall wird dabei innere Energie von einem Körper höherer Temperatur auf einen Körper mit niedrigerer Temperatur übertragen.

Wärmeleitung: Wärme wird durch einen Körper von einem Ort höherer Temperatur zu einem Ort niedriger Temperatur transportiert (Abb. 1a). Im Teilchenmodell lässt sich dieser Vorgang so deuten: Am Ort höherer Temperatur bewegen sich die Teilchen im Mittel schneller. Durch die zwischen den Teilchen wirkenden Kräfte werden jeweils benachbarte Teilchen in schnellere Bewegung versetzt. Damit wird Wärme transportiert und die Energie an den betreffenden Stellen vergrößert sich. Diese Art der Wärmeübertragung heißt Wärmeleitung.

Wie viel Wärme durch einen Körper hindurch übertragen wird, hängt u. a. von dem Temperaturunterschied innerhalb des Körpers und von den beteiligten Stoffen ab. Gute Wärmeleiter sind fast alle Metalle, vor allem Kupfer und Aluminium. Schlechte Wärmeleiter sind viele Kunststoffe, Wasser (Abb. 2) und vor allem Luft. Dämmstoffe wie Glaswolle oder Styropor enthalten in Poren und Zwischenräumen viel Luft. Sie sind geeignet, die Wärmeleitung durch Wände, Dächer oder Heizungsrohre zu dämmen. Auch Fenster mit Doppel- oder Dreifachverglasung nutzen die eingeschlossene Luft zur **Wärmedämmung.**

2 ▸ Wasser ist ein schlechter Wärmeleiter. Während das Wasser in dem oberem Bereich siedet, merkt man an der Hand kaum eine Erwärmung.

Ein gut isoliertes Haus verhindert die schnelle Wärmeübertragung an die Umgebung. Die dadurch eingesparten Brennstoffe verringern die Belastung der Umwelt.

Wärmeströmung: Durch strömende Luft (Wind) wird Wärme übertragen (Abb. 1b). Das spüren wir vor allem, wenn Warmluft aus dem Süden zu uns gelangt. In Warmwasserheizungen strömt erhitztes Wasser durch die Rohre bis zu den Heizkörpern. Diese Art der Wärmeübertragung, bei der die Wärme mit dem Stoff (Luft, Wasser) transportiert wird, heißt Wärmeströmung.
Ein Beispiel für Wärmeströmung ist der Golfstrom, der Wärme aus dem Golf von Mexiko bis Europa transportiert.

1a ▸ Wärme gelangt durch Wärmeleitung vom heißen Tee bis zum Ende des metallischen Löffels.

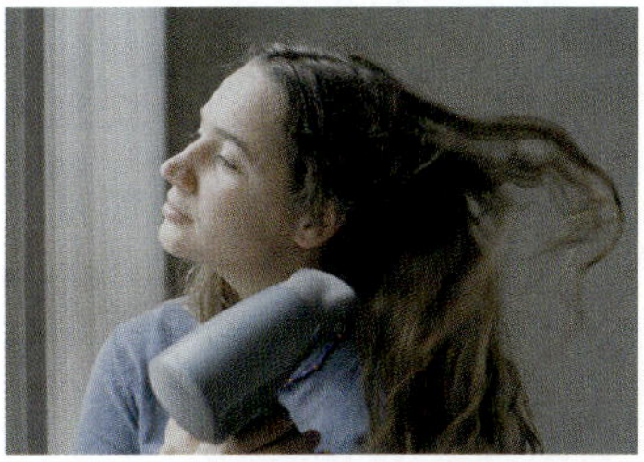

1b ▸ Wärme wird durch die strömende Luft vom Föhn zu den Haaren transportiert.

1c ▸ Wärme gelangt durch Strahlung von der Sonne zur Erde. Daran ist kein Stoff beteiligt.

Wärmestrahlung: Jeder kennt die angenehme Wärme der Sonnenstrahlung. Sie gelangt durch den leeren Weltraum, also ohne Stoff, von der Sonne zur Erde. Diese Art der Wärmeübertragung wird Wärmestrahlung genannt.

Die Oberfläche der Sonne ist etwa 6000 °C heiß. Die Temperatur der Sohle eines Bügeleisens z. B. ist dagegen etwa zwanzig Mal kleiner. Trotzdem strahlt auch sie Wärme ab. Der Unterschied zwischen beiden besteht darin, dass im Falle der Sonne die Strahlung sichtbar ist, beim Bügeleisen nicht. Nur sehr heiße Körper wie die Sonne oder ein glühender Metalldraht senden auch sichtbares Licht aus.

M **Heiße Körper senden Wärmestrahlung aus. Dabei wird Wärme übertragen, ohne Stoff zu transportieren.**

Auch Rotlichtlampen (Abb. 1), Öfen oder heiße Speisen strahlen Wärme ab. Jeder Körper sendet aber nicht nur Wärmestrahlung aus, sondern kann sie auch aufnehmen. Dabei kann sich die Temperatur und damit die innere Energie vergrößern, gleich bleiben oder verkleinern. Für alle Formen der Wärmeübertragung gilt:

M **Wird auf einen Körper oder von einem Körper Wärme übertragen, so ändert sich seine innere Energie.**

1 ▸ Die Wärmestrahlung einer Rotlichtlampe wird bei der Aufzucht von Ferkeln genutzt.

Körper im Strahlungsgleichgewicht

Jeder Körper, auf den Wärmestrahlung trifft, gibt in der Regel auch wieder Wärme in Form von Wärmestrahlung ab. Das gilt für den menschlichen Körper ebenso wie für ein in der Sonne stehendes Auto oder für unsere Erde. So heizt sich z. B. ein in der Sonne stehendes Auto zunächst auf. Es erreicht aber trotz ständiger Sonneneinstrahlung nicht eine beliebig hohe Temperatur. Vielmehr gilt: Je mehr es sich erwärmt, desto mehr Energie in Form von Wärme gibt es an die Umgebung ab. Es stellt sich schließlich ein Strahlungsgleichgewicht ein.

Ein Körper befindet sich im Strahlungsgleichgewicht, wenn die von ihm aufgenommene Energie genauso groß ist wie die von ihm abgegebene Energie.

In diesem Fall bleibt seine Temperatur konstant. Unsere Erde befindet sich ebenfalls im Strahlungsgleichgewicht (Abb. unten). Deshalb liegt seit Millionen von Jahren ihre Durchschnittstemperatur an der Erdoberfläche bei 15 °C.

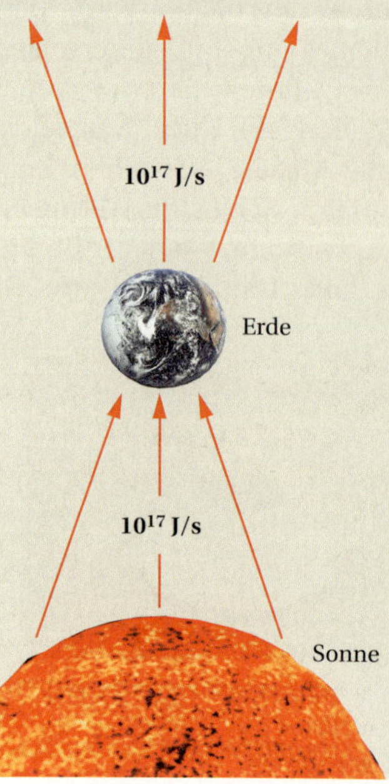

Innere Energie, Wärme und Arbeit

Die innere Energie eines Körpers kann durch Zufuhr oder Abgabe von Wärme oder durch mechanische Arbeit verändert werden. Heiße Gase, also Gase mit großer innerer Energie, können Arbeit verrichten. Das kann man selbst in der Küche beobachten. Bringt man z. B. Wasser in einem Topf mit Topfdeckel zum Sieden, so fängt der Deckel an zu klappern – er wird immer wieder angehoben. Es wird dabei Arbeit verrichtet. Entsprechendes kann man bei einer Weihnachtspyramide beobachten. (Abb. 2). Die erwärmte Luft über der Kerze dehnt sich aus, strömt nach oben, trifft auf die Flügel und setzt diese in Bewegung.

In einfachen Versuchen kann man zeigen, wie sich erwärmte Gase ausdehnen und unter erhöhtem Druck in der Lage sind, bewegliche Körper in Gang zu setzen (Abb. 1).

Im **Teilchenmodell** lässt sich das folgendermaßen deuten: Bei Wärmezufuhr bewegen sich die Gasteilchen schneller. Die innere Energie des Gases erhöht sich. Die Teilchen stoßen auf andere bewegliche Körper (Kolben, Turbinenrad o. Ä.) und rufen dort eine Bewegung hervor. Dabei verlieren die Teilchen kinetische Energie. Die innere Energie des Gases nimmt ab. Es wird kälter.

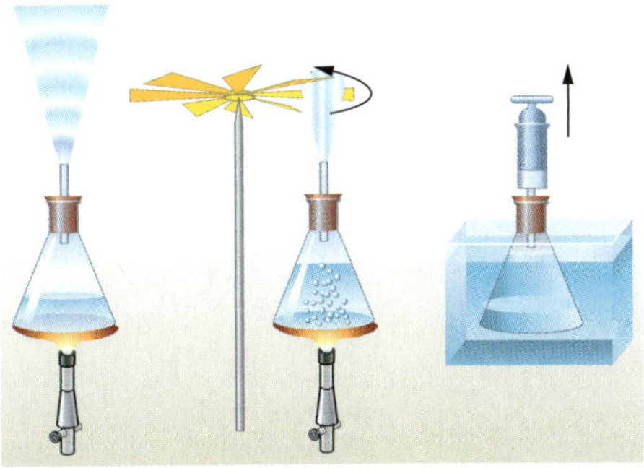

1 ▸ Die innere Energie von Gasen wird in mechanische Energie umgewandelt.

2 ▸ In der aufsteigenden warmen Luft dreht sich die Weihnachtspyramide.

Die innere Energie von Gasen ermöglicht es, Arbeit zu verrichten.

Der Zusammenhang zwischen der Änderung der inneren Energie, der verrichteten mechanischen Arbeit und der dabei ausgetauschten Wärme wird in einem Gesetz zusammengefasst, das als **1. Hauptsatz der Wärmelehre** bezeichnet wird. Es lautet:

In einem abgeschlossenem System ist die Änderung der inneren Energie verbunden mit der Zufuhr oder der Abgabe von Wärme und dem Verrichten mechanischer Arbeit.

$\Delta E_i = W + Q$

ΔE_i Änderung der inneren Energie
W mechanische Arbeit
Q Wärme

Der 1. Hauptsatz der Wärmelehre ist der **Energieerhaltungssatz** für thermische Vorgänge. Er bildet die Grundlage für das Verständnis der Wirkungsweise von Wärmekraftmaschinen, wie Dampfmaschinen, Verbrennungsmotoren, Kühlschränke oder Wärmepumpen.

Methode

Präsentieren von Informationen

Ergebnisse deiner Arbeit zu einem Thema oder Ergebnisse, die ihr in einer Gruppe erarbeitet habt, sollen allen Mitschülern vorgestellt werden. Das kann z. B. durch einen Vortrag, ein Poster oder eine Internetseite geschehen.

Vorbereiten und Halten eines Vortrags
Wenn du einen Vortrag halten oder als Teamsprecher die Ergebnisse der Gruppenarbeit vortragen sollst, sind Tipps hilfreich.

Vorbereiten eines Vortrags

1. Überlege dir, was alles zum Thema gehört! Nutze dazu verschiedene Informationsquellen (s. unten)!
2. Gliedere den Vortrag in Abschnitte!
3. Schreibe dir Schwerpunkte in Kurzform (in Stichwörtern) auf (Abb. 1)!
4. Überlege dir, was du an die Tafel oder auf Folien schreibst!
5. Nutze die Vorteile von Power-Point-Präsentationen!
6. Bereite Versuchsaufbauten vor und stelle Geräte bereit!

Halten eines Vortrags

1. Wecke am Anfang des Vortrags Interesse und Neugier und nenne das Thema!
2. Beginne beispielsweise mit „Wusstet ihr überhaupt, dass ...?“ oder „Hättet ihr gedacht, dass ...?“
3. Nenne und zeige die Gliederung (Tafel, Folie)!
4. Leite neue Absätze deutlich ein, z. B. mit „Ein weiterer Punkt ist ...“!
5. Sprich in kurzen Sätzen!
6. Verwende nur Fachbegriffe, die du auch selbst erklären kannst!
7. Bemühe dich, laut, langsam und deutlich zu sprechen! Schaue deine Zuhörer an!
8. Achte auf die Zeit! Schließe den Vortrag mit einer kurzen Zusammenfassung ab!

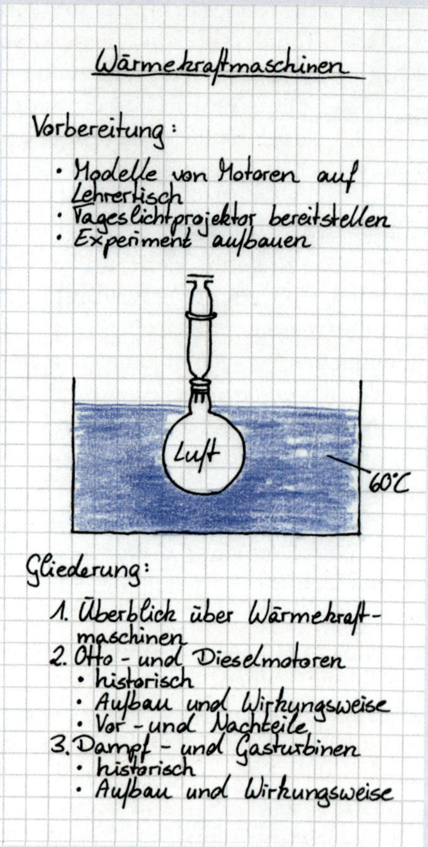

1 ▸ Beispiel für einen Stichwortzettel

Informationsquellen

- **elektronische Medien**: DVDs, Fernsehen, CD-ROMs
- **Literatur**: Lexika, Sachbücher, Zeitschriften
- **Schulbücher**: Lehrbücher, Tabellenwerke, Schülerlexika
- **Internet**: Suchmaschinen, Direktsuche, spezielle Portale

Ottomotor und Dieselmotor

Im Jahre 1867 stellte NIKOLAUS OTTO (1832 bis 1891) seinen ersten Verbrennungsmotor vor. RUDOLF DIESEL (1858 – 1913) entwickelte um 1895 eine weitere Art von Motor, den wir heute als Dieselmotor kennen.
In einem Motor wird die im Kraftstoff enthaltene chemische Energie beim Verbrennen in innere Energie des Gases und diese wiederum in mechanische Energie des Kolbens umgewandelt.
Der Kolben führt eine Hin- und Herbewegung aus. Diese wird über die Pleuelstange und die Kurbelwelle in eine Drehbewegung umgeformt und über das Getriebe auf die Räder übertragen.
Für Verbrennungsmotoren gilt folgende **Energieumwandlungskette:**

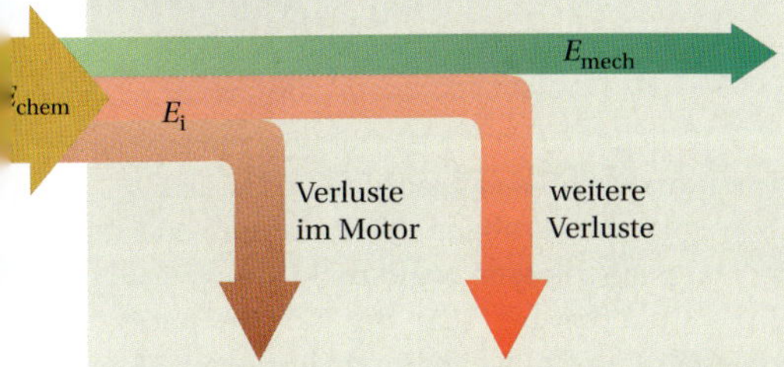

Bei allen Vorgängen bleibt ein erheblicher Teil der zugeführten Energie ungenutzt. Er wird in Form von Wärme an die Umgebung abgegeben und ist damit für uns nicht mehr nutzbar.

Die Energieverluste durch Abwärme lassen sich nicht beliebig verringern. Ein Teil der Energie muss immer in Form von Wärme abgegeben werden.
Besonders große Fahrzeuge mit einem hohen Antriebsbedarf, wie Dieselloks, Schiffe, Lkw und Busse, sind mit Dieselmotoren ausgerüstet (Abb. rechts).

Etwa 30 % der Pkw haben heute einen Dieselmotor. Ihr Anteil ist steigend.

Bei einem **Viertakt-Dieselmotor** (Abb. 1) wird im **1. Takt** Luft angesaugt, indem sich der Kolben nach unten bewegt.
Im **2. Takt** bewegt sich der Kolben nach oben und verdichtet die Luft so stark, dass sie sich auf über 600 °C erhitzt. Hat der Kolben seinen höchsten Punkt erreicht, so sprüht eine Einspritzpumpe durch eine feine Düse den Dieselkraftstoff mit hohem Druck in den Zylinder.
Im **3. Takt** entzündet sich der Dieselkraftstoff von selbst in der heißen Luft. Der Kraftstoff verbrennt explosionsartig. Die Verbrennungsgase dehnen sich aus und treiben den Kolben nach unten. Es wird Arbeit verrichtet und Wärme abgegeben.
Im **4. Takt** bewegt sich der Kolben nach oben und stößt die Abgase aus. Auch mit den Abgasen wird Wärme an die Umgebung abgegeben.

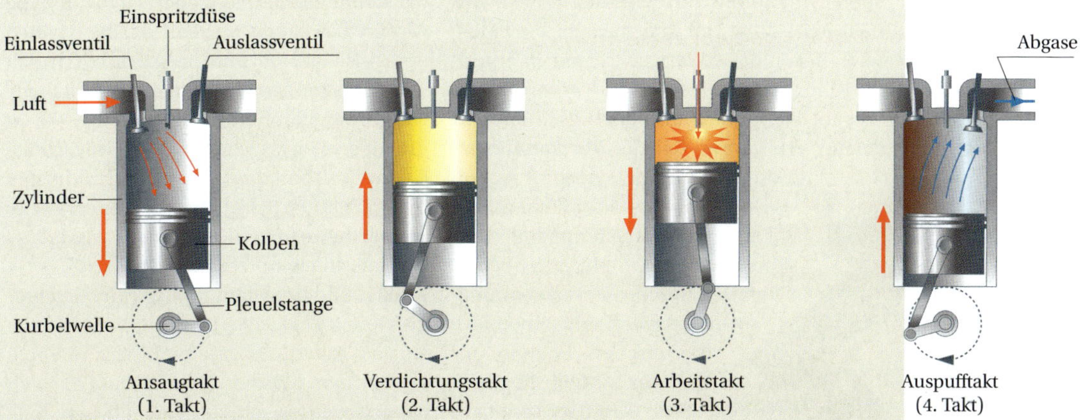

1 ▸ Arbeitsweise eines Viertakt-Dieselmotors

Für den Wirkungsgrad gilt:

$$\eta = \frac{E_{nutz}}{E_{zu}}$$

Lediglich im 3. Takt wird die zugeführte Energie in mechanische Energie umgewandelt. Er wird deshalb als Arbeitstakt bezeichnet. In den anderen Takten wird dem Motor von außen mithilfe eines **Schwungrads** Energie zugeführt.
Motoren können 4, 6 oder 8, aber auch 12 **Zylinder** haben. Sie werden vom Kühlwasser umströmt, da sich der Motor beim Verbrennen der Gase stark erhitzt und gekühlt werden muss.
In einem Mehr-Zylinder-Motor laufen zu gleichen Zeiten unterschiedliche Takte ab, sodass sich immer einer der Zylinder im Arbeitstakt befindet. Dadurch wird ein ruhiger Lauf des Motors erreicht.

Ottomotoren findet man in Pkw, Motorrädern und in transportablen Geräten wie Rasenmähern. Es gibt sie als Zweitakt- und als Viertaktmotoren. Bei einem Ottomotor wird nicht Luft, sondern ein Gemisch aus Luft und Benzin in den Zylinder gebracht und verdichtet. Dieses Gemisch wird vorher im Vergaser erzeugt.

Im Unterschied zum Dieselmotor wird das Gemisch durch den Funken einer Zündkerze zur Explosion gebracht. Dabei entstehen Temperaturen von bis zu 2000 °C und ein hoher Druck. Die anderen Takte sind vergleichbar mit denen beim Dieselmotor.
Während Dieselmotoren einen **Wirkungsgrad** von bis zu 40 % haben können, erreichen Ottomotore nur Wirkungsgrade von höchstens 30 %. Bei den meisten Pkw-Motoren liegen diese Werte zwischen 20 % und 25 %.
Sowohl bei Otto- als auch bei Dieselmotoren gelangt ein großer Teil der Verbrennungsprodukte durch den Auspuff in die Umwelt und hat wesentlichen Anteil an der Luftverschmutzung. Darüber hinaus wird ein erheblicher Teil der durch die Verbrennung von Kraftstoff entstehenden thermischen Energie an die Umgebung abgegeben und trägt somit zu ihrer Erwärmung bei.

Zweitakt-Ottomotor

Zweitakt-Ottomotoren gibt es nicht nur in Rasenmähern, sondern auch in Mopeds und Mofas, Kettensägen und Wasserpumpen. Wie unterscheiden sie sich von den Viertaktmotoren?
Ihr Aufbau ist einfacher, da keine Ventile erforderlich sind (s. Skizzen).

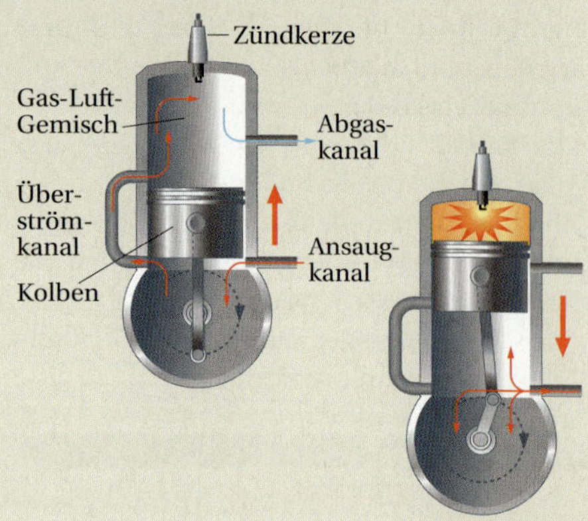

Die Kanäle sind so angeordnet, dass sie bei Bewegung des Kolbens durch diesen geöffnet oder geschlossen werden.
Im **1. Takt** bewegt sich der Kolben nach oben und verschließt dadurch die obere Öffnung des Überström- und Abgaskanals. Das Gemisch wird weiter verdichtet. Durch den so entstehenden Unterdruck im Kurbelgehäuse strömt durch den Ansaugkanal neues Gemisch in das Kurbelgehäuse.
Im **2. Takt** wird das Gemisch gezündet und der Kolben nach unten gedrückt. Durch die Abwärtsbewegung verschließt der Kolben den Ansaugkanal und presst das Gemisch etwas zusammen. Es wird „vorverdichtet". Gleichzeitig können durch den Abgaskanal die Abgase entweichen. Das vorverdichtete Gemisch strömt durch den Überströmkanal in den Zylinder. Es wird dann wieder bei der Aufwärtbewegung des Kolbens verdichtet und abschließend gezündet (1.Takt).
Zweitaktmotoren sind robuster und leichter als Viertakter gleicher Leistung. Von Nachteil ist, dass sich die Abgase und Benzindämpfe vermischen. Mit dem Benzin muss auch Öl getankt werden, um alle beweglichen Teile zu schmieren.

Erwärmen oder Abkühlen von Körpern

Bei vielen Vorgängen in Natur und Technik ist es von Interesse zu wissen, welche Wärme einem Körper zugeführt oder von ihm abgeben werden muss, um ihn auf eine bestimmte Temperatur zu bringen. Die Zusammenhänge zwischen der Wärme *Q*, der Masse *m* des Körpers und der Temperaturänderung $\Delta\vartheta$ lassen sich mit einer einfachen Experimentieranordnung (Abb. 1) untersuchen.

(1) Zusammenhang zwischen zugeführter Wärme und Temperaturänderung: Untersuchungen (Abb. 2) zeigen: Je mehr Wärme einem Körper bestimmter Masse zugeführt wird, desto größer ist die Erhöhung der Temperatur.
Für *m* = konstant gilt: $Q \sim \Delta\vartheta$

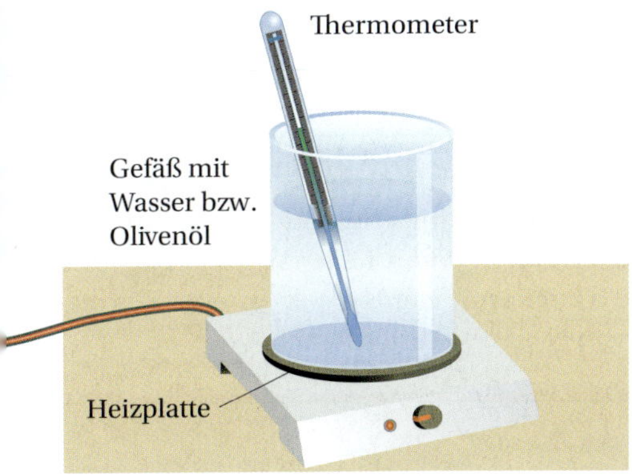

1 ▸ Versuchsanordnung zur Untersuchung des Zusammenhang zwischen *Q*, *m* und $\Delta\vartheta$

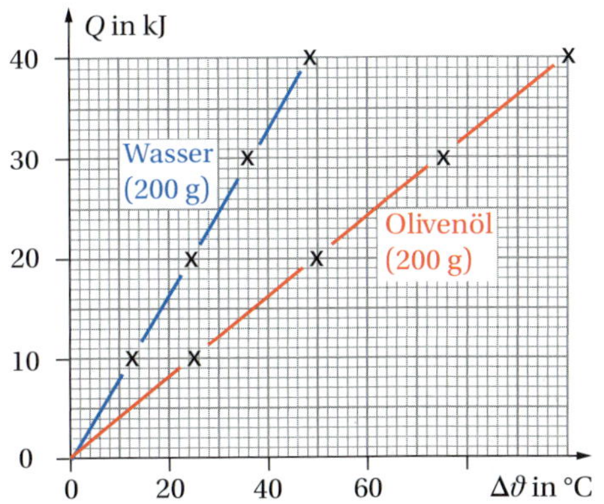

2 ▸ Zusammenhang zwischen der zugeführten Wärme und der Temperaturänderung bei konstanter Masse (*m* = 200 g)

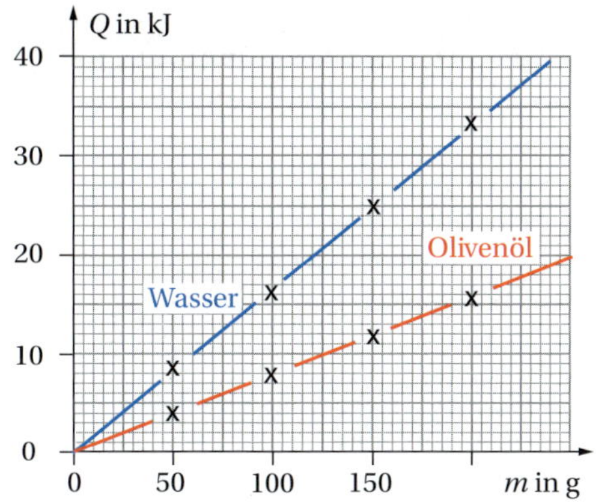

3 ▸ Zusammenhang zwischen der zugeführten Wärme und der Masse bei bestimmter Temperaturdifferenz ($\Delta\vartheta$ = 40 °C)

Die von einer Heizplatte abgegebene Wärme ergibt sich aus der Leistung dieser Heizplatte und der Zeit.

(2) Zusammenhang zwischen zugeführter Wärme und Masse: Um eine bestimmte Temperaturdifferenz $\Delta\vartheta$ zu erreichen, muss einem Körper größerer Masse mehr Wärme zugeführt werden als einem Körper kleinerer Masse (Abb. 3).
Für $\Delta\vartheta$ = konstant gilt: $Q \sim m$.
Die Zusammenfassung der beiden Proportionalitäten ergibt $Q \sim m \cdot \Delta\vartheta$. Der Quotient $\frac{Q}{m \cdot \Delta\vartheta}$ hat für einen bestimmten Stoff immer einen bestimmten Wert. Dieser stoffspezifische Wert wird **spezifische Wärmekapazität** *c* genannt. Damit erhält man eine Gleichung, die als **Grundgleichung der Wärmelehre** bezeichnet wird.

M

Unter der Bedingung, dass sich der Aggregatzustand eines Körpers nicht ändert, kann die von einem Körper abgegebene oder aufgenommene Wärme *Q* so berechnet werden:

$$Q = c \cdot m \cdot \Delta\vartheta$$

c	spezifische Wärmekapazität
m	Masse des Körpers
$\Delta\vartheta$	Differenz zwischen Endtemperatur und Anfangstemperatur

Temperaturdifferenzen können wie die Temperatur in der Einheit °C angegeben werden.

Methode

Interpretieren einer Gleichung

Beim Interpretieren einer Gleichung solltest du folgendermaßen vorgehen:

1. Nenne zunächst die physikalischen Größen, zwischen denen Zusammenhänge in der Gleichung dargestellt sind!

   Die Grundgleichung der Wärmelehre beinhaltet den Zusammenhang zwischen der Wärme Q, der Masse m, der spezifischen Wärmekapazität c und der Temperaturänderung $\Delta\vartheta$.

2. Leite aus der mathematischen Struktur der Gleichung Zusammenhänge zwischen physikalischen Größen ab! Gehe dabei z. B. auf direkte oder indirekte Proportionalität und auf wichtige Bedingungen ein!

   $Q \sim m$, wenn $\Delta\vartheta$ = konst. und c = konst.
   $Q \sim \Delta\vartheta$, wenn m = konst. und c = konst.

3. Leite, wenn möglich, praktische Folgerungen aus den Zusammenhängen zwischen den Größen ab!

spezifische Wärmekapazität von Stoffen

Stoff	c in $\frac{\text{kJ}}{\text{kg} \cdot °\text{C}}$
Aluminium	0,90
Beton	0,90
Blei	0,13
Eis (bei 0 °C)	2,09
Eisen	0,46
Heizöl	2,07
Holz (Eiche)	2,39
Kupfer	0,39
Luft	1,01
Methanol	2,40
Quecksilber	0,14
Stahl	0,47
Wasser	4,19
Wasserdampf	1,86
Zinn	0,23

Die spezifische Wärmekapazität c eines Stoffes gibt an, wie viel Wärme von 1 kg eines Stoffes abgegeben oder aufgenommen wird, wenn sich seine Temperatur um 1 °C ändert. Wenn 1 Liter Wasser (1 kg) um 1 °C erwärmt werden soll, ist eine Wärme von Q = 4,19 kJ erforderlich.

Die Bedeutung der spezifischen Wärmekapazität des Wassers

Wasser ist ein guter Wärmespeicher. Es steht auch in ausreichender Menge zur Verfügung.

Von allen in der Natur vorkommenden Stoffen hat Wasser mit die größte spezifische Wärmekapazität. c = 4,19 kJ/(kg · °C) bedeutet, dass 1 Liter Wasser eine Wärme von 4,19 kJ aufnimmt, wenn es um 1 °C erwärmt wird. Bei einer Abkühlung von 1 °C gibt das Wasser eine Wärme von 4,19 kJ ab.
Da Wasser viel Wärme speichern kann, haben große Wassermengen, insbesondere Seen, Meere und Ozeane, erheblichen Einfluss auf das Klima.
Im Sommer wird vom Wasser aufgrund der Sonneneinstrahlung Wärme gespeichert. Im Herbst und Winter wird ein erheblicher Teil dieser Wärme an die Umgebung abgegeben. Es ist milder als im Binnenland. Im Frühjahr und Frühsommer erwärmt sich das Wasser erst allmählich. Der umgebenden Luft, die sich schneller erwärmt, wird Wärme entzogen. Dadurch entsteht insgesamt ein typisches Seeklima mit relativ milden Wintern und relativ kühlen Sommern.
Beeinflusst wird das Klima in vielen Regionen auch durch gewaltige Meeresströmungen, z. B. durch den warmen Golfstrom. Er geht von der Karibik aus und hat Auswirkungen auf das Klima in England, Schottland, Irland oder Norwegen.
Auch in der Technik besitzt Wasser große Bedeutung.
In Warmwasserheizungen wird genutzt, dass Wasser aufgrund seiner großen spezifischen Wärmekapazität viel Energie in Form von Wärme transportiert. Für die Kühlung von Motoren oder als Kühlmittel in Kraftwerken wird ebenfalls Wasser verwendet.

Körper in verschiedenen Aggregatzuständen

Wie schon auf S. 70 dargestellt, haben alle Körper unserer Umgebung bei Zimmertemperatur einen bestimmten **Aggregatzustand.** Bei einer anderen Temperatur können diese Körper aber auch in einem anderen Aggregatzustand vorliegen (Abb. 1).

Körper können sich im festen, flüssigen oder gasförmigen Aggregatzustand befinden.

Bei einem Körper in einem bestimmten Aggregatzustand ändert sich mit der Temperatur in der Regel auch sein Volumen (s. S. 120 ff.).
Damit ein Körper seinen Aggregatzustand ändert, muss die Wärme genügend groß sein, die ihm zugeführt bzw. entzogen wird. Abb. 2 benennt die Vorgänge, bei denen sich die Aggregatzustände ändern. Das geschieht bei der Schmelz- bzw. Siedetemperatur.

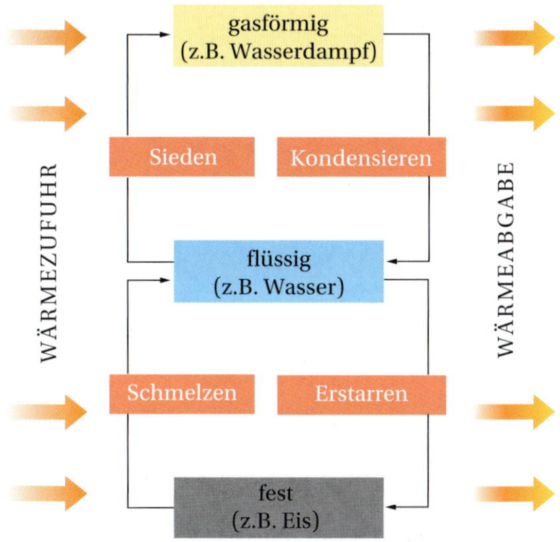

2 ▸ Aggregatzustände und ihre Änderungen

Schmelzen und Erstarren

Wird einem festen Körper, z.B. Eis oder Stahl, Wärme zugeführt, so steigt seine Temperatur. Der Körper bleibt aber zunächst im festen Aggregatzustand.
Bei einer bestimmten Temperatur, der Schmelztemperatur, wird der Körper flüssig. Solange der Körper schmilzt, sind sowohl feste als auch flüssige Teile des Körpers vorhanden. Seine Temperatur ändert sich nicht. Die gesamte zugeführte Wärme wird für das Schmelzen benötigt, also für die Umwandlung des Körpers vom festen in den flüssigen Aggregatzustand. Erst dann, wenn der Körper völlig im flüssigen Zustand vorliegt, steigt seine Temperatur bei weiterer Wärmezufuhr wieder an (Abb. 1, S. 94).

Die **Schmelztemperatur** ist abhängig von dem Stoff, aus dem der Körper besteht (s. Tabelle, S. 94).

Körper wie Trockeneis oder Schnee können auch direkt vom festen in den gasförmigen Aggregatzustand übergehen. Dieser Vorgang heißt **Sublimieren.**

Der umgekehrte Übergang ist das Resublimieren.

1a ▸ Wasser geht bei Temperaturen unter 0 °C in seinen festen Zustand über und liegt als Eis vor.

1b ▸ Schokolade wird beim Erwärmen flüssig und kann z. B. für Glasuren von Gebäck genutzt werden.

1c ▸ Luft und andere Gase können bei sehr tiefen Temperaturen auch flüssig sein.

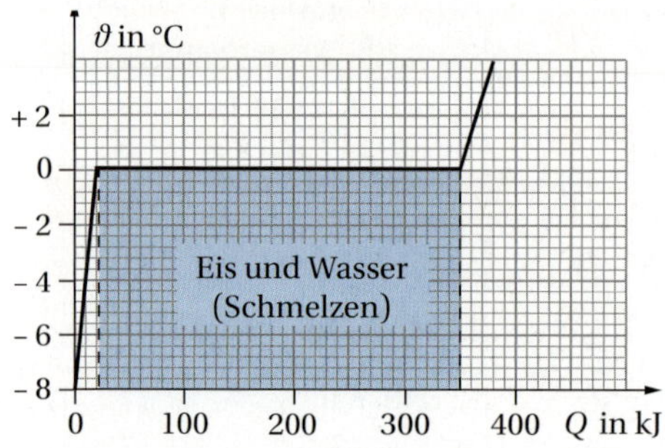

1 ▸ Wärme-Temperatur-Diagramm für das Schmelzen von Eis bei gleichmäßiger Wärmezufuhr

Umgekehrt gilt: Wenn einem flüssigen Körper Wärme entzogen wird, so geht er bei seiner **Erstarrungstemperatur** vom flüssigen in den festen Aggregatzustand über. Schmelztemperatur und Erstarrungstemperatur eines Stoffes sind gleich groß.

So schmilzt z. B. Eis bei 0 °C. Bei ebenfalls 0 °C erstarrt Wasser.

Ein Körper geht bei der Schmelztemperatur vom festen in den flüssigen Aggregatzustand (Schmelzen) bzw. umgekehrt vom flüssigen in den festen Aggregatzustand (Erstarren) über.

Während des Schmelzens und des Erstarrens ändert sich mit dem Aggregatzustand auch das Volumen des Körpers. Mit dem **Teilchenmodell** (s. S. 71) lassen sich die Vorgänge folgendermaßen deuten: Bei Zufuhr von Wärme bewegen sich die Teilchen des festen Körpers heftiger und ihr mittlerer Abstand vergrößert sich. Sie können ihren festen Platz verlassen. Umgekehrtes gilt bei Wärmeabgabe.

Die Ausdehnung des Wassers beim Erstarren kann zu erheblichen Zerstörungen führen, z. B. zu Gesteinssprengungen und Rohrbrüchen. Beachte: Wasser bildet eine Ausnahme (s. S. 122).

2 ▸ Beim Erstarren dehnt sich das Eis über den Rand des Gefäßes aus und bildet eine Wölbung.

Bei den meisten Stoffen ist das Volumen des flüssigen Körpers größer als das Volumen des festen Körpers. Wasser bildet dabei eine Ausnahme.

Damit ein Körper schmilzt, muss ihm **Schmelzwärme** zugeführt werden. Bezogen auf 1 kg eines Stoffes nennt man sie **spezifische Schmelzwärme.**

Die spezifische Schmelzwärme gibt an, wie viel Wärme erforderlich ist, um 1 kg eines Stoffes zu schmelzen.

Formelzeichen: q_S
Einheit: 1 Kilojoule je Kilogramm $\left(1\,\frac{kJ}{kg}\right)$

Die Schmelzwärme Q_S für einen Körper mit der Masse m kann dann berechnet werden mit der Gleichung

$Q_S = q_S \cdot m$.

Um z. B. 1 kg Eis zu schmelzen, ist eine Wärme von 334 kJ erforderlich. Beim Erstarren wird diese Wärme wieder an die Umgebung abgegeben. Wenn 1 kg Wasser zu Eis erstarrt, sind das 334 kJ. Schmelz- und Erstarrungswärme werden auch als **Umwandlungswärme** bezeichnet.

Schmelztemperatur ϑ_S und spezifische Schmelzwärme q_S einiger Stoffe

Stoff	ϑ_S in °C	q_S in $\frac{kJ}{kg}$
Quecksilber	–39	12
Eis	0	334
Glycerin	18	201
Wachs	50	176
Zinn	232	59
Blei	327	25
Zink	419	105
Aluminium	631	396
Kupfer	1 083	205
Eisen	1 540	275
Platin	1 739	111
Wolfram	3 387	193

Sieden und Kondensieren

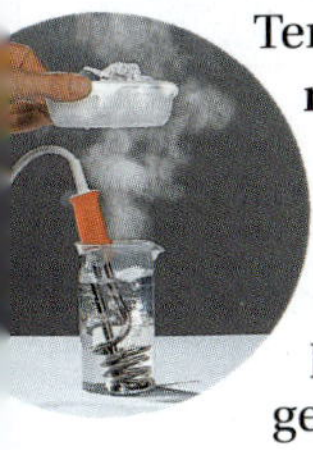

Wird einem flüssigen Körper, z. B. Wasser, Wärme zugeführt, so steigt zunächst seine Temperatur bis zur **Siedetemperatur.** Solange das Wasser siedet, also sowohl flüssige als auch gasförmige Teile vorhanden sind, ändert sich die Temperatur des Wassers nicht. Die gesamte zugeführte Wärme wird für die Umwandlung des Körpers vom flüssigen in den gasförmigen Aggregatzustand benötigt. Erst dann steigt die Temperatur des Körpers wieder an (Abb. 1).
Umgekehrt gilt: Wenn einem gasförmigen Körper Wärme entzogen wird, so geht er bei seiner **Kondensationstemperatur** vom gasförmigen in den flüssigen Aggregatzustand über. Siedetemperatur und Kondensationstemperatur eines Stoffes sind gleich groß.
So siedet z. B. Wasser bei 100 °C. Bei ebenfalls 100 °C kondensiert Wasserdampf.

Ein Körper geht bei der Siedetemperatur vom flüssigen in den gasförmigen Aggregatzustand (Sieden) bzw. vom gasförmigen in den flüssigen Aggregatzustand (Kondensieren) über.

Damit ein Körper siedet, muss ihm Wärme zugeführt werden. Diese Wärme nennt man **Verdampfungswärme.**

Die spezifische Verdampfungswärme gibt an, wie viel Wärme erforderlich ist, um 1 kg eines Stoffes zu verdampfen.
Formelzeichen: q_V
Einheit: 1 Kilojoule je Kilogramm $\left(1\ \frac{kJ}{kg}\right)$

Die Verdampfungswärme Q_V für einen Körper mit der Masse m kann dann berechnet werden mit der Gleichung:
$Q_V = q_V \cdot m$

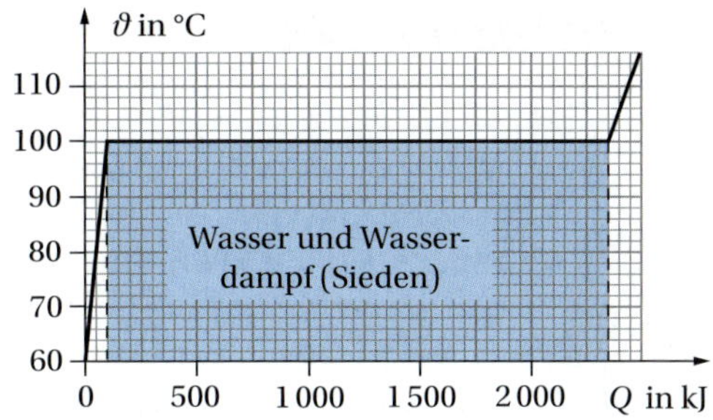

1 ▸ Wärme-Temperatur-Diagramm für das Sieden von Wasser bei gleichmäßiger Wärmezufuhr

Beim Kondensieren wird diese Wärme wieder an die Umgebung abgegeben. Kondensiert z. B. 1 kg Wasserdampf zu Wasser, sind das 2 260 kJ.
Die Siedetemperatur von Stoffen ist nicht immer gleich, sondern abhängig vom äußeren Druck. Das wird z. B. beim Kochen mit Schnellkochtöpfen genutzt.

Auch die Schmelztemperatur ist druckabhängig.

Mit dem **Teilchenmodell** (s. S. 71) lässt sich der Vorgang des Siedens folgendermaßen deuten: Bei Zufuhr von Wärme bewegen sich die Teilchen einer Flüssigkeit heftiger und können diese verlassen. Der Stoff befindet sich dann in einem gasförmigen Zustand.
Umgekehrtes gilt bei Wärmeabgabe.

Siedetemperatur ϑ_V und spezifische Verdampfungswärme q_V einiger Stoffe

Stoff	ϑ_V in °C	q_V in $\frac{kJ}{kg}$
Stickstoff	−196	198
Sauerstoff	−183	214
Ammoniak	−33	1 340
Dimethylether	35	384
Alkohol (Ethanol)	78	840
Wasser	100	2 260
Speiseöl	200	–
Quecksilber	357	285
Zink	907	1 802
Blei	1 751	871
Gold	2 707	1 578
Eisen	3 070	6 322

Verdunsten von Flüssigkeiten

Flüssigkeiten können auch weit unter ihrer Siedetemperatur in den gasförmigen Zustand übergehen. Diesen Vorgang nennt man **Verdunsten.**
Das Verdunsten von Wasser kann man z. B. beim Trocknen einer nassen Straße oder beim Trocknen von Wäsche feststellen. Poröse Tongefäße werden seit Jahrhunderten benutzt, weil in ihnen eine Flüssigkeit angenehm kühl bleibt.

Wie schnell eine Flüssigkeit verdunstet, ist abhängig
- **von der Größe ihrer Oberfläche,**
- **von der Temperatur und**
- **davon, wie schnell der verdunstete Anteil abgeführt wird.**

Auch beim Verdunsten muss der Flüssigkeit Wärme zugeführt werden. Sie wird der Umgebung entzogen. Dadurch kühlt sich diese ab. Diese „Verdunstungskälte" spielt eine wichtige Rolle bei der Regulierung unserer Körpertemperatur: Bei sehr warmem Wetter schwitzen wir. Der Schweiß verdunstet teilweise. Die dafür erforderliche Wärme wird unserem Körper entzogen. Er wird gekühlt.

Beim Verdunsten von Flüssigkeiten wird der Umgebung Wärme entzogen.

Mit dem Teilchenmodell lässt sich das Verdunsten einer Flüssigkeit so deuten: Die Teilchen der Flüssigkeit besitzen eine unterschiedliche kinetische Energie und damit auch eine unterschiedliche Geschwindigkeit. Besonders schnelle Teilchen können die Flüssigkeit verlassen. Sie bilden ein Gas. Damit verringert sich die mittlere kinetische Energie aller Teilchen der Flüssigkeit und folglich auch ihre Temperatur (s. S. 73).

1 ▸ Wasser auf der Haut verdunstet. Dadurch kühlt sich die Haut ab. Das kann sogar bei hohen Temperaturen zu einer Erkältung führen.

Die Luftfeuchtigkeit

Luft enthält Wasserdampf, der für uns nicht sichtbar ist. Er gelangt durch Verdunsten von Wasser in die Atmosphäre.
Der Anteil von Wasserdampf, der sich in der Atmosphäre befindet, wird als **Luftfeuchtigkeit** bezeichnet.
Die Luftfeuchtigkeit wird meist in Prozent angegeben. 60 % Luftfeuchtigkeit bedeutet: Die Luft enthält 60 % des Wasserdampfes, der bei einer bestimmten Temperatur aufgenommen werden kann.
Bei hohen Temperaturen kann die Luft mehr Wasserdampf aufnehmen als bei niedrigen.
Von Sättigung spricht man, wenn die Luft keinen weiteren Wasserdampf mehr aufnehmen kann. Der überschüssige Wasserdampf kondensiert. Es bilden sich Wolken, Nebel und Tau.

2 ▸ Wolken, Nebel oder Tau sind kondensierter Wasserdampf.

Physik in Natur und Technik

Immer cool bleiben

Saft, Cola und andere Getränke schmecken am besten, wenn sie kalt sind. Deshalb stellt man sie in den Kühlschrank oder gibt Eiswürfel in das Getränk.

Wie ändert sich die Temperatur eines Getränks, wenn man Eiswürfel zugibt?

Das Getränk hat zunächst Zimmertemperatur. Gibt man Eiswürfel hinzu und rührt gut um, bildet sich ein Flüssigkeit-Eis-Gemisch. Die Eiswürfel beginnen sich zu erwärmen und zu schmelzen. Die dafür erforderliche Wärme wird der Flüssigkeit entzogen. Dabei sind zwei Vorgänge zu unterscheiden:

- Das Eis erwärmt sich zunächst bis auf 0 °C.
- Das Eis beginnt bei 0 °C zu schmelzen.

In beiden Vorgängen wird der Flüssigkeit Wärme entzogen. Die Temperatur der Flüssigkeit verringert sich solange, wie noch Eis vorhanden ist. Kälter als 0 °C kann das Gemisch aber nicht werden. Diese Temperatur wird allerdings meist nicht erreicht, weil ein ständiger Austausch von Wärme mit der Umgebung des Raums stattfindet.

Ist das Eis vollständig geschmolzen, erwärmt sich das Getränk wieder. Die dafür erforderliche Wärme stammt aus der Umgebung des Glases. Diese kühlt sich demzufolge geringfügig ab.

Kochen will gelernt sein

Wenn man Kartoffeln kochen will, müssen sie eine Zeit lang bei ca. 100 °C in Wasser garen.

Warum ist es sinnvoll, kurz vor dem Sieden des Wassers die Heizstufe des Herdes zu verkleinern?

Kartoffeln garen in siedendem Wasser. Beim Sieden geht das Wasser in Wasserdampf über, der aus dem Topf entweicht. Das geschieht bei der Siedetemperatur von 100 °C, unabhängig davon, ob das Wasser stark oder schwach sprudelt.

Es reicht deshalb völlig aus, dem Wasser nur so viel Wärme zuzuführen, dass der Siedevorgang gerade im Gange bleibt. Das Garen bei höherer Heizstufe geht deshalb nicht schneller.

Destillation – ein Verfahren zur Stofftrennung

Die unterschiedlichen Siedetemperaturen von Flüssigkeiten werden zum Trennen von Flüssigkeitsgemischen genutzt. Das Verfahren nennt man Destillieren. Mit ihm wird aus Rohöl Benzin gewonnen oder reiner Alkohol hergestellt oder Wasser gereinigt. Wird einem Flüssigkeitsgemisch Wärme zugeführt, so verdampft zunächst die Flüssigkeit mit der niedrigeren Siedetemperatur. Fängt man diesen Dampf auf und kühlt ihn, so kondensiert er. Diese Flüssigkeit kann aufgefangen werden. Das geschieht so lange, bis eine der Flüssigkeiten vollständig verdampft ist.

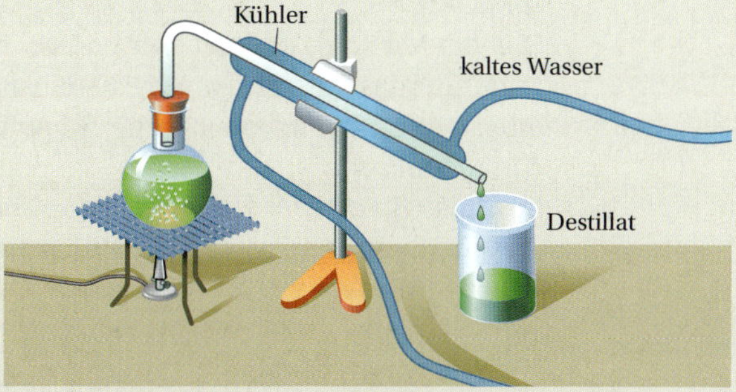

1 ▸ Eine einfache Destillationsanlage

Wasser als Wärmespeicher

Der Sylvensteinspeicher im oberen Isartal hat ein Fassungsvermögen von 104 Mio. Kubikmeter.
Wie viel Wärme gibt dieses Wasser an die Umgebung ab, wenn sich seine Temperatur um 1 °C verringert?

Analyse:
Da sich der Aggregatzustand des Wassers nicht ändert, kann die Grundgleichung der Wärmelehre zur Berechnung genutzt werden. Die Masse des Wassers lässt sich aus dem gegebenen Volumen und der Dichte ermitteln.

Gesucht: Q

Gegeben:
$$V = 104 \cdot 10^6\,\text{m}^3$$
$$\Delta\vartheta = 1\,°\text{C}$$
$$\varrho = \frac{1\,\text{g}}{\text{cm}^3} = 1\,000\,\frac{\text{kg}}{\text{m}^3}$$
$$c = 4{,}19\,\frac{\text{kJ}}{\text{kg} \cdot °\text{C}}$$

Lösung:
$1\,\text{m}^3$ Wasser hat eine Masse von 1 000 kg. Dann haben $104 \cdot 10^6\,\text{m}^3$ eine Masse von
$m = 104 \cdot 10^6 \cdot 1\,000\,\text{kg}$
$m = 104 \cdot 10^9\,\text{kg}$.

1 kg Wasser gibt bei einer Temperaturänderung um 1 °C eine Wärme von 4,19 kJ ab. Dann geben $104 \cdot 10^9\,\text{kg}$ folgende Wärme ab:
$$Q = 104 \cdot 10^9 \cdot 4{,}19\,\text{kJ}$$
$$\underline{Q = 4{,}4 \cdot 10^{11}\,\text{kJ}}$$

Ergebnis:
Bei der Verringerung der Temperatur um 1 °C gibt das Wasser des Sylvensteinspeichers eine Wärme von $4{,}4 \cdot 10^{11}\,\text{kJ}$ an die Umgebung ab.
Zum Vergleich: Der Heizkessel eines Einfamilienhauses müsste mit einer Leistung von 15 kW etwa 929 Jahre lang betrieben werden, um diese Wärme abzugeben. Große Wasserflächen beeinflussen aufgrund ihres Speicherungsvermögens für Wärme auch das Klima.

Methode

Lösen von Aufgaben durch inhaltlich-logisches Schließen

Um physikalisch-mathematische Aufgaben zu lösen, gibt es zwei Möglichkeiten: die Anwendung von Verfahren und Regeln der Gleichungslehre (s. S. 48) bzw. das inhaltlich-logische Schließen.
Beim Lösen einer Aufgabe durch inhaltlich-logisches Schließen sind folgende Schritte zweckmäßig:

1. Wie kann man den Wert einer physikalischen Größe interpretieren?

   Die spezifische Wärmekapazität eines Stoffes gibt die Wärme an, die 1 kg dieses Stoffes bei einer Temperaturänderung um 1 °C abgibt bzw. aufnimmt.
   $c_{\text{Wasser}} = 4{,}19\,\text{kJ}/(\text{kg} \cdot °\text{C})$ bedeutet: Wenn sich 1 kg Wasser um 1 °C abkühlt, dann gibt es eine Wärme von 4,19 kJ ab.

2. Was für ein Zusammenhang besteht jeweils zwischen zwei Größen?

   Wärme und Masse sind proportional zueinander: $Q \sim m$ bei $\Delta\vartheta = \text{konst.}$

3. Was folgt aus der Art des Zusammenhangs für die eine Größe, wenn von der anderen Größe Vielfache oder Teile gebildet werden?

   Wenn ein Vielfaches der Masse gebildet wird, folgt daraus für die Wärme dasselbe Vielfache.

4. Auf das Wievielfache bzw. den wievielten Teil ändert sich der Wert einer Größe?

   Die Masse wird $104 \cdot 10^9$ fach größer.

5. Was folgt daraus für die andere Größe?

   Die Wärme wird um den Faktor $104 \cdot 10^9$ größer:
   $Q = 104 \cdot 10^9 \cdot 4{,}19\,\text{kJ} = 4{,}4 \cdot 10^{11}\,\text{kJ}$

Ein modernes Heizungssystem mit Wärmepumpe

Ein Kühlschrank wird benutzt, um einen Innenraum abzukühlen. Wärmepumpen dagegen kommen vorwiegend zur Heizung von Räumen und zur Warmwassererzeugung zum Einsatz (Abb. 1). Die Wirkungsweise der Geräte ist nahezu identisch. Im Unterschied zum Kühlschrank befindet sich bei Wärmepumpen der Verdampfer außerhalb des Hauses, wo er der Erde, dem Grundwasser oder auch der Luft Wärme entzieht (Abb. 2). Der Verflüssiger steht im Heizungskeller. Er gibt die Kondensationswärme z. B. an einen Wasserkreislauf ab. Dieser kann zur Raumheizung genutzt werden.
Die Vorgänge, die bei einer Wärmepumpe ablaufen, sind in Abb. 1 dargestellt.

3 ▸ Das von einer Wärmepumpe erhitzte Wasser wird in einem Tank zwischengespeichert.

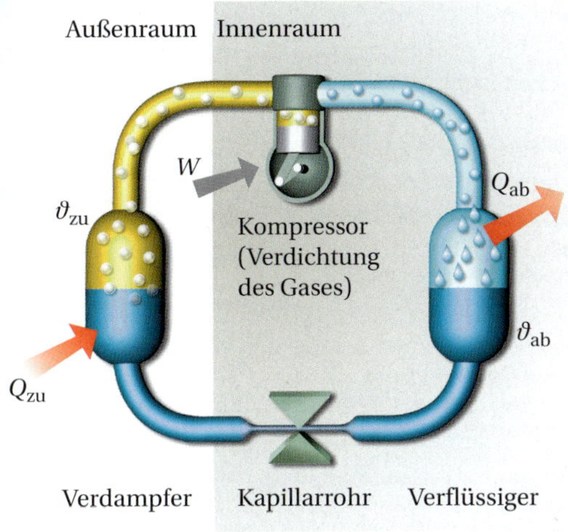

1 ▸ Vorgänge bei einer Wärmepumpe

Für die Wärmepumpe ergibt sich folgende Energiebilanz:
Die zum Betrieb des Kompressors benötigte elektrische Energie ist deutlich geringer als die nutzbare Energie. Das heißt, die Leistungszahl einer Wärmepumpe ist größer als eins. Sie liegt für neuere Modelle zwischen 4,5 und 5,5.
Mit Wärmepumpen kann man effektiv warmes, aber kein heißes Wasser gewinnen. Sie sind deshalb insbesondere für Fußbodenheizungen geeignet. Wärmepumpen sind ökologisch sinnvoll, weil im Unterschied zu herkömmlichen Heizungen kein Öl bzw. keine Kohle verbrannt wird.

Für die Leistungszahl ε gilt:
$$\varepsilon = \frac{E_{nutz}}{E_{zu}}$$
Sie ist umso größer, je geringer die Temperaturdifferenz zwischen ϑ_{zu} und ϑ_{ab} (s. Abb. 1) ist.

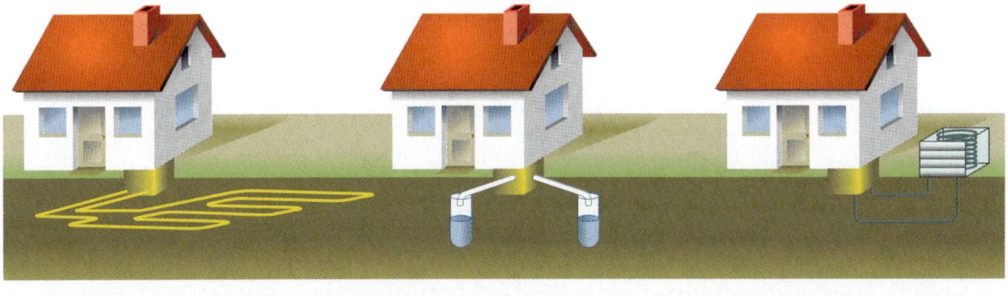

2 ▸ Der Verdampfer einer Wärmepumpe befindet sich außerhalb eines Gebäudes und entzieht – je nach Bauart der Wärmepumpe – der Erde, dem Grundwasser oder der Luft Energie in Form von Wärme.

Im Erdboden liegen die Wasserrohre bis zu 5 m tief.

Atmosphäre ist abgeleitet vom griechischen: atmos = Dunst, Dampf; sphaira = Erdkugel)

Regen, Hagel, Schnee und andere Wetterphänomene

Luft enthält **Wasserdampf,** der für uns nicht sichtbar ist. Er gelangt durch Verdunsten von Wasser in die Atmosphäre.
Der Anteil an Wasserdampf, der sich in der Atmosphäre befindet, wird als Luftfeuchtigkeit bezeichnet.

Die **Luftfeuchtigkeit** wird meist in Prozent angegeben und kann mit einem Hygrometer gemessen werden. Sie kann in Abhängigkeit von den Wetterbedingungen in weiten Grenzen schwanken. Bei uns liegt sie meist zwischen 30 % und 70 %. Kondensiert dieser Wasserdampf, so bilden sich **Wolken,** in Erdbodennähe **Nebel** und am Erdboden **Tau.**
Wolken bestehen aber nicht nur aus Wasserdampf. Sie entstehen erst, wenn Wasserdampf an winzigen Staubkörnchen kondensiert. Dabei entstehen Wassertröpfchen. Solange sie sehr klein sind, fallen sie nicht zur Erde. Aufwinde halten sie in der Schwebe. Erst wenn sie hinreichend groß und schwer sind, beginnt es zu regnen.
In einigen Kilometern Höhe hat die Atmosphäre in der Regel Temperaturen von weniger als 0 °C. In dieser Höhe dienen die Staubkörnchen als „Kristallisationskerne" für **Schnee**kristalle. Auch **Hagel**körner entstehen in sehr großer Höhe. Bei niedrigen Temperaturen gefrieren die Wassertropfen zu Eis. Da große Hagelkörner schnell zur Erde fallen, bleibt ihnen keine Zeit mehr zum Schmelzen.
Von **Reif** spricht man, wenn in wolkenlosen kalten Nächten die Luft in Bodennähe unter den Gefrierpunkt abkühlt und die Feuchtigkeit (Tau) an der Oberfläche von Gräsern, Ästen oder Gebäuden gefriert.
Alle Wetterphänomene gehen in der Atmosphäre vor sich. Abb. 1 zeigt ihren Aufbau.

Troposphäre: Sie ist der unterste Bereich, in dem sich jene Prozesse abspielen, die wir unter dem Begriff **„Wetter"** zusammenfassen. Obwohl sie die dünnste Schicht ist, befinden sich hier 75 % bis 90 % der Gesamtmasse der Atmosphäre. Die Troposphäre, in der die Temperatur mit zunehmender Höhe um rund 6,5 °C pro Kilometer abnimmt, reicht bis zur Tropopause, die in Höhen zwischen 8 und 17 Kilometern liegt.

Stratosphäre: Hier steigt die Temperatur mit der Höhe an und erreicht ihr Maximum in etwa fünfzig Kilometern Höhe (Stratopause). Sie enthält rund 90 % des gesamten Ozons.

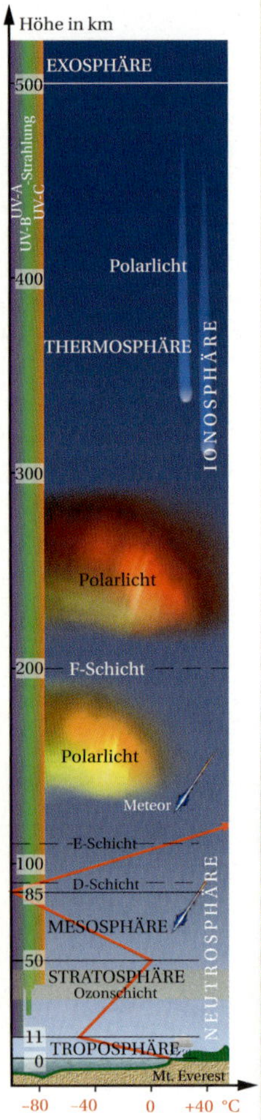

1 ▸ Aufbau der Atmosphäre der Erde

Davon befinden sich rund drei Viertel in der so genannten Ozonschicht, dem Höhenbereich zwischen 15 und 50 Kilometern. Der Ozonanteil in der Atmosphäre ist gering.

Mesosphäre: Sie reicht von 50 km bis 80 km und ist als die „kalte" Schicht bekannt, da hier Temperatur und Luftdruck dramatisch sinken. Da sich diese Sphäre über der Ozonschicht befindet, ist das UV-Licht hier so stark, dass sich ein Mensch schwerste Verbrennungen zuziehen würde.

Thermosphäre: In der Thermosphäre, die sich bis zu 500 km Höhe erstreckt, steigen die Temperaturen auf über 1 000 °C an.

Ionosphäre: Diese Schicht, die einen großen Gehalt an elektrisch geladenen Ionen hat, ist ein Teil der Meso- und der Thermosphäre. Ein Teil der **Radiowellen** wird von ihr reflektiert. Das gilt insbesondere für Lang- und Mittelwellen.

Exosphäre: Sie ist extrem dünn und am weitesten von der Erde entfernt. Diese Sphäre ist die Übergangszone zwischen der Erdatmosphäre und dem **Weltraum.**

Mittlere Zusammensetzung von trockener Luft in der Troposphäre (Volumenanteile in Prozent)	
Stickstoff	78,08
Sauerstoff	20,95
Argon	0,933
Neon	0,001 8
Helium	0,000 5
Krypton	0,000 1
Kohlenstoffdioxid	0,034
Methan	0,000 17
Distickstoffmonoxid	0,000 03
Wasserstoff	0,000 05
Ozon	0,000 001

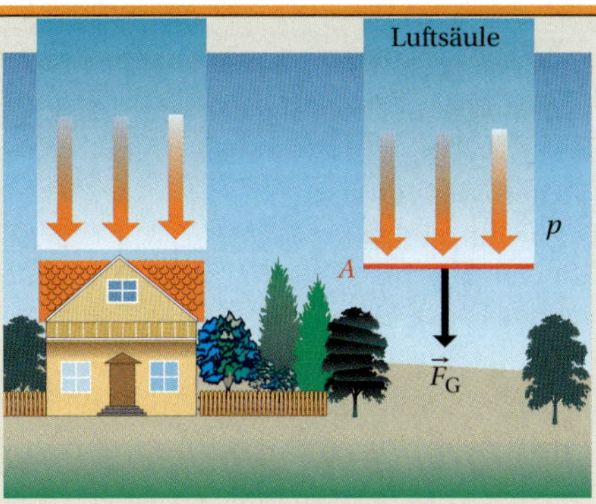

1 ▸ Die Gewichtskraft der Luft erzeugt den Luftdruck auf der Erde.

Der Luftdruck

Auch Gase wie die Luft haben eine Gewichtskraft und können dadurch einen Schweredruck verursachen, den man Luftdruck nennt (Abb. 1). Er wirkt auf alle Körper der Erde, auch wenn wir ihn nicht immer spüren.
Der Luftdruck bewirkt z. B., dass ein Haken mit Saugnapf an einer glatten Fläche befestigt werden kann oder ein Konservenglas fest verschlossen bleibt. Der Luftdruck ist direkt über der Meeresoberfläche am größten und beträgt dort im Durchschnitt 1 013 hPa (=101,3 kPa). Dieser Druck wird als **Normdruck** bezeichnet. Der Luftdruck nimmt mit zunehmender Höhe ab (Abb. 2).
So beträgt der durchschnittliche Luftdruck auf der Zugspitze (2 962 m) etwa 700 hPa. Der Luftdruck bestimmt viele Wetterabläufe durch Hoch- und Tiefdruckgebiete, welche z. B. die Richtung der Luftströmungen festlegen.

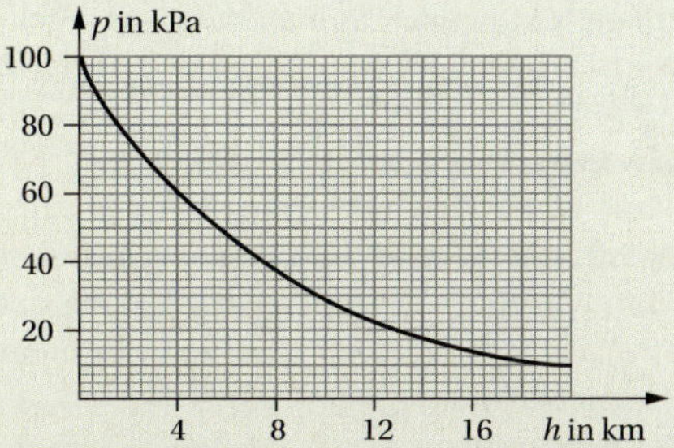

2 ▸ Der Luftdruck nimmt mit zunehmender Höhe über dem Meeresspiegel ab.

Experimente

Arbeit, Wärme, Strahlung und innere Energie

Sicherheitshinweise:
Wenn du ein ⚠-Zeichen siehst, benötigst du eine Heizplatte als Wärmequelle. Achte darauf, dass keine Gegenstände auf die heiße Heizplatte gelangen. Sei vorsichtig im Umgang mit der Heizplatte! Achte sorgfältig darauf, dass du selbst nicht an die heiße Heizplatte fasst!

Experiment 1

Baue einen Sonnenofen und experimentiere mit ihm!

Vorbereitung:
Beschreibe, wie ein Sonnenofen funktioniert! Beschaffe dir Informationen zum Sonnenofen aus dem Internet.

Durchführung:

a) Baue einen Sonnenofen wie in der Abbildung!

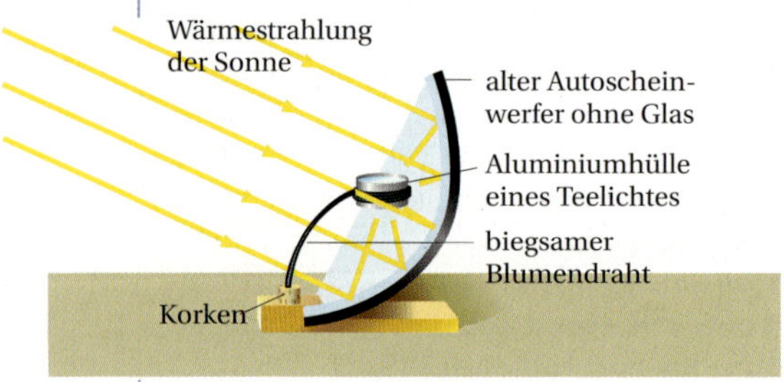

b) Fülle etwas Wasser in die Hülle eines Teelichtes und miss in Abständen von 2 Minuten die Temperatur!
c) Optimiere den Versuchsaufbau!

Auswertung:
Erläutere, wie der Sonnenofen am effektivsten arbeiten kann!

⚠ Experiment 2

Weise einen Zusammenhang zwischen der Masse von Wasser und der zugeführten Wärme nach! Die Temperaturerhöhung soll jeweils gleich sein. Als Wärmequelle dient eine Heizplatte.

Vorbereitung:

a) Plane das Experiment mithilfe der Abbildung rechts oben!
b) Informiere dich, wie viel Wärme die Heizplatte, die du als Wärmequelle verwendest, in 10 Sekunden abgibt!

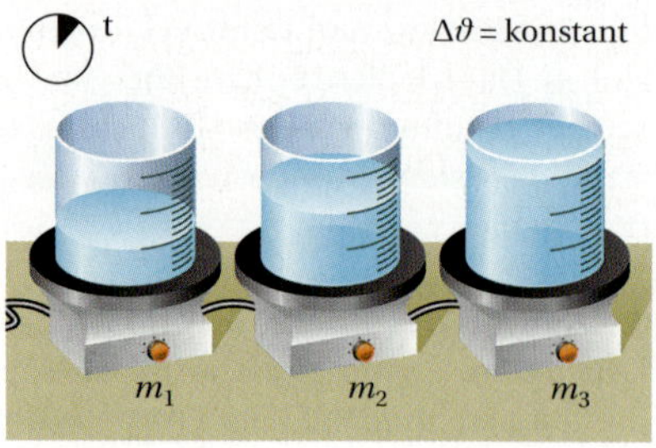

c) Bereite eine Messwertetabelle in deinem Heft vor!

Durchführung:

a) Trage die Masse des Wassers in die Messwertetabelle ein!
b) Bestimme jeweils die Zeit, in der sich die betreffende Wassermenge um 10 °C erwärmt!
c) Wiederhole die Messungen für mindestens vier verschiedene Massen!

Auswertung:

a) Berechne die jeweiligen Wärmen und trage sie in die Messwertetabelle ein!
b) Zeichne ein m-Q-Diagramm!
c) Interpretiere das Diagramm!
d) Welche Fehler haben das Ergebnis beeinflusst?

Experiment 3

Bestimme die spezifische Wärmekapazität einer Flüssigkeit!

Vorbereitung:

a) Plane dein Vorgehen! Welche Größen müssen gemessen, welche berechnet werden?
b) Welche Messgeräte sind erforderlich?
c) Bereite in deinem Heft eine Messwertetabelle vor!

Auswertung:

a) Vergleiche den ermittelten Wert mit einem Tabellenwert! Was stellst du fest?
b) Erläutere die Fehler, die das Ergebnis beeinflusst haben können!

Experimente

Aggregatzustandsänderungen

Experiment 1
Fülle ein kleines Plastikgefäß randvoll mit Wasser, und stelle es vorsichtig in ein Gefrierfach!
Was stellst du fest, wenn du das Gefäß nach einigen Stunden wieder hervorholst?
Auswertung:
Beschreibe und erkläre deine Beobachtung!

Experiment 2
Beobachte, was mit dem Wachs eines Teelichts passiert, wenn du das Teelicht anzündest, es einige Zeit brennen lässt, löschst und wieder einige Zeit wartest!

Auswertung:
a) Beschreibe und erkläre deine Beobachtung!
b) Begründe den Unterschied zum Ergebnis von Experiment 1!

⚠ **Experiment 3**
Untersuche, ob sich die Temperatur von Wasser während des Verdampfens ändert!
Vorbereitung:
Beschreibe den Vorgang des Verdampfens mithilfe des Teilchenmodells!
Material:
Heizplatte, Thermometer, Gefäß mit Wasser, Uhr
Durchführung:

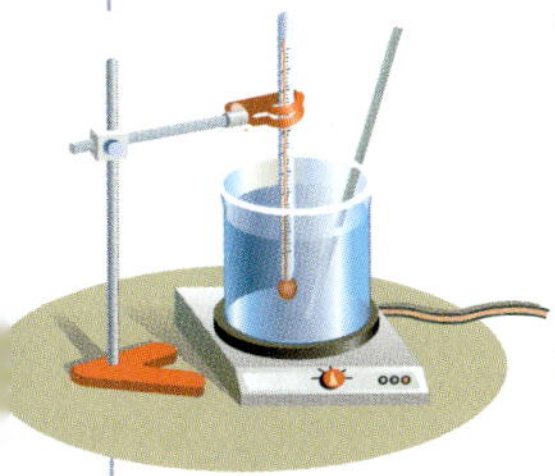

a) Stelle das Gefäß auf eine Heizplatte (s. Abb.), die vorher schon einige Minuten eingeschaltet wurde!
b) Miss in Abständen von je einer Minute die Temperatur! Rühre vorher jeweils gut um!
c) Erwärme die Menge Wasser solange, bis ein Teil des Wassers im Gefäß verdampft ist! **Vorsicht!** Wasserdampf kann zu Verbrühungen führen.

Auswertung:
a) Trage die Messwerte in ein Diagramm ein! Wähle für die waagerechte Achse die Zeit und für die senkrechte Achse die Temperatur!
b) Interpretiere das Diagramm!
c) Formuliere ein Ergebnis!

⚠ **Experiment 4**
Untersuche, wie sich die Temperatur verhält, wenn du ein Gemisch aus Wasser und Eis gleichmäßig erwärmst!
Vorbereitung:
Bereite eine Messwertetabelle vor!
Durchführung:

a) Stelle das Gefäß auf eine Heizplatte (s. Abb.), die vorher schon einige Minuten eingeschaltet wurde!
b) Rühre das Gemisch ständig um!

Auswertung:
Beschreibe und erkläre die Beobachtungen!

Experiment 5
Verreibe je einen Tropfen Wasser und Parfüm auf deinem Handrücken!
Auswertung:
Vergleiche deine Beobachtungen!
Suche nach einer Erklärung!

Experiment 6
Untersuche das Verdunsten von Spiritus!
Vorbereitung:
Wovon hängt es ab, wie schnell eine Flüssigkeit verdunstet?
Durchführung und Auswertung:
a) Wickle um ein Thermometergefäß eines Flüssigkeitsthermometers oder um den Messfühler eines elektrischen Thermometers Watte oder Löschpapier!
b) Feuchte die Watte mit Spiritus an! Was kannst du beobachten? Erkläre!
c) Wiederhole den Versuch! Blase ständig gegen die angefeuchtete Watte!
d) Vergleiche das Ergebnis von c) mit dem von b)! Erkläre den Unterschied!

Aufgaben

1. Die innere Energie eines Topfes mit Wasser soll erhöht werden.

a) Nenne verschiedene Möglichkeiten, wie man das erreichen kann!

b) Was geschieht dabei mit der Temperatur des Wassers? Begründe!

2. Eine Tasse mit heißem Tee steht längere Zeit auf dem Tisch.

Beschreibe die Veränderungen, die vor sich gehen, mit den Begriffen Wärme, Temperatur und innere Energie!

3. Wasser wird erhitzt. Der ausströmende Wasserdampf strömt gegen das Flügelrad.

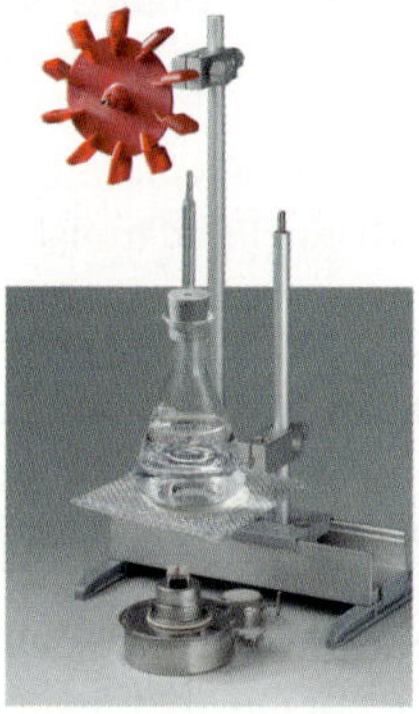

a) Beschreibe die Energieumwandlungen, die bei diesem Experiment vor sich gehen!

b) Mit dem Experiment wird die prinzipielle Wirkungsweise einer Dampfturbine demonstriert. Erkunde, wie eine Dampfturbine aufgebaut ist und wie sie funktioniert!

***4.** Beschreibe den Aufbau und erkläre die Wirkungsweise eine Viertaktmotors!

***5.** Vergleiche Aufbau und Wirkungsweise eines Ottomotors und eines Dieselmotors!

***6.** Bei einem Dieselmotor, der 5,6 l Diesel auf 100 km braucht, werden 68 % der zugeführten Energie in Form von Wärme an die Umgebung abgegeben.

a) Wie viele Liter Diesel werden tatsächlich für die Fortbewegung auf 100 km genutzt?

b) Wie groß ist der Wirkungsgrad dieses Dieselmotors?

***7.** Die Grafik (s. Abb.) zeigt das Prinzip einer Wärmekraftmaschine.
Erläutere die Grafik an einem selbst gewählten Beispiel!

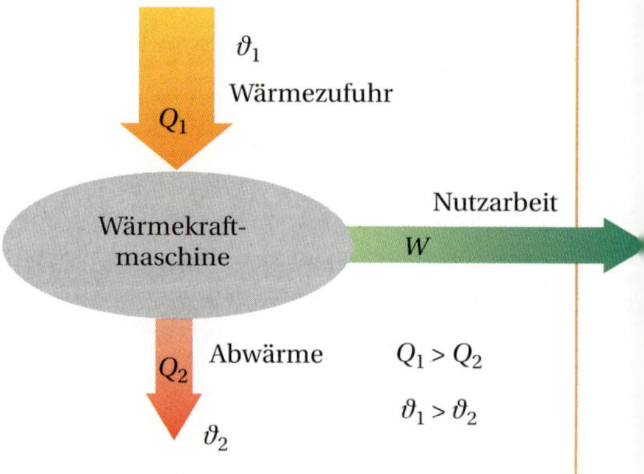

***8.** Ein Stirlingmotor (Heißluftmotor) hat gegenüber den Verbrennungsmotoren den Vorteil, dass er keine schädlichen Abgase an die Umwelt abgibt. Erkunde mithilfe des Internets, wie dieser Motor funktioniert und warum er noch keine Verbreitung gefunden hat!

***9.** Der deutsche Ingenieur FELIX WANKEL (1902–1988) entwickelte einen Motor, der als Drehkolbenmotor oder Wankelmotor bezeichnet wird.
Informiere dich im Internet über diesen Motor! Bereite zu Aufbau und Wirkungsweise ein Referat vor!

10. Formuliere die Zusammenhänge, die zwischen den verschiedenen Größen in der Grundgleichung der Wärmelehre auftreten, so: Je größer … , desto … , wenn … konstant bleibt.

* **11.** Beate berichtet von einer Flüssigkeit, mit der ihr Vater im Labor experimentiert. Diese soll im Vergleich zu Wasser folgende Eigenschaften haben:
- Die gleiche Zufuhr von Wärme hat eine 30-fach größere Temperaturerhöhung zur Folge.
- Sie nimmt nur ein Vierzehntel des Volumens ein.

Gibt es eine solche Flüssigkeit? Wenn ja, worum könnte es sich handeln?

12. Als Bernd nach zwei kühlen Tagen wieder ins Schwimmbad kommt, wundert er sich, dass sich das Wasser nicht stärker abgekühlt hat.
Sein Freund hat eine Erklärung dafür.
Welche wohl?

13. Bei der Erwärmung von 500 g Wasser mit einem Tauchsieder steigt die Temperatur in einer Minute um 8,5 °C.

a) Welche Wärme wird in einer Minute vom Tauchsieder auf das Wasser übertragen?

b) Um welchen Wert ändert sich in dieser Zeit die innere Energie des Wassers?

14. Bei der Erwärmung von 0,5 l Wasser auf einem Gasherd steigt die Temperatur in jeder halben Minute um 7,5 °C.
Welche Wärme gibt die Gasflamme in einer Minute an das Wasser ab?

15. Ein Liter Wasser soll von 18 °C auf 60 °C erwärmt werden.

a) Wie viel Wärme muss dem Wasser zugeführt werden?

***b)** Ist der tatsächliche Wert größer oder kleiner? Begründe!

16. Die spezifische Wärmekapazität von trockenem Sand beträgt $c = 0{,}84\,\text{kJ}/(\text{kg} \cdot {}^\circ\text{C})$ und ist damit wesentlich kleiner als die von Wasser. Begründe damit die hohen Temperaturschwankungen in Wüstengebieten im Unterschied zu Gebieten am Meer!

17. Ein glühender Stahlblock mit einer Masse von 1 t hat eine Temperatur von 900 °C und kühlt allmählich auf 20 °C ab.
Wie viel Wärme wird dabei an die Umgebung abgegeben?

18. In einem Becherglas wurden 200 g einer Flüssigkeit erwärmt. Das Diagramm zeigt den experimentell ermittelten Zusammenhang.

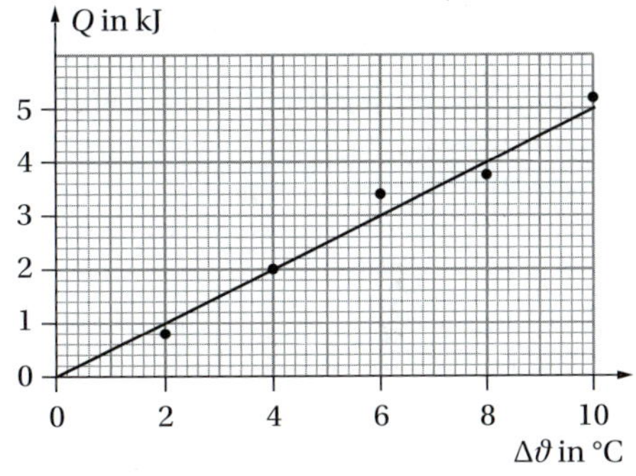

a) Interpretiere das Diagramm!

b) Berechne für die Flüssigkeit die spezifische Wärmekapazität! Entnimm die notwendigen Daten dem Diagramm!

19. In Versuchen wurden für zwei Flüssigkeiten von jeweils 1 kg folgende Werte gemessen:

$\Delta\vartheta$ in °C	1	2	3	4	5
Q_1 in kJ	4,2	8,3	12,7	16,8	20,9
Q_2 in kJ	2,4	4,9	7,3	9,7	12,0

a) Stelle die Messwerte grafisch dar!

b) Um welche Flüssigkeiten könnte es sich handeln?

20. Nenne und erläutere einige Aggregatzustandsänderungen in der Natur und im Haushalt!

21. Bei sehr warmem Wetter oder starker Anstrengung schützt sich der menschliche Körper vor Überhitzen durch die Absonderung von Schweiß.
Erläutere, wie durch die Schweißabsonderung die menschliche Haut gekühlt wird!

22. Bruno behauptet: „Wenn einem Körper Wärme zugeführt wird, so erhöht sich dessen Temperatur immer."
Britta dagegen meint: „Wenn einem Körper Wärme zugeführt wird, so erhöht sich dessen Temperatur nicht immer."
Wer hat Recht? Begründe!

23. Wie viel Wärme ist erforderlich, um ein Liter Wasser von 100 °C vollständig zu verdampfen?
Wie viel Gramm Eisen könnte man mit dieser Wärme schmelzen?

***24.** Im Winter verhindert Streusalz, dass das Wasser auf den Straßen gefriert. Was passiert hier physikalisch?

25. Der Glühfaden einer eingeschalteten Glühlampe besitzt eine Temperatur von etwa 2 500 °C. Warum werden die Glühfäden von Glühlampen aus Wolfram und nicht aus anderen Metallen gefertigt?

26. Glühende Lava (s. Abb.) aus einem Vulkan wird nach dem Erstarren hartes Gestein. Was kann man daraus über die Temperatur der Lava und die Temperatur im Erdinnern ableiten?

27. Im Tiefkühlfach des Kühlschranks sollen Eiswürfel hergestellt werden. Dazu füllt man 100 ml Wasser von 18 °C in ein spezielles Behältnis.

a) Wie viel Wärme muss dem Wasser entzogen werden, bis es eine Temperatur von 0 °C hat?

b) Wie viel Wärme muss ihm entzogen werden, damit sich aus Wasser von 0 °C Eis von 0 °C bildet?

28. Verbrühungen mit Wasserdampf sind wesentlich gefährlicher als Verbrennungen mit siedenden Wasser. Erkläre!

29. Damit die Scheibenwaschanlage eines Autos auch im Winter funktioniert, muss man dem Wasser ein Frostschutzmittel beigeben. Was soll das Frostschutzmittel bewirken?

30. Durch Frostaufbrüche können Straßen stark beschädigt werden. Diese Schäden zeigen sich vor allem im Frühjahr.
Erkläre anhand der Bilder, wie es zu diesen Schäden kommen kann!

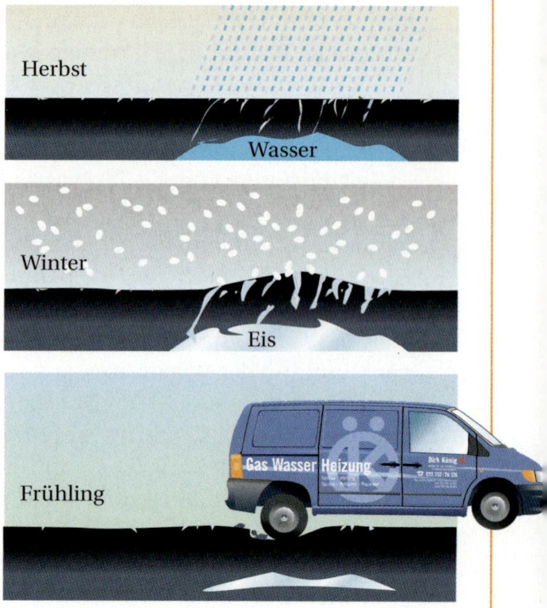

31. Beim Föhnen der Haare kannst du eine interessante Beobachtung machen: Solange die Haare feucht sind, ist der heiße Luftstrom des Föhns kaum spürbar, mitunter erscheint er sogar kühl.
Bei trockenen Haaren merkst du, dass der Luftstrom tatsächlich heiß ist.
Wie sind diese Unterschiede zu erklären?

32. Zum Verdampfen von 1 g Wasser benötigt man 2 260 J.

a) Wie viel Energie ist erforderlich, um 200 ml Wasser von 20 °C zum Sieden zu bringen und anschließend vollständig zu verdampfen?

* **b)** Menschen können in Luft Temperaturen bis zu 90 °C ertragen. Durch Wasser von gleicher Temperatur würden sie aber schwerste Verbrühungen davontragen. Warum ist das so?

* **33.** Bei Luft ändert sich wie bei vielen anderen Stoffen mit der Temperatur das Volumen und damit die Dichte (s. Diagramm).

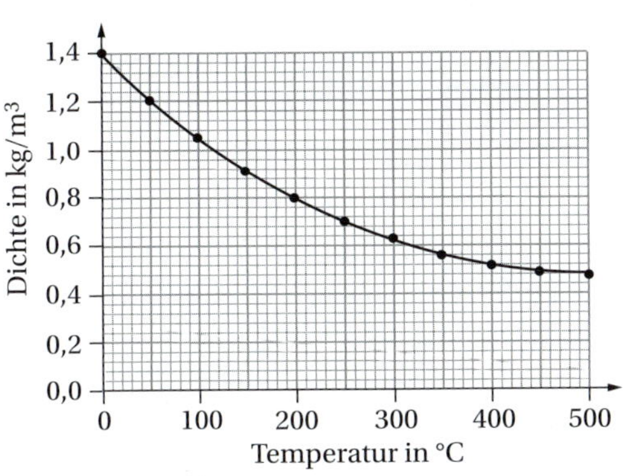

a) Erkläre die Lage der Messpunkte im Diagramm mit der Bewegung der Teilchen!

b) Warum schwebt ein Heißluftballon? Begründe deine Antwort mithilfe des Diagramms!

c) Ein Heißluftballon hat ein Volumen von 1 600 m^3. Die Luft im Inneren des Ballons hat eine Temperatur von 100 °C. Die Luft, in der der Ballon schwebt, hat dagegen eine Temperatur von 0 °C. Welche Masse hat die Luft im Inneren? Welche Masse hat die vom Ballon verdrängte Außenluft von 0 °C? Welche Gesamtmasse hat der schwebende Ballon (Hülle, Korb, Beladung)?

34. Kartoffeln werden auf einem Gasherd in einem Topf mit Wasser gekocht. Auf dem Topf liegt ein Deckel. Nachdem die Gasflamme entzündet wurde, wird die Temperatur des Wassers in regelmäßigen Zeitabständen gemessen. Aus den Messwerten ergibt sich folgendes Diagramm:

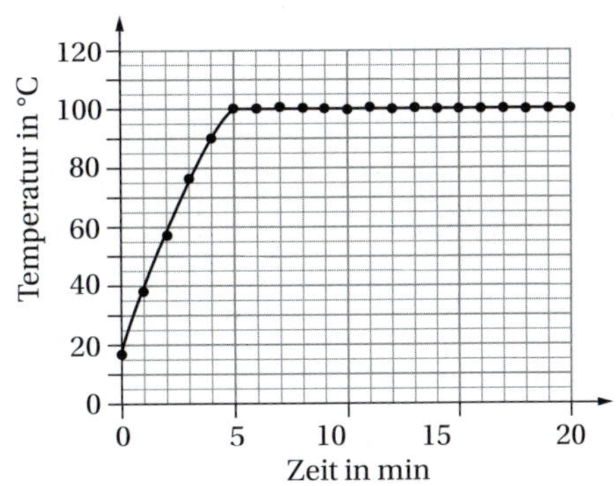

a) Beschreibe anhand des Diagramms den Temperaturverlauf des Wassers in Abhängigkeit von der Zeit!

b) Erläutere, wozu die von der Gasflamme zugeführte Energie in den ersten fünf Minuten und in den folgenden 15 Minuten verwendet wird!

c) Begründe, warum es empfehlenswert ist, nach den ersten 5 Minuten die Gasflamme kleiner zu stellen!

d) Berechne die Energie, die dem Wasser und den Kartoffeln in den ersten 5 Minuten zugeführt werden muss! Da Kartoffeln im Wesentlichen aus Wasser bestehen, kannst du davon ausgehen, dass insgesamt 500 g Wasser erwärmt werden. Man benötigt 4,19 kJ Energie, um 1 kg Wasser um 1 °C zu erwärmen.

Das Wichtigste auf einen Blick

Änderung der innere Energie

Die **Wärme Q** gibt an, wie viel innere Energie von einem Körper höherer Temperatur auf einen Körper niedrigerer Temperatur übertragen wird.

Die Einheit der Wärme ist: $1\,\text{J} = 1\,\frac{\text{kg} \cdot \text{m}^2}{\text{s}^2}$

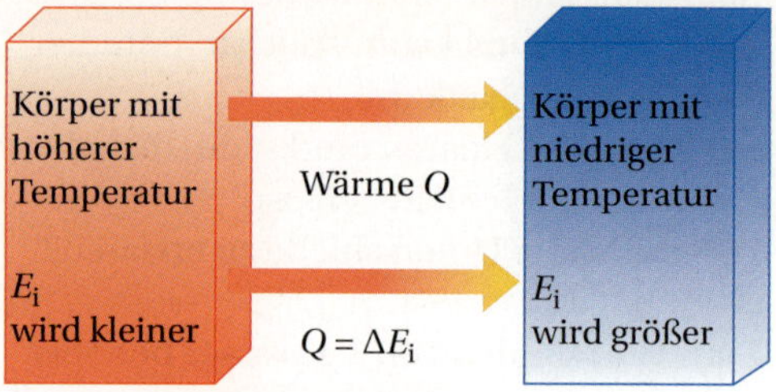

Beim Erwärmen oder Abkühlen von Körpern (ohne Aggregatzustandsänderung) gilt die **Grundgleichung der Wärmelehre:**

$$Q = c \cdot m \cdot \Delta\vartheta$$

Der Zusammenhang zwischen innerer Energie, Wärme und Arbeit wird im **1. Hauptsatz der Wärmelehre** erfasst:

In einem abgeschlossenen System ist die Änderung der inneren Energie verbunden mit der Zufuhr oder Abgabe von Wärme und dem Verrichten mechanischer Arbeit.

$$\Delta E_i = W + Q$$

ΔE_i Änderung der inneren Energie
W mechanische Arbeit
Q Wärme

Zufuhr oder Abgabe von Wärme kann zu Aggregatzustandsänderungen führen.

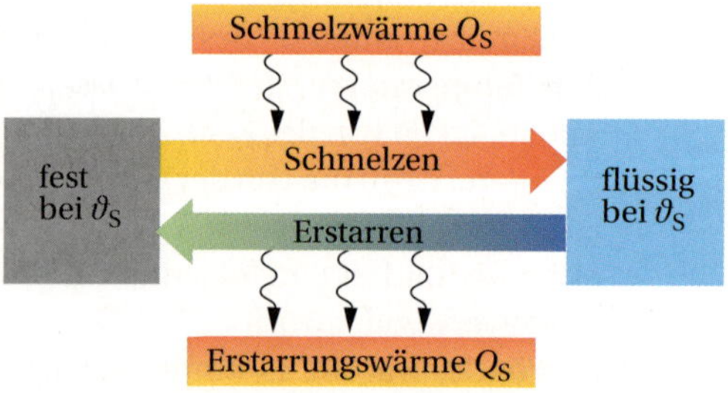

Während des **Schmelzens** und **Erstarrens** bleibt die Temperatur (Schmelztemperatur, Erstarrungstemperatur) gleich. Schmelzwärme und Erstarrungswärme sind gleich groß.

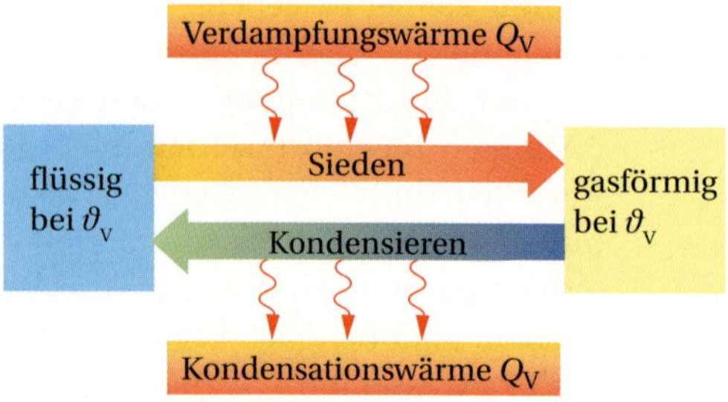

Während des **Siedens** und **Kondensierens** bleibt die Temperatur (Siedetemperatur, Kondensationstemperatur) gleich. Verdampfungswärme und Kondensationswärme sind gleich groß.

2.3 Energieentwertung

Überall Energie ▸▸ Die für alle Bereiche der Wirtschaft, des Verkehrswesens und des täglichen Lebens notwendige Energie wird vor allem durch Großkraftwerke bereitgestellt. Zunehmend genutzt werden auch erneuerbare Energieträger wie Sonnenstrahlung und Wind.
Gibt es wertvolle und weniger wertvolle Energie? Was bedeutet Energieentwertung? Bedeutet das eine Einschränkung des Energieerhaltungssatzes?

Die Richtung ist entscheidend ▸▸ Viele Vorgänge in Natur, Technik und Alltag laufen in einer bestimmten Richtung ab. Die Bildfolge rechts oben zeigt verschiedene Zeitpunkte eines solchen einfachen Vorgangs.
Kann man eine eindeutige Aussage über die richtige Reihenfolge der Bilder machen? Was hat das mit Energie oder Energieentwertung zu tun?

Reversible und irreversible Vorgänge

In Natur, Technik und Alltag laufen ständig viele verschiedene Vorgänge ab. So bewegt sich z. B. die Erde um die Sonne. Beim Abbremsen eines Autos erwärmen sich die Bremsbacken; es wird Wärme an die Umgebung abgegeben (Abb. 1 links). Der gleiche Effekt tritt auf, wenn du heißen Tee in eine Tasse gießt und dann stehen lässt (Abb. 1 rechts). Es wird Wärme an die Umgebung abgegeben. Der Tee kühlt sich ab.

Aus physikalischer Sicht lassen sich beliebige Vorgänge in zwei große Gruppen einteilen. Betrachten wir dazu ein einfaches Beispiel (Abb. 2). Wir lassen zwei verschiedene Körper aus der gleichen Höhe auf den Erdboden fallen. Während der superelastische Ball zurückprallt und annähernd wieder seine Ausgangshöhe erreicht, bleibt die Kugel aus Knetmasse am Boden liegen. Die Bewegung des superelastischen Balls oder die Bewegung der Erde um die Sonne sind Vorgänge, bei denen nach einer bestimmten Zeit der Ausgangszustand von allein wieder erreicht wird.

In beiden Fällen gilt das nur näherungsweise. Bei einem Ball kann man das schnell erkennen.

Die Bezeichnung ist abgeleitet vom lateinischen revertere (zurückwenden).

Vorgänge in Natur und Technik, die von einem Ausgangszustand aus von allein wieder zu diesem Ausgangszustand führen, bezeichnet man als reversible oder umkehrbare Vorgänge.

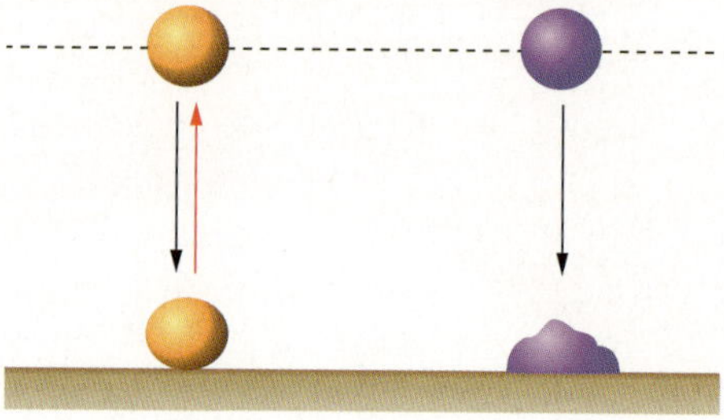

2 ▸ Bei einem elastischen Ball ist der Vorgang teilweise umkehrbar, bei Knetmasse nicht.

Würde man einen solchen Vorgang filmen und den Film rückwärts ablaufen lassen, dann würde man keinen Unterschied zum tatsächlichen Vorgang erkennen. Neben diesen reversiblen Vorgängen gibt es auch viele Prozesse, die von selbst nur in einer bestimmten Richtung ablaufen. Ein Beispiel ist die oben dargestellte Kugel aus Knetmasse: Es ist nie beobachtet worden, dass eine unelastisch verformte Kugel von allein wieder ihre ursprüngliche Gestalt annimmt und in die Ausgangslage zurückkehrt.

Vorgänge in Natur und Technik, die von einem Ausgangszustand aus unbeeinflusst in einer bestimmten Richtung ablaufen und bei denen von allein der Ausgangszustand nicht wieder erreicht wird, nennt man irreversible Vorgänge.

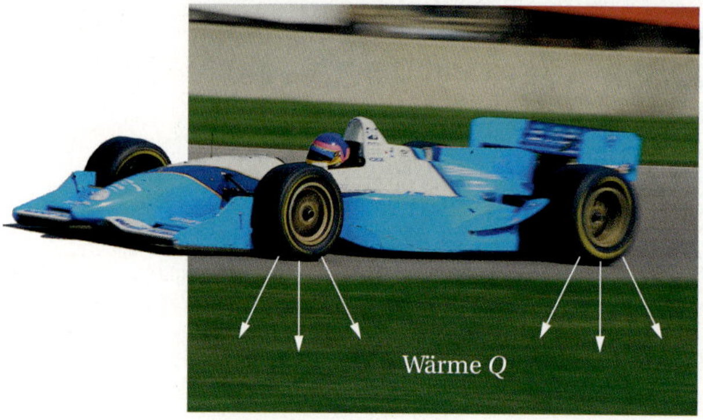

1 ▸ Beispiele für irreversible (nicht umkehrbare) Vorgänge

Irreversible oder nicht umkehrbare Vorgänge sind immer mit einer Abgabe von Wärme an die Umgebung verbunden.
Ein Auto bremst ab (Abb. 1, S. 110). Die an den Bremsbacken freigesetzte Reibungswärme wird an die Umgebung abgegeben. Aber noch nie wurde beobachtet, dass die Bremsen eines Fahrzeugs aus der Umgebung Wärme aufnehmen und diese in Bewegungsenergie des Fahrzeugs umwandeln.

Eine Tasse mit heißem Tee (Abb. 1, S. 110) kühlt langsam ab. Dabei wird ebenfalls Wärme an die Umgebung abgegeben. Der umgekehrte Prozess – die Aufnahme von Wärme aus der Umgebung und die Erwärmung des Tees über die Umgebungstemperatur hinaus – tritt nicht auf.

Aber auch bei irreversiblen Vorgängen lässt sich der Ausgangszustand wieder herstellen. Beim Auto müsste man Kraftstoff verbrennen, um es zu beschleunigen. Beim Tee müsste Wärme zugeführt werden. Das sind aber Vorgänge, die nicht von allein erfolgen, sondern nur durch Einflussnahme von außen.

Die Vorgänge aus energetischer Sicht

Betrachtet man reversible und irreversible Vorgänge aus energetischer Sicht, dann gilt: Alle diese Vorgänge genügen dem Energieerhaltungssatz, wenn ein abgeschlossenes System vorliegt. Das bedeutet aber auch:

Der Energieerhaltungssatz erlaubt keine Entscheidung darüber, ob ein Vorgang reversibel oder irreversibel verläuft.

M

Beachte: Der Energieerhaltungssatz gilt nur für abgeschlossene Systeme (s. S. 12).

Für rein mechanische Vorgänge, die reversibel verlaufen, gilt der Energieerhaltungssatz der Mechanik. Einige Beispiele dafür sind in Abb. 1 dargestellt. Betrachtet man aber diese Vorgänge über einen etwas längeren Zeitraum hinweg, dann stellt man bei einem Fadenpendel oder einem Federschwinger fest, dass der Ausgangspunkt aufgrund von Reibung nicht mehr erreicht wird. An diesen Beispielen wird deutlich, was allgemein ebenfalls gilt: **Reversible Vorgänge treten nur als Grenzfälle von irreversiblen Vorgängen auf.**

Bei allen irreversiblen Vorgängen wird Energie in Form von Wärme an die Umgebung abgegeben. Beispiele dafür zeigt Abb. 1, S. 110. Die Erfahrung lehrt, dass einmal in die Umgebung gelangte Wärme nicht wieder von allein zurückkehrt. Diese Energie in Form von Wärme ist für uns in der Regel verloren. Wir können sie nicht mehr nutzen. Der Physiker nennt das **Energieentwertung.**

Bei allen irreversiblen Vorgängen erfolgt Energieabgabe in Form von Wärme an die Umgebung. Die Energie wird damit entwertet.

M

Trotzdem geht keine Energie verloren. Der Energieerhaltungssatz gilt uneingeschränkt.

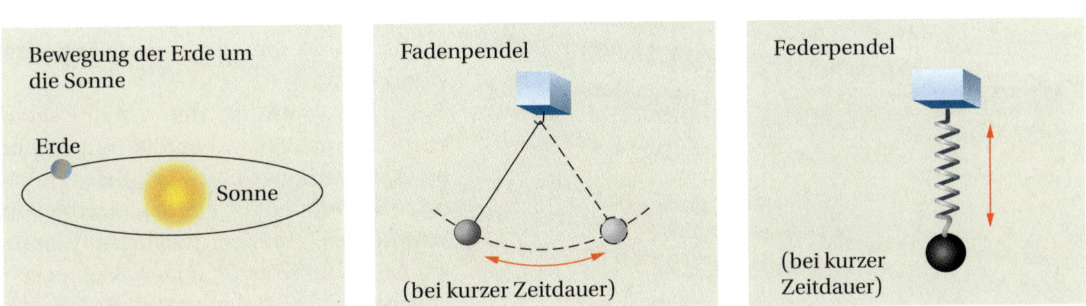

1 ▸ Beispiele für näherungsweise reversible Vorgänge

Physik in Natur und Technik

Energieentwertung und Wirkungsgrad

Es gilt:
$\eta = \frac{E_{nutz}}{E_{zu}}$

Wir wissen bereits: Der Wirkungsgrad einer Maschine oder Anlage gibt an, welcher Anteil der zugeführten Energie in nutzbringende Energie umgewandelt wird (s. S. 45). Vergleicht man die Wirkungsgrade verschiedener Anlagen, dann fällt auf, dass Ottomotoren und Dieselmotoren einen relativ niedrigen Wirkungsgrad von maximal 30 % bzw. 40 % haben (s. S. 45).

Im Normalbetrieb liegt der Wirkungsgrad meist unter 25 %.

Lassen sich nicht einfach durch eine deutliche Verbesserung des Wirkungsgrades solcher Motoren viel Kraftstoff und damit Kosten sparen und gleichzeitig die Umweltbelastungen erheblich verringern?

Otto- und Dieselmotoren werden seit über 100 Jahren gebaut. Die Konstrukteure nutzten und nutzen natürlich alle physikalischen Erkenntnisse und neue technische Errungenschaften – und trotzdem hat sich der Wirkungsgrad solcher Motoren in den letzten 20 Jahren nur wenig verbessert. Das liegt allerdings nicht an der Unfähigkeit der Konstrukteure, sondern an grundsätzlichen physikalischen Grenzen. Betrachten wir dazu die Vorgänge in einem solchen Motor anhand des in Abb. 1 dargestellten Schemas.

Bei allen Motoren gehen irreversible Vorgänge vor sich.

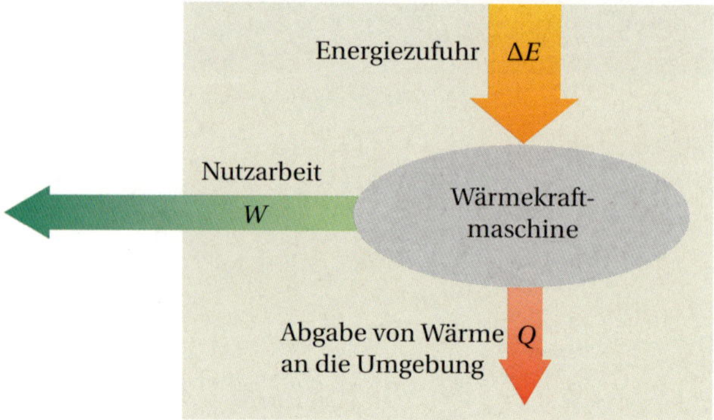

1 ▸ Energiebilanz bei einem Dieselmotor. Es gilt: $\Delta E = Q + W$ (1. Hauptsatz).

2 ▸ Bei modernen Motoren werden die neuesten physikalisch-technischen Erkenntnisse genutzt.

Es wird Energie mit dem Kraftstoff zugeführt. Durch das Verbrennen des Kraftstoffs wird chemische Energie in innere Energie umgewandelt. Diese innere Energie bewirkt die Bewegung des Kolbens. Damit sich dieser ständig weiterbewegt, muss der Motor gekühlt werden. Damit wird ein Teil der inneren Energie an die Umgebung abgegeben. Dadurch vergrößert sich die innere Energie der Umgebung. Die tiefere physikalische Ursache für den Wirkungsgrad liegt in einer grundlegenden physikalischen Erkenntnis begründet:

Es ist nicht möglich, innere Energie vollständig in andere Energieformen umzuwandeln.

Das bedeutet: Bei allen Vorgängen, bei denen auch innere Energie eine Rolle spielt, treten „Energieverluste" auf, da die innere Energie nur teilweise in andere Energieformen umgewandelt werden kann. Damit tritt stets eine Energieentwertung auf.

Besonders groß ist der Wirkungsgrad eines Motors dann, wenn die Temperatur im Verbrennungsraum möglichst hoch und die Temperatur bei der Abgabe von Wärme nach außen möglichst niedrig ist. Gas oder Wasser hoher Temperatur sind also energetisch wertvoller als Stoffe niedrigerer Temperatur.

Der Treibhauseffekt

Die Sonne erwärmt unsere Erde. Ohne Atmosphäre würde die Erdoberfläche 1370 W pro Quadratmeter von unserem Zentralgestirn erhalten. Auf der Erde verteilt sich die von der Sonne kommende Energie aufgrund der Erdrotation auf die gesamte Erdkugel. Trotzdem würde sich im Mittel lediglich eine Temperatur von −18 °C einstellen, also eine Temperatur, bei der sich vermutlich kein Leben in der heutigen Form entwickelt hätte.
Tatsächlich aber liegt die mittlere Erdtemperatur bei etwa +15 °C. Wir verdanken das unserer Atmosphäre und den durch sie hervorgerufenen natürlichen **Treibhauseffekt**. Der Name stammt von der Situation in einem Treibhaus (Abb. 1).

Der Boden in einem Gewächshaus erwärmt sich nicht nur durch die direkte Sonneneinstrahlung, sondern auch durch Reflexion der Wärmestrahlung am Glasdach solange, bis sich ein Gleichgewicht einstellt. Die Gleichgewichtstemperatur liegt höher als ohne Glasdach. Ähnliches ist auch bei einem in der prallen Sonne geparkten Auto zu beobachten. Im Inneren des Autos werden dabei sehr hohe Temperaturen erreicht.
Bei der Erde übernimmt die Atmosphäre die Funktion des Daches, insbesondere mit

1 ▸ Die Sonnenstrahlung erwärmt den Erdboden in einem Gewächs (Treib-)haus. Die vom Boden ausgehende Wärmestrahlung wird vom Glasdach z. T. wieder reflektiert. Der Boden erwärmt sich dadurch stärker als ohne Abdeckung.

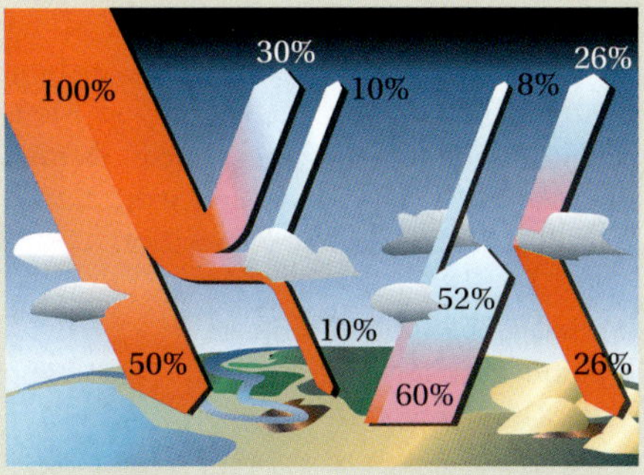

2 ▸ Strahlungsvorgänge unter Berücksichtigung der Rückstrahlung der Atmosphäre

ihren Bestandteilen Wasserdampf, Kohlenstoffdioxid (CO_2), Methan (CH_4), Ozon (O_3) und den Fluorchlorkohlenwasserstoffen (FCKW). Diese Gase werden deshalb als **Treibhausgase** bezeichnet.

Etwa 40 % der ankommenden Sonnenstrahlung wird bereits in der oberen Atmosphäre wieder in den Weltraum reflektiert (Abb. 2). Der Rest wird absorbiert, wobei ca. 50 % der Strahlung den Erdboden direkt erreicht und ihn erwärmt. Die wiederum vom Erdboden abgestrahlte Wärmestrahlung (Infrarot-Strahlung) gelangt nur zum Teil wieder ins All zurück: Etwa 25 % werden in der Atmosphäre zurückgehalten und sorgen somit für den Anstieg der mittleren Erdtemperatur auf 15 °C. Diese seit Millionen von Jahren relativ konstante mittlere Oberflächentemperatur der Erde ist einer der entscheidenden Gründe dafür, dass auf unserem Planeten Leben entstehen und sich zu den heutigen Formen entwickeln konnte.
In den letzten Jahrzehnten wurde eine Erhöhung der mittleren Erdtemperatur von ungefähr 0,5 °C beobachtet. Diese zusätzliche Erwärmung der Erde hängt mit den von Menschen erzeugten Treibhausgasen zusammen. Die zusätzlich zum natürlichen und für uns lebensnotwendigen Treibhauseffekt auftretende Erscheinung wird als **zusätzlicher** oder **anthropogener Treibhauseffekt** bezeichnet (anthropo (griech.) = den Menschen betreffend).

Wie können Menschen zur Erhöhung des Anteils an Treibhausgasen in der Atmosphäre beitragen?
Es gibt tatsächlich eine Reihe von Bereichen, in denen durch die Tätigkeiten von Menschen Treibhausgase freigesetzt werden oder ihre Bindung vermindert wird. Einige Beispiele sind nachfolgend genannt.

landwirtschaftliche Einflüsse
- Abholzen von Regenwäldern (Erhöhung des CO_2-Gehalts der Luft)
- Intensiver Reisanbau (CH_4-Freisetzung)
- Umfangreiche Tierhaltung (CH_4-Freisetzung)

Einflüsse von Industrie und Verkehr
- Verbrennung von Kraftstoffen (CO_2-Freisetzung)
- Gewinnung von Heizenergie und Prozesswärme aus fossilen Brennstoffen (CO_2-Freisetzung)
- Freisetzung von Aerosolen und Rußpartikeln
- Freisetzung von Fluorchlorkohlenwasserstoffen (FCKW), die als Kühlmittel in Kühlanlagen genutzt werden

Insbesondere seit Beginn der Industrialisierung ist eine deutliche Erhöhung des CO_2-Gehalts der Luft festzustellen (Abb. 2).
Es gibt aber auch Wissenschaftler, die die Erwärmung der Erde nicht nur auf den zusätzlichen Treibhauseffekt zurückführen, sondern auf andere Faktoren und ungeklärte Fragen aufmerksam machen, die bei der Erderwärmung möglicherweise eine wichtige Rolle spielen:

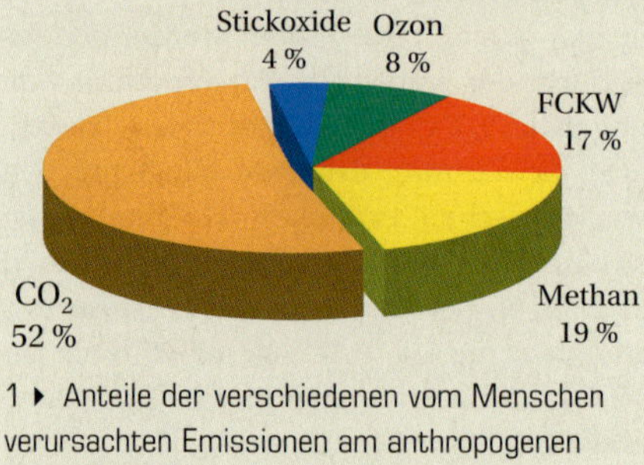

1 ▸ Anteile der verschiedenen vom Menschen verursachten Emissionen am anthropogenen Treibhauseffekt

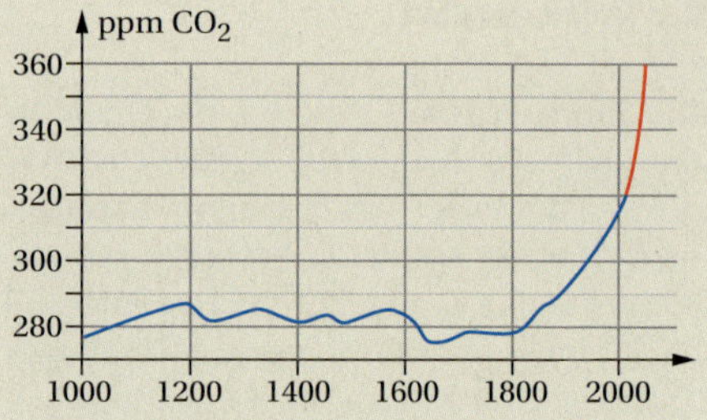

2 ▸ CO_2-Anstieg in der Atmosphäre

- Die von der Sonne bei uns ankommende Energie ist zeitlich nicht konstant. Es gibt Zeiten, in denen die Sonne mehr Energie abgibt und solche, in denen wir weniger Energie von der Sonne erhalten. So lassen sich möglicherweise die Eiszeiten und die Warmzeiten erklären, die es in der Geschichte mehrfach gab.
- Starke Vulkanausbrüche oder Meteoriteneinschläge haben ebenfalls großen Einfluss auf die Klimaentwicklung, zumindest zeitweise.
- Die Ermittlung der mittleren Erdtemperatur ist kompliziert.

Unbestritten ist eine Erhöhung der mittleren Erdtemperatur in den letzten Jahrzehnten. Die **Folgen** dieser Erwärmung können, vor allem bei weiterer Erwärmung, dramatisch sein:
- Ein steigender Meeresspiegel (bis 15 cm in den letzten 100 Jahren) kann zur Überflutung von Küstenregionen führen.
- Das Polareis schmilzt zum Teil ab, Gletscher in den Alpen werden kleiner.
- Es verdunstet mehr Wasser. Damit steigt der Anteil des Wasserdampfes in der Atmosphäre. Folgen sind intensivere Niederschläge und eine zusätzliche Verstärkung des Treibhauseffekts.
- Es erfolgt eine Verschiebung der Vegetationszonen sowie eine Zunahme von Steppen und Wüsten.

Unbedingt notwendig ist es, die Emissionen an Treibhausgasen zu verringern. Dazu wurden in den letzten Jahren wiederholt weltweite Vereinbarungen getroffen, u. a. in der Rahmenvereinbarung der UN und im Kyoto-Protokoll.

2

Experimente

Energieentwertung

Experiment 1
Untersuche die Temperaturerhöhung von Wasser in zwei unterschiedlich vorbereiteten Trinkgläsern!
Vorbereitung:
Suche dir zwei gleich aussehende Trinkgläser. Bemale eines der beiden Gläser mit schwarzer Farbe. Fülle beide Gläser mit Wasser der gleichen Temperatur (z. B. Leitungswasser) gleich voll und stelle sie in die Sonne!

Durchführung:
Miss in Abständen von je 5 Minuten die Temperatur in den beiden Gläsern über eine halbe Stunde!
Auswertung:
Fertige für jedes Glas ein t-ϑ-Diagramm! Erkläre die Temperaturverläufe!

Experiment 2
Untersuche die Temperaturerhöhung von zwei mit Wasser gefüllten abgedeckten Gefäßen im Vergleich zu einem offenen Wassergefäß!
Vorbereitung:
Du benötigst drei kleinere mit Wasser gefüllte Gläser, eines ist schwarz bemalt. Zwei der kleineren Gläser werden mit einer Klarsichtfolie und einem Gummiring verschlossen und jeweils unter ein größeres Glas gestellt (s. Skizze rechts oben). Alle Gläser werden in die Sonne gestellt.
Durchführung:
Miss nach einiger Zeit die Temperatur des Wassers in den drei Gläsern! Was stellst du fest? Erkläre die Beobachtungen!

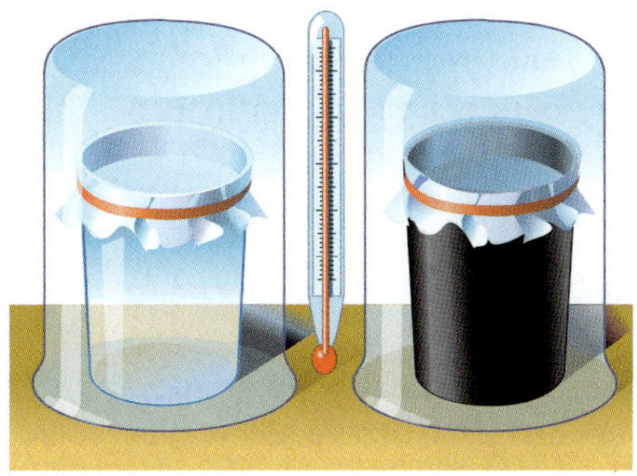

Experiment 3
Entwickle einen kleinen Sonnenkollektor!
Vorbereitung:
Du benötigst etwa 2 m alten Gartenschlauch, schwarze Farbe und einen Obstkarton, zwei passende Stopfen und eine durchsichtige Abdeckung für den Karton.

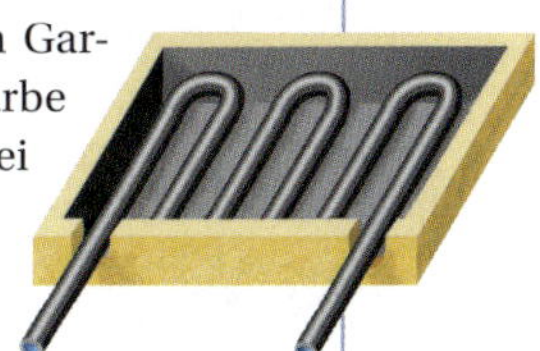

Durchführung und Auswertung:
Fülle den Schlauch mit Wasser bekannter Temperatur, verschließe ihn an den beiden Ende mit den Stopfen und lege ihn in Schlaufen in den Obstkarton!
Setze den Schlauch der Sonne aus und bestimme nach einiger Zeit die Temperatur des Wassers im Schlauch! Beschreibe die Energieumwandlungen!

Zusatzaufgaben

a) Versuche in einem zweiten Schritt eine höhere Temperatur des Wassers mithilfe der schwarzen Farbe oder einer durchsichtigen Abdeckung auf dem Karton in der gleichen Zeit zu erreichen!
b) Informiere dich im Internet darüber, wie professionell gefertigte Sonnenkollektoren aufgebaut sind! Beschreibe ihren Aufbau!

Aufgaben

1. Nenne Beispiele für Vorgänge in Natur und Technik, die näherungsweise reversibel sind! Gib jeweils die stattfindenden Energieumwandlungen an!

2. Nenne Beispiele für Vorgänge aus Natur und Technik, die irreversibel verlaufen! Gib jeweils die Energieumwandlungen an!

3. In den folgenden Abbildungen rollt jeweils eine Kugel reibungsfrei eine entsprechend gebogene Bahn entlang.
Welche Vorgänge sind dabei näherungsweise reversibel bzw. irreversibel? Begründe deine Meinung!

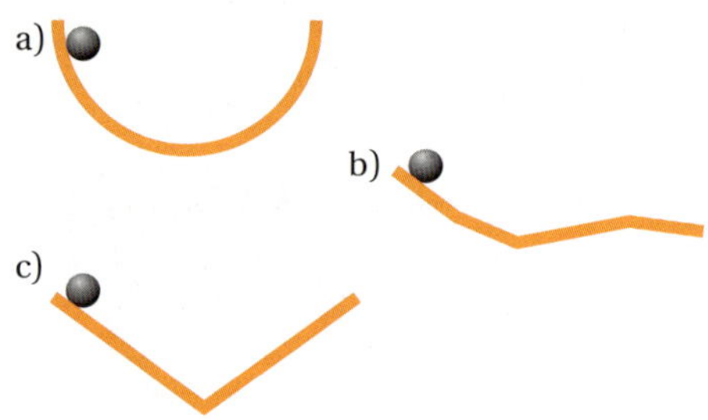

4. Betrachte die in der Abbildung unten gezeigte Bildergeschichte! Erläutere, was hier gezeigt ist! Verwende dabei die Fachbegriffe „reversibel“ und „irreversibel“!

5. Von den Schildbürgern wissen wir, dass sie Licht mit Eimern in ihr fensterloses Rathaus tragen wollten. Nicht überliefert ist die Idee, wie sie später das Haus beheizt haben. Die Skizzen zeigen eine mögliche Variante. Was meinst du dazu?

6. Erkundige dich über die Aussagen im Kyoto-Protokoll! Zu welcher Reduzierung der Treibhausgase hat sich Deutschland bereit erklärt? Was ist bisher erreicht worden? Nutze das Internet!

7. Das Kreisdiagramm zeigt den CO_2-Ausstoß in Deutschland im Jahr 2001.

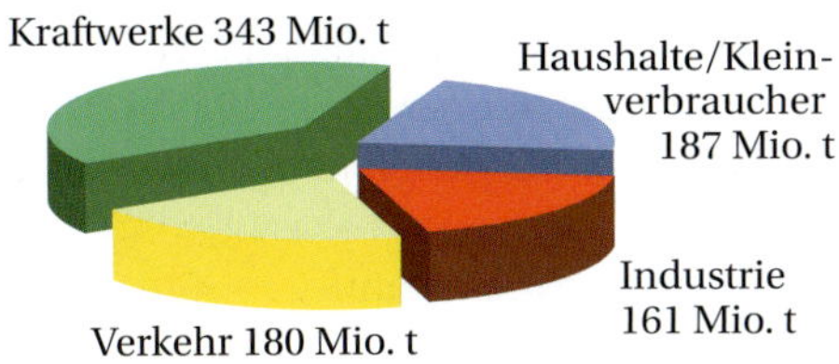

a) Wie groß sind die Prozentzahlen der einzelnen Anteile in Deutschland?

b) Erkunde, ob und wie sich diese Zahlen in den letzten zehn Jahren verändert haben!

c) Überlege dir, wie man in den einzelnen im Diagramm genannten Bereichen eine Reduzierung des CO_2-Ausstoßes erreichen kann!

8. In Versuchen wird mit zwei Flüssigkeiten gleicher Temperatur (Raumtemperatur) experimentiert, die sich vermischen können. Die Flüssigkeit A wird in ein Becherglas gegossen und eine zweite Flüssigkeit vorsichtig darüber geschichtet. Das Becherglas wird drei Stunden lang ruhig in Raum 1 bei einer Raumtemperatur von 16 °C stehen gelassen.

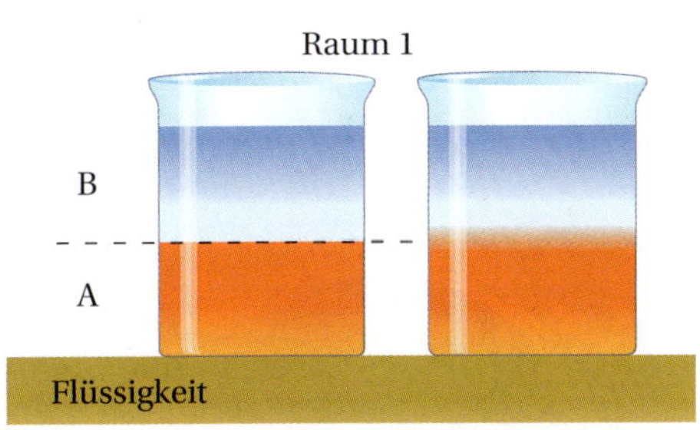

Der Versuch wird unter gleichen Bedingungen in einem zweiten Raum (Raum 2) bei einer Raumtemperatur von 25 °C durchgeführt (Abb. rechts oben).

a) Führe die beiden Experimente durch! Beschreibe und vergleiche deine Beobachtungen!

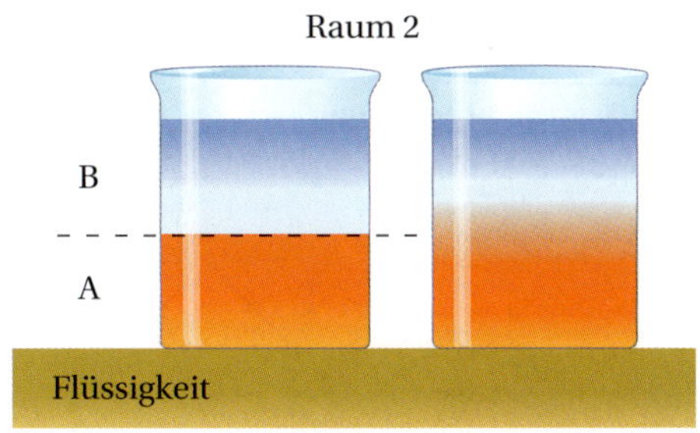

b) Es werden mehrere Hypothesen (begründete Vermutungen) aufgestellt. Entscheide jeweils, ob du die Hypothese für richtig, falsch oder nicht entscheidbar hältst! Solltest du eine Hypothese für falsch halten, gib eine kurze Begründung an! Die Hypothesen lauten:

(1) Bei höherer Temperatur bewegen sich die Teilchen schneller und die Flüssigkeiten durchmischen sich leichter.

(2) Bei höherer Temperatur ist der „Energiestrom“ höher.

(3) Die Teilchen der Flüssigkeit A bewegen sich gezielt in Richtung der Flüssigkeit B.

(4) Die Teilchen der Flüssigkeit B sind schwerer als die der Flüssigkeit A.

9. Vergleiche die beiden folgenden Vorgänge im Sinne der stattfindenden Energieumwandlungen und hinsichtlich der Umkehrbarkeit!

a) Ein Stein fällt 2 m tief.

b) Derselbe Stein wird als Pendel aufgehängt, auf eine Höhe von 2 m ausgelenkt und losgelassen.

10. Eine Entwertung von Energie tritt bei vielen Vorgängen auf.

a) Was versteht man unter Energieentwertung?

b) Erläutere die Energieentwertung bei einer Heizanlage eines Wohnhauses und bei einer elektrischen Bohrmaschine!

Das Wichtigste auf einen Blick

Energieentwertung

Vorgänge in Natur und Technik

können so verlaufen, dass der Ausgangszustand von allein wieder erreicht wird. Solche Vorgänge heißen **reversibel** (umkehrbar).
Beispiel: Bewegung der Erde um die Sonne.

können so verlaufen, dass der Ausgangszustand von allein nicht wieder erreicht wird. Solche Vorgänge heißen **irreversibel** (nicht umkehrbar).
Beispiel: Verbrennen von Holz oder Kraftstoff.

Für beliebige Vorgänge gilt der **Energieerhaltungssatz.** Er erlaubt aber keine Aussage darüber, ob ein Vorgang reversibel oder irreversibel verläuft.

Bei allen irreversiblen Vorgängen wird ein Teil der Energie in Form von Wärme an die Umgebung abgegeben. Dieser Teil der Energie ist für uns in der Regel nicht mehr nutzbar. Der Physiker formuliert: Die Energie wird entwertet.

Für alle Vorgänge, bei denen innere Energie eine Rolle spielt, gilt:

Es ist nicht möglich, innere Energie vollständig in andere Energieformen umzuwandeln.

Daraus ergibt sich der relativ geringe Wirkungsgrad bei allen Wärmekraftmaschinen (Ottomotoren, Dieselmotoren, Turbinen, Dampfmaschinen).

2.4 Volumenänderung bei Temperaturänderung

Straff oder schlaff? ▸▸ Elektrische Hochspannungsleitungen hängen im Sommer tief durch, während sie im Winter meist straffer gespannt sind.
Welche Konsequenzen hat das für den Bau von Hochspannungsleitungen?
Wie kann diese Erscheinung erklärt werden?

Verhindert Brände! ▸▸ Kinos, Kaufhäuser oder Lagerhäuser und zunehmend auch Wohnhäuser sind mit Alarmanlagen für Feuer oder Rauch ausgerüstet.
Wesentlicher Teil einer Temperaturwarnanlage, die das Überschreiten einer bestimmten Temperatur signalisiert, ist ein Bimetallstreifen.
Wie ist ein Bimetallstreifen aufgebaut?
Wie funktioniert eine solche Temperaturwarnanlage?

Längenänderung von festen Körpern

Jeder Körper nimmt bei einer bestimmten Temperatur einen bestimmten Raum ein. Er besitzt ein bestimmtes Volumen. Erwärmungen oder Abkühlungen führen zu **Änderungen des Volumens** eines Körpers (Abb. 1). Unter der Bedingung, dass sich ein Körper ausdehnen kann, gilt:

> **Wenn sich die Temperatur eines Körpers ändert, dann ändert sich auch sein Volumen.**

An einer Eisenkugel lässt sich das nachweisen (Abb. 2). Auch lange feste Körper, wie Brücken, Eisenbahnschienen oder Hochspannungsleitungen (Abb. 1a), vergrößern bei Erwärmung ihr Volumen. Bei diesen Körpern ist aber nur die **Längenänderung** von praktischer Bedeutung. Sie hängt außer von der ursprünglichen Länge des Körpers noch von der Temperaturänderung und vom Stoff ab, aus dem der Körper besteht.

> **Unter der Bedingung, dass sich ein fester Körper frei ausdehnen kann, gilt für die Längenänderung Δl:**
>
> $\Delta l = \alpha \cdot l_0 \cdot \Delta\vartheta$
>
> α Längenausdehnungskoeffizient
> l_0 Ausgangslänge
> $\Delta\vartheta$ Temperaturdifferenz

2 ▸ Bei Zimmertemperatur passt die Eisenkugel gerade noch durch eine Öffnung. Wird sie erhitzt, dehnt sie sich aus und passt nicht mehr hindurch.

Aus der Tabelle unten ist z. B. erkennbar: Ein Kupferdraht verlängert sich unter gleichen Bedingungen mehr als ein Draht aus Stahl.

Längenausdehnungskoeffizient einiger Stoffe zwischen 0 °C und 100 °C

Stoff	α in $\frac{1}{°C}$
Aluminium	0,000 024
Beton	0,000 012
Eisen	0,000 012
Glas	0,000 010
Gold	0,000 014
Holz (Eiche)	0,000 008
Kupfer	0,000 016
Messing	0,000 018
Silber	0,000 020
Stahl	0,000 012
Zink	0,000 036
Zinn	0,000 027

1a ▸ Im Sommer hängen Hochspannungsleitungen zwischen den Masten meist mehr durch als im Winter.

1b ▸ Zur Wasserkühlung eines Motors gehört ein Ausgleichsgefäß, das Raum für die sich ausdehnende Flüssigkeit gibt.

1c ▸ Das erhitzte Gas dehnt sich aus und bläht einen Heißluftballon auf. Ein Teil des Gases entweicht.

2

Volumenänderung von Flüssigkeiten

In Kaufhäusern, Hotels oder Bürohäusern sind zum Schutz vor Bränden Sprinkleranlagen in den Decken installiert (Abb. 1). Sie sind direkt mit Wasserleitungen verbunden. Bei großer Temperaturerhöhung - wie bei einem Brand - dehnt sich eine Flüssigkeit im Sprühkopf sehr stark aus und „sprengt" das Röhrchen. Das Löschwasser hat freien Lauf.

1 ▸ Im Sprühkopf einer Sprinkleranlage dehnt sich bei Temperaturanstieg eine Flüssigkeit so stark aus, dass ihr Behältnis zerspringt.

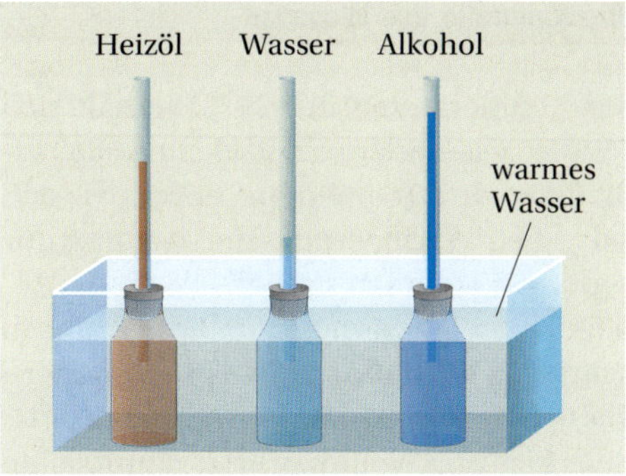

2 ▸ Bei Zimmertemperatur standen die Flüssigkeiten in den Steigrohren gleich hoch. Bei gleicher Temperaturerhöhung dehnt sich Alkohol am meisten aus.

Das in Abb. 2 dargestellte Experiment zeigt, wie unterschiedlich sich das Volumen von verschiedenen Flüssigkeiten vergrößert, wenn man sie der gleichen Temperaturänderung aussetzt.

M **Die meisten Flüssigkeiten dehnen sich bei Erhöhung der Temperatur aus und ziehen sich bei Verringerung der Temperatur zusammen.**

Wasser macht bei niedriger Temperatur eine Ausnahme (s. S. 122). Sein nicht normales Verhalten wird als **Anomalie des Wassers** bezeichnet.

Ähnlich wie bei festen Körpern hängt die Volumenänderung einer Flüssigkeit ab

- vom Stoff, aus dem die Flüssigkeit besteht,
- vom ursprünglichen Volumen der Flüssigkeit und
- von der Temperaturänderung.

M **Unter der Bedingung, dass sich eine Flüssigkeit frei ausdehnen kann, gilt für die Volumenänderung ΔV:**

$$\Delta V = \gamma \cdot V_0 \cdot \Delta\vartheta$$

γ **Volumenausdehnungskoeffizient**
V_0 **Ausgangsvolumen**
$\Delta\vartheta$ **Temperaturdifferenz**

Diese Gleichung gilt auch für die Volumenänderung von festen Körpern.

Volumenausdehnungskoeffizient einiger Stoffe	
feste Stoffe (0 °C–100 °C)	γ in $\frac{1}{°C}$
Aluminium	0,000 072
Beton	0,000 036
Holz (Eiche)	0,000 024
Kupfer	0,000 048
Stahl	0,000 036
Ziegelstein	0,000 015
Flüssigkeiten (bei 20 °C)	γ in $\frac{1}{°C}$
Alkohol	0,0 011
Benzin	0,0 010
Heizöl	0,0 009
Petroleum	0,0 009
Quecksilber	0,00 018
Wasser	0,00 021

Aus der Tabelle ist ableitbar: Bei einer Temperaturerhöhung von 10 °C vergrößert sich das Volumen von 1 l Wasser um 2,1 ml, von 1 l Alkohol dagegen um 11 ml.

Die Anomalie des Wassers

Bei Temperaturen über 4 °C verhält sich Wasser wie andere Flüssigkeiten. Bei Erhöhung der Temperatur dehnt es sich aus, bei Verringerung der Temperatur wird sein Volumen kleiner.
Kühlt sich Wasser aber unter 4 °C ab, so wird sein Volumen nicht kleiner, sondern bis 0 °C wieder größer. Wasser hat bei 4 °C sein kleinstes Volumen und damit seine größte Dichte, da bei konstanter Masse $\varrho \sim 1/V$ gilt. Dieses „nicht normale" Verhalten von Wasser wird in der Physik als **Anomalie des Wassers** bezeichnet (Abb. 1). Die Anomalie des Wassers ist für das Leben von Tieren und Pflanzen im Wasser sehr wichtig.

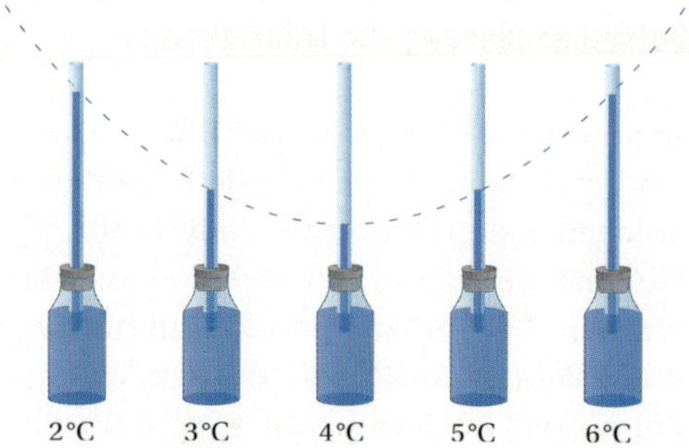

1 ▸ Bei 4 °C hat Wasser sein kleinstes Volumen und seine größte Dichte.

Im Sommer wird das Wasser von der Sonne erwärmt. Das leichtere, wärmere Wasser bleibt an der Oberfläche, tiefer liegende Schichten sind kühler. Es bildet sich eine stabile Temperaturschichtung des Wassers aus (Abb. 2). Das kann man z. B. beim Baden feststellen. Im Herbst (Abb. 3) und Winter (Abb. 4) kühlt sich das Wasser an der Oberfläche ab. Das Wasser mit der größeren Dichte sinkt nach unten. Bei Temperaturen um 4 °C bleibt dann das kühlere Wasser an der Oberfläche.

Eine weitere Abkühlung führt schließlich zur Eisbildung an der Wasseroberfläche. Tiefer liegende Schichten haben eine Temperatur von 4 °C. Das Wasser gefriert in größeren Tiefen also nicht. Dadurch können Tiere und Pflanzen im Wasser überleben.

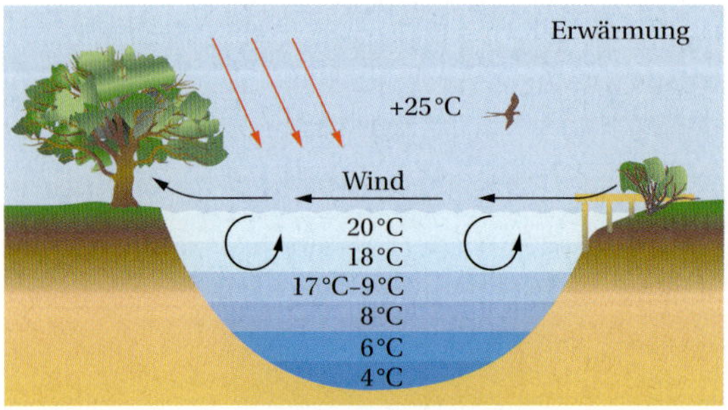

2 ▸ Sommerstabilität

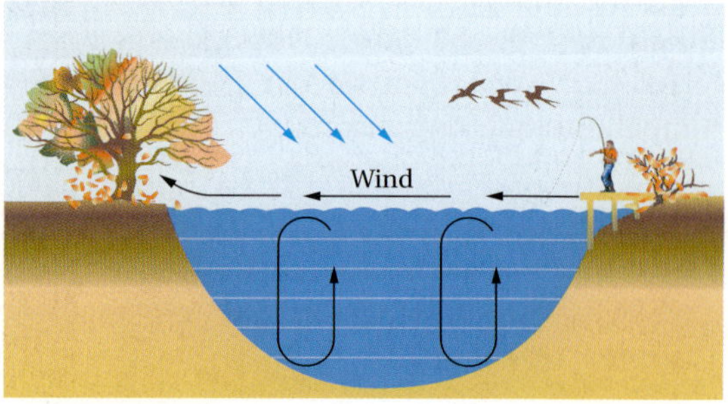

3 ▸ Herbstzirkulation

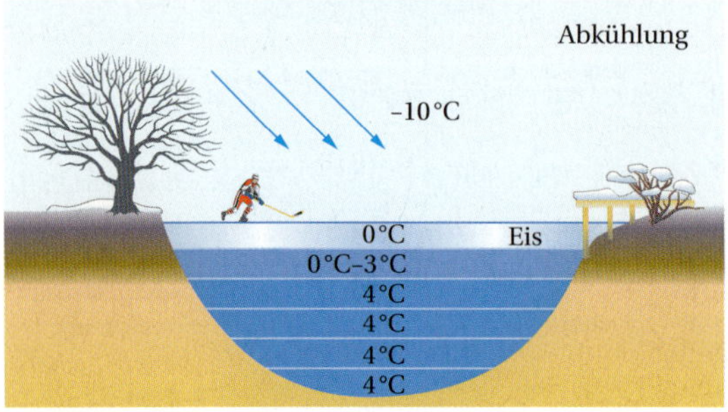

4 ▸ Winterstabilität

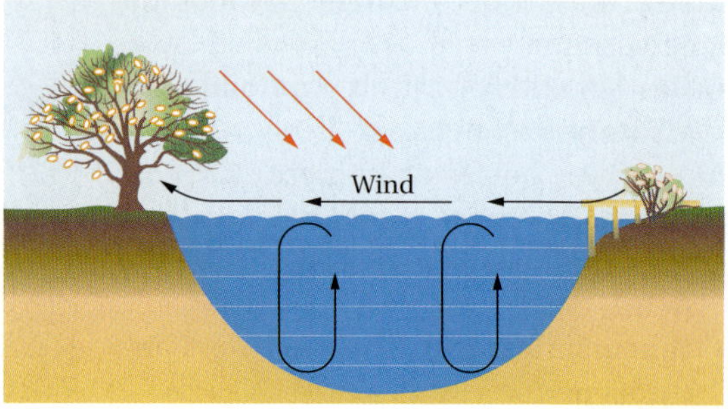

5 ▸ Frühjahrszirkulation

2

Volumenänderung von Gasen

Ebenso wie feste Körper und die meisten Flüssigkeiten dehnen sich auch Gase beim Erwärmen aus und ziehen sich beim Abkühlen zusammen (Abb. 1, 2).
Aber bei Gasen hängt die Volumenänderung bei Erwärmung nicht von der Art des Gases ab. Verschiedene Gase dehnen sich bei gleicher Ausgangstemperatur und bestimmter Temperaturänderung fast gleich stark aus. Das Volumen eines Gases von 10 l vergrößert sich bei einer Erwärmung von 0 °C auf 10 °C um 366 ml. Zum Vergleich: Das Volumen von 10 l Wasser vergrößert sich bei gleicher Temperaturänderung nur um 21 ml.

M **Alle Gase dehnen sich bei bestimmter Temperaturänderung und gleicher Ausgangstemperatur etwa gleich aus. Bei gleichem Ausgangsvolumen dehnen sich Gase stärker aus als Flüssigkeiten.**

Gase kennzeichnet noch eine weitere Besonderheit: Wenn sie in einem Gefäß erhitzt werden, das nicht verschlossen ist, dann entweicht ein Teil des Gases. Man kann das leicht in einem Experiment (Abb. 2) erkennen. Befindet sich das Gas jedoch in einem fest verschlossenen Gefäß, beispielsweise in einem Fahrradschlauch oder einem Autoreifen, und die

1 ▸ Wird die Luft in dem Gefäß erwärmt, so dehnt sie sich aus. Der Luftballon bläst sich auf.

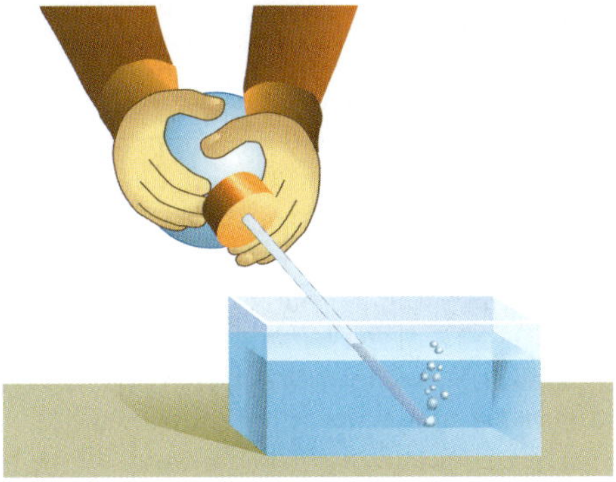

2 ▸ Schon eine Erhöhung von Raum- auf Körpertemperatur der Luft im Kolben führt zu einer Vergrößerung ihres Volumens.

Temperatur wird erhöht, dann steigt der Druck der eingeschlossenen Luft. An besonders heißen Sommertagen kann das zum Platzen von Luftmatratzen oder Luftballons führen. Auch bei Autoreifen erhöht sich mit der Temperatur der Druck. Besonders Vorsichtige schützen die Autoreifen bei längerem Halt in der Hitze mit Pappe oder hellen Tüchern. So führt bei einem Autoreifen eine Erhöhung der Temperatur von 20 °C auf 60 °C lediglich zu einer Erhöhung des Reifendrucks von etwa 14 %. Allgemein gilt für Gase:

M **Bei einem bestimmten Druck ist die Volumenänderung einer bestimmten Gasmenge umso größer,**
– je größer das Ausgangsvolumen und
– je größer die Temperaturänderung ist.

Dabei ist zu beachten, dass man bei der Volumenänderung von Gasen immer von einem konstanten Druck ausgeht. Wird z. B. in einem Zimmer ($V_0 = 100\,\text{m}^3$) die Raumluft von 0 °C auf 10 °C erwärmt, so beträgt die Volumenvergrößerung $3{,}66\,\text{m}^3$. Dieses Luftvolumen entweicht aus dem Raum. Der Druck in ihm bleibt gleich. Bei Verringerung der Temperatur verkleinert sich das Volumen.

Der konstante Druck ist in diesem Fall der Luftdruck.

Die absolute Temperatur

Wir wissen bereits: Die Temperatur von Körpern kann in Grad Celsius, aber auch in anderen Einheiten angegeben werden, z. B. in Grad Fahrenheit. Die für diese Skalen genutzten Fixpunkte sind relativ willkürlich festgelegt (s. S. 74, 76).

Bereits Mitte des 19. Jahrhunderts haben Physiker eine ganz andere Möglichkeit gefunden, eine Temperaturskala zu definieren. Wir wollen nachfolgend betrachten, wie man zu dieser anderen Temperaturskala kommt. Genutzt wird dabei ein **Gasthermometer.** Die Entwicklung der Thermometer kann als die erste wissenschaftlich-praktische Ausnutzung der Erkenntnis von der Wärmeausdehnung verschiedener Körper angesehen werden.

Als Erfinder des Thermometers oder seines Vorläufers, des Thermoskops (ohne Skala), gelten GALILEO GALILEI (1564–1642) und – unabhängig von ihm – der Arzt SANTORIUS aus Italien, der im 16. Jahrhundert ein Thermometer zur Messung der Körpertemperatur erfand.

Die ersten Thermometer, die in der ersten Hälfte des 17. Jahrhunderts allgemeine Verbreitung fanden, waren Gasthermometer (Abb. 1). Die Ausdehnung des Volumens einer eingeschlossenen Menge Luft bei Erwärmung ist die eigentliche Ursache dafür, dass sich die Lage des Quecksilbertropfens in der Anordnung verändert.

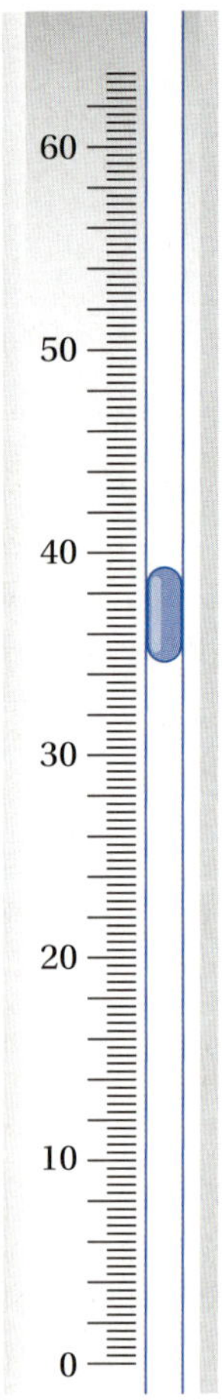

Skala eines Gasthermometers

Versuche mit Gasthermometern: Gasthermometer sind relativ einfach aufgebaut (s. rechts).

1 ▸ Aufbau eines Gasthermometers: Die Ausdehnung der Luft bei Erwärmung verschiebt den Quecksilbertropfen. Die Verschiebung des Quecksilbertropfens ist ein Maß für die Temperaturänderung.

Für experimentelle Untersuchungen nutzt man Skalen mit einer relativ feinen Einteilung (s. Abb. links).

Bei dem folgenden Versuch soll der Zusammenhang zwischen der Temperatur und dem eingeschlossenen Gasvolumen untersucht werden.

Dazu verwenden wir ein Gasthermometer, in dem dieses Gasvolumen durch ein dünnes Glasrohr festgelegt ist. Das Gasthermometer wird in Gefäße mit Wasser verschiedener Temperaturen gestellt, sodass das Gas jeweils die Temperatur des Wassers annimmt. Das Gasvolumen hat die Form eines Zylinders und dafür gilt:

$$V = A \cdot h,$$

wobei A die Querschnittsfläche des Rohres und h die Höhe des eingeschlossenen Volumens sind. Damit gilt $V \sim h$ und wir können anstelle der Abhängigkeit Temperatur – Volumen die Abhängigkeit der Temperatur von der Höhe der Gassäule ermitteln.

Man erhält bei diesem Versuch die folgenden Werte:

ϑ in °C	0	25	50	70	90
h in cm	39	42,6	46	49	52

Die grafische Auswertung ergibt das in Abb. 2 dargestellte Diagramm: Es besteht offentsichtlich ein linearer Zusammenhang zwischen der Höhe h des eingeschlossenen Volumens und der Temperatur ϑ.

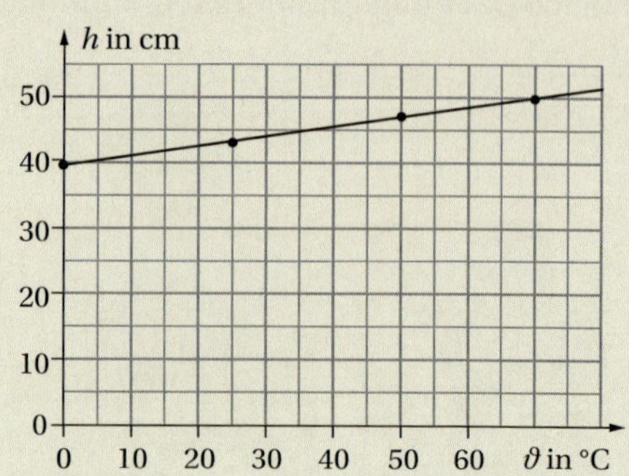

2 ▸ Experimentell ermittelter Zusammenhang zwischen Höhe und Temperatur

Ergebnisse des Versuchs: Die Messwerte liegen auf einer Geraden, die nicht durch den Ursprung des Koordinatensystems geht. Es gilt also nicht $V \sim \vartheta$. Verlängern wir jedoch die Gerade über 0 °C nach links (Abb. 1), so schneidet sie die ϑ-Achse bei einem Wert von etwa -270 °C. Legen wir hier den Nullpunkt einer neuen Temperaturskala T fest, so gilt $V \sim T$. Zahlreiche Untersuchungen haben ergeben, dass der genaue Wert -273,15 °C beträgt.

Deutung des Versuchs: Der Wert -273,15 °C hat offensichtlich eine besondere Bedeutung. Unterhalb dieser Temperatur wäre das Volumen negativ. Das ist nicht möglich. Daraus kann man folgern: Eine tiefere Temperatur als -273,15 °C kann es nicht geben.

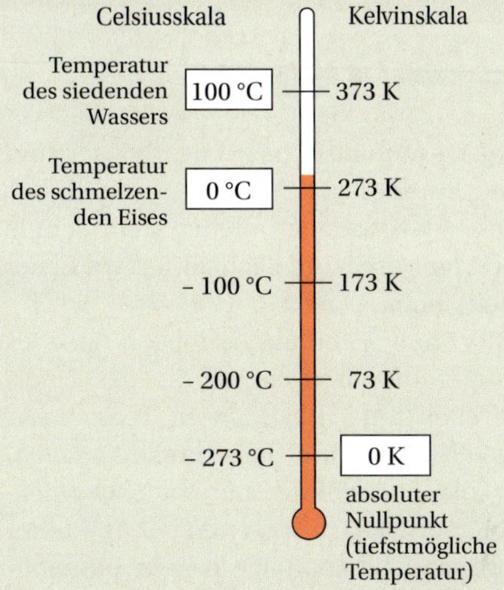

2 ▸ Celsiusskala und Kelvinskala im Vergleich

Die tiefstmögliche Temperatur beträgt -273,15 °C. Sie wird als absoluter Nullpunkt der Temperatur bezeichnet.

Dieser Wert wurde durch Experimente in Kombination mit theoretischen Überlegungen gefunden (s. S. 74). In der Praxis kann man sich dieser Temperatur annähern, sie aber nicht erreichen.

Im **Teilchenmodell** lässt sich diese Temperatur so deuten: Es ist die Temperatur, bei der alle Teilchen zur Ruhe kommen. Ihre kinetische Energie wäre dann null. Der englische Naturforscher WILLIAM THOMSON (1824–1907), später zum LORD KELVIN geadelt, wählte als Erster den absoluten Nullpunkt zum Ausgangspunkt einer Temperaturskala. Diese Temperaturskala, die mit dem tiefstmöglichen Wert 0 K = -273,15 °C beginnt, wird ihm zu Ehren **Kelvinskala** genannt. Die Temperaturen dieser Skala heißen **absolute Temperaturen.**

Da für die Kelvinskala die gleiche Gradeinteilung wie für die Celsiusskala gewählt wurde (Abb. 2), entsprechen 0 °C dann 273,15 K. Häufig rechnet man mit dem Näherungswert 273 K.

Damit gilt auch immer: $\Delta T = \Delta\vartheta$

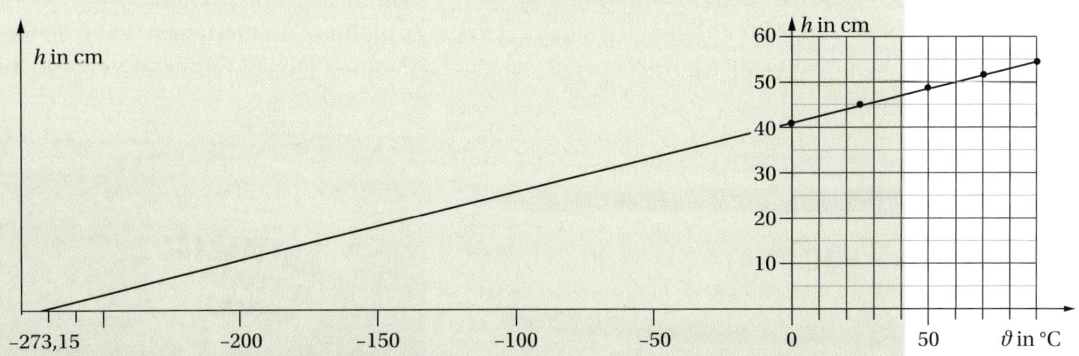

1 ▸ Zusammenhang zwischen Temperatur und Höhe und damit auch zwischen Temperatur und Volumen eines Gases bei kontantem Druck

Physik in Natur und Technik

Feuermelder in Aktion

Kinos, Kaufhäuser oder Lagerhäuser sind mit Alarmanlagen für Feuer ausgerüstet. Diese Alarmanlagen dienen dem Schutz von Menschen und Sachwerten vor Feuer und Rauch.

Unter den Feueralarmanlagen gibt es Temperaturwarnanlagen, die das Überschreiten einer bestimmten Temperatur signalisieren, und Rauchmeldeanlagen, die die Lufttrübung bei Rauchentwicklung registrieren. Wesentlicher Teil einer Temperaturwarnanlage ist ein Bimetallstreifen.

Wie ist ein Bimetallstreifen aufgebaut? Wie funktioniert er?

Ein Bimetallstreifen (bi = zwei) besteht aus zwei Streifen von verschiedenen Metallen, z. B. Zink und Eisen (Abb. 1a) oder Messing und Eisen. Die Metallstreifen sind fest miteinander verschweißt, verklebt oder vernietet.

Ändert sich die Temperatur, so dehnen sich beide Metalle aus. Bei gleicher Temperaturänderung dehnt sich jedoch das Zink stärker als das Eisen aus (s. Tabelle S. 120). Da beide Metalle fest miteinander verbunden sind, biegt sich der Bimetallstreifen bei Temperaturerhöhung zum Eisen hin (Abb. 1b). Bei Verringerung der Temperatur geht auch die Biegung wieder zurück.

Da sich Zink bei Erwärmung stärker als Eisen ausdehnt, krümmt sich der Bimetallstreifen.

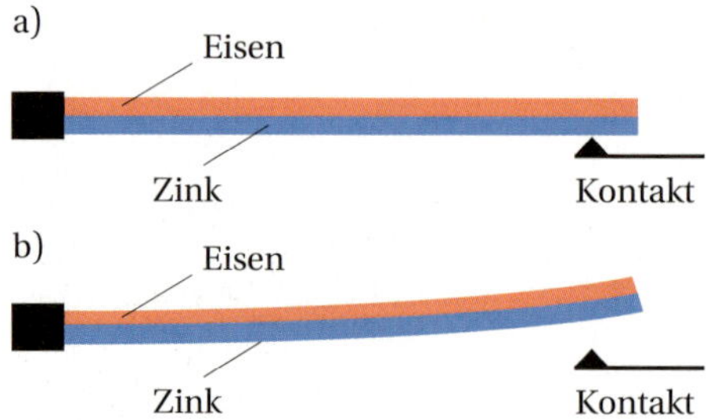

1 ▸ Bimetallstreifen abgekühlt (a) und erwärmt (b): Der Schalter schließt bzw. öffnet sich.

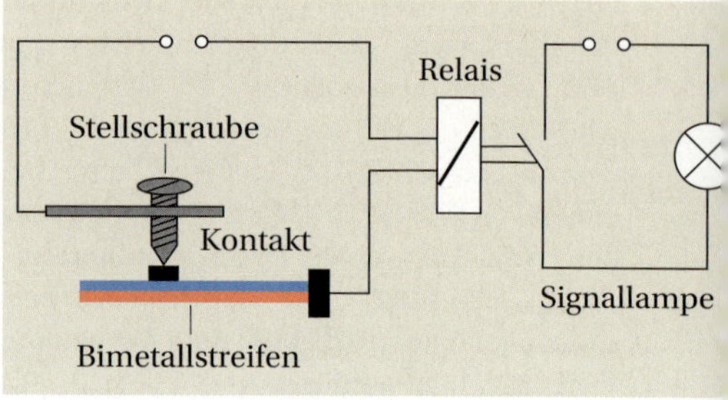

2 ▸ Aufbau einer Temperaturwarnanlage

Beschreibe den Aufbau der in Abb. 2 dargestellten Temperaturwarnanlage! Erkläre ihre Wirkungsweise!

Eine Temperaturwarnanlage besteht aus einem Bimetallschalter (Bimetallstreifen, Kontakt), einem Relais (elektromagnetischer Schalter) und einer Signallampe.

Bei normaler Raumtemperatur ist der Bimetallschalter geschlossen. Die Signallampe leuchtet nicht. Erhöht sich die Temperatur, so biegt sich der aus zwei verschiedenen Metallen bestehende Bimetallstreifen nach unten. Der Kontakt öffnet sich und der Stromfluss wird unterbrochen. Dadurch wird im Relais der Stromkreis geschlossen, in dem sich die Signallampe befindet. Sie leuchtet auf.

Mithilfe der Stellschraube kann die Temperatur eingestellt werden, bei der der Stromfluss unterbrochen wird. Je nach Raum wählt man Temperaturen zwischen 40 °C und 90 °C.

3 ▸ Automatische Rauch- und Feuermelder sind meist an der Decke angebracht.

Eine Brücke muss sicher sein

Brücken, Schienen, Rohrleitungen oder die Fahrdrähte bei Bahnstrecken verändern mit der Temperatur ihre Länge (Abb. 1). Eine Brücke z. B. kann sich im Sommer bis auf 40 °C aufheizen und im Winter auf -25 °C abkühlen.
Wie groß ist die Längenänderung einer 150 m langen Stahlbrücke zwischen Sommer und Winter?

Analyse:
Die Stahlbrücke wird vereinfacht als Stahlstab betrachtet. Gesucht ist die Längenänderung Δl.

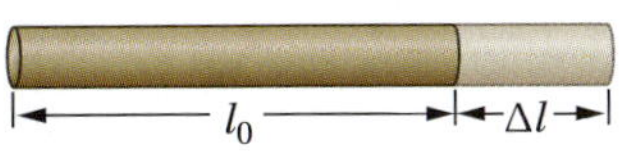

Gesucht: Δl
Gegeben: $l_0 = 150$ m
$\Delta\vartheta = 40\,°C - (-25\,°C) = 65\,°C$
$\alpha = 0{,}000\,012\ 1/°C$

Lösung:

$$\Delta l = \alpha \cdot l_0 \cdot \Delta\vartheta$$
$$\Delta l = 0{,}000\,012\ 1/°C \cdot 150\ m \cdot 65\,°C$$
$$\underline{\Delta l = 0{,}117\ m = 11{,}7\ cm}$$

Ergebnis:
Die Längenänderung einer 150 m langen Stahlbrücke beträgt bei einer Temperaturdifferenz von 65 °C zwischen Sommer und Winter etwa 12 cm.

1 ▸ Eine Stahlbrücke verändert bei Temperaturänderung ihre Länge.

Vorsicht beim Tanken im Sommer

In der Regel tankt man sein Auto voll. Im Sommer kann das jedoch gefährlich werden, wenn der Tank randvoll gefüllt wird.
Warum sollte man an heißen Sommertagen den Tank eines Autos nicht randvoll füllen?

Wie fast alle Flüssigkeiten dehnt sich das Benzin aus. Es wird an der Tankstelle aus unterirdischen Vorratsbehältern gepumpt und hat dann eine Temperatur von ca. 10 °C. An Sommertagen von ca. 30 °C bedeutet das eine Temperaturerhöhung um 20 °C. Wenn ein Tank z. B. 50 l Benzin fasst, dann vergrößert sich das Volumen folgendermaßen:
Entsprechend der Tabellenwerte auf der S. 121 vergrößert sich das Volumen von 10 l Benzin bei einer Temperaturänderung von 10 K um 100 ml.
50 l dehnen sich dann bei gleicher Temperaturänderung um 5 · 100 ml = 500 ml aus. Bei einer doppelt so großen Temperaturänderung hat sich das Tankvolumen dann um das Doppelte vergrößert: Es sind 1 000 ml. Das Volumen einer Tankfüllung Benzin von 50 l wird also um 1/50 größer. Das ist immerhin 1 l.
Wird dieser Tank bei Temperaturen von 30 °C bis zum Rand gefüllt, entweicht das überschüssige Benzin über ein Entlüftungsrohr (s. Abb.). Das verschmutzt nicht nur die Umwelt, sondern kann auch Brände verursachen. Das Entlüftungsrohr dient ansonsten dazu, dass die Luft beim Tanken entweichen kann.

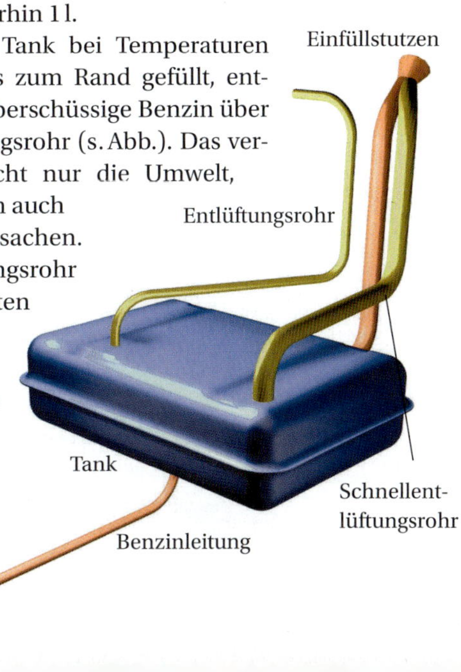

Experimente

Längen und Volumen ändern sich mit der Temperatur

Experiment 1

Baue eine „Brücke auf Rollen“!

Durchführung:

a) Befestige das eine Ende einer Stricknadel fest auf einem Holzklotz! Das andere Ende der Stricknadel soll beweglich auf einer Stopfnadel mit Zeiger lagern.

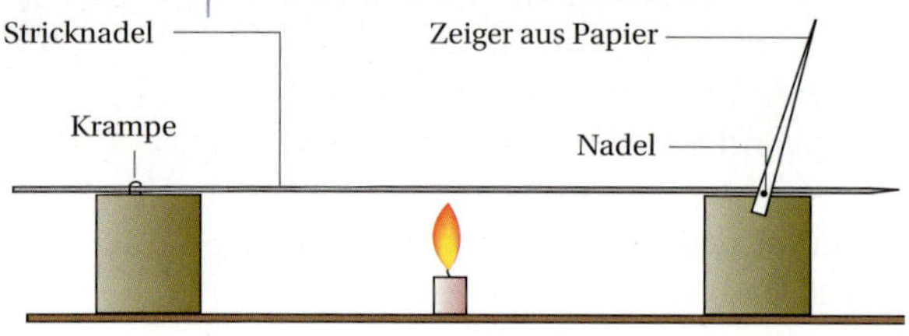

b) Nun erwärme die Stricknadel vorsichtig mit einer Kerzenflamme!

Auswertung:

Beschreibe und erkläre deine Beobachtung!

Experiment 2

Untersuche, wie sich eine Gummischnur beim Erwärmen verhält!

Vorbereitung:

Du benötigst einen Gummiring (z. B. von Einmachgläsern), ein Gewichtsstück der Masse 1 kg, Schnur und ein Lineal.

Durchführung:

Befestige die Gummischnur (aufgeschnittener Gummiring) am Stativ und am unteren Ende das Gewichtstück. Miss die Länge der Gummischnur. Erwärme nun mithilfe eines Föhns die Gummischnur und beobachte, wie sich ihre Länge verändert! Miss wieder!

Auswertung:

Beschreibe, was geschieht! Was hättest du erwartet?

Experiment 3

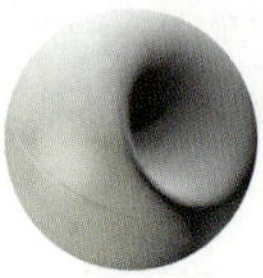

„Repariere“ einen Tischtennisball, der beim Spielen eine leichte Delle bekommen hat! Entwickle Ideen, wie du den Tischtennisball wieder ausbeulen könntest! Probiere die Ideen aus! Begründe dein Vorgehen!

Experiment 4

Vergleiche die Anzahl der Luftblasen, die aus einem Reagenzglas und aus einem größeren Gefäß entweichen!

Durchführung:

a) Umschließe beide Gefäße nacheinander wie in der Abbildung dargestellt!

b) Zähle die Luftblasen, die in einer Minute nach oben steigen!

Auswertung:

Begründe dein Ergebnis!

Experiment 5

Fülle in eine durchsichtige Plastikflasche etwas angefärbtes Wasser. Durchbohre einen Korken und stecke ein durchsichtiges Trinkröhrchen hinein! Verschließe die Flasche!

Achtung:

Die Verschlüsse müssen ganz dicht sein.

Umfasse die Flasche mit beiden Händen!

Auswertung:

Was beobachtes du? Erkläre deine Beobachtungen!

Experiment 6

Tauche ein Glas in heißes Wasser, das reichlich mit Spülmittel versehen ist. Stelle das Glas anschließend mit dem offenen Rand nach unten auf eine glatte Fläche. Beschreibe und erkläre, was du beobachtest.

Aufgaben

1. Erkunde, welche Stoffe sich bei Erwärmung besonders stark ausdehnen!

2. Es gibt Thermometer, die die Ausdehnung von Quecksilber, Alkohol oder Gasen nutzen. Warum kommt nicht auch Wasser als Thermometerflüssigkeit infrage?

3. Warum kann ein aufgeblasener Luftballon in der Sonne zerplatzen?

4. Eine Wasserflasche aus Glas blieb unbemerkt bei starkem Frost im Kofferraum eines Autos liegen. Als am nächsten Tag die Temperaturen wieder bei etwa 6 °C lagen, gab es eine unangenehme Überraschung. Welche könnte das gewesen sein? Erkläre!

5. Der 1889 gebaute, 300 m hohe Pariser Eiffelturm besteht aus Stahl. Bei intensiver Sonneneinstrahlung wird der Turm nicht nur etwas höher, sondern biegt sich auch zur Seite. Begründe das physikalisch!

6. Große Brücken sind an mindestens einer Seite auf Rollen gelagert (Abb. links). In Fahrbahnen befinden sich Dehnungsfugen (Abb. rechts).

Welche Funktion haben die Rollen bzw. die Fugen?

*7. Warum ist es sinnvoller, den Reifendruck eines Autos vor als nach einer langen Fahrt zu kontrollieren?

8. Warmwasserleitungen von einem Heizkraftwerk zu einem Wohngebiet verfügen über „Dehnungsschleifen“ (s. Abb.).

Welche Funktion haben sie?

9. Die Fahrdrähte für Elektrolokomotiven werden mithilfe von Rollen und angehängten Körpern straff gespannt.
Wie groß ist die Längenänderung eines 100 m langen Fahrdrahtes aus Kupfer, wenn –15 °C die tiefste Temperatur im Winter und 35 °C die Höchsttemperatur im Sommer ist?

*10. Auf Spraydosen findet man folgenden Aufdruck: „Vor Sonneneinstrahlung und Temperaturen über 50 °C schützen“. Begründe den Hinweis physikalisch!

11. Beschreibe den Aufbau eines Bimetallthermometers und erkläre seine Wirkungsweise!

12. In welche Richtung werden sich die Bimetallstreifen bei Abkühlung biegen? Begründe deine Aussagen!

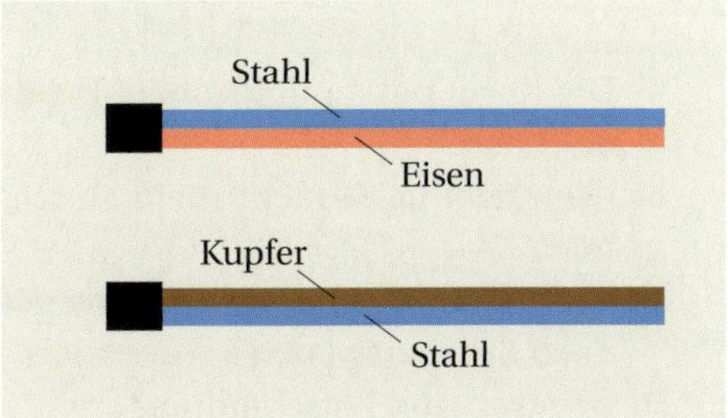

13. Warum sollte man an heißen Sommertagen den Tank eines Autos an der Tankstelle nicht randvoll füllen?

14. An Tankstellen lagert das Benzin unterirdisch in Tanks bei einer Temperatur von ca. 10 °C. Ein Auto mit einem 50-l-Tank wurde vollgetankt und in der Sonne abgestellt, sodass sich das Benzin auf 40 °C erwärmt. Um wie viel hat sich das Benzinvolumen erhöht?

15. Bei einer Temperatur von 20 °C beträgt das Volumen einer Gasmenge 800 cm^3. Der Druck bleibt konstant. Wie verändert sich das Volumen der Gasmenge bei Temperaturerhöhung?

16. Ein 2,80 m hohes Zimmer ist 3,90 m breit und 5,50 m lang. Durch Aufdrehen der Heizung erhöht sich die Zimmertemperatur spürbar.

a) Wie verändern sich Masse und Volumen der Luft, die sich ursprünglich im Zimmer befand? Was geschieht mit der „überschüssigen" Luft?

b) Was würde geschehen, wenn der Raum luftdicht abgeschlossen wäre?

17. In ein Stahlblech ist ein kreisrundes Loch gestanzt, durch das eine Kugel gerade hindurchpasst. Das Blech wird mit einem Bunsenbrenner erhitzt. Welche der nachfolgenden Aussagen trifft dann zu?

a) Die Kugel passt nun problemlos durch das Loch.

b) Die Kugel passt nicht mehr durch das Loch.

c) Die Kugel passt nach wie vor gerade noch durch das Loch.

Begründe deine Entscheidung!

18. Nenne und erläutere Beispiele aus Natur, Technik oder Alltag, wo die Volumen- bzw. Längenänderung von Körpern

a) genutzt wird,

b) unerwünscht ist und beachtet werden muss!

19. Die Anomalie des Wassers spielt in Natur und Technik eine wichtige Rolle.

a) Informiere dich zum Thema „Anomalie des Wassers" im Lehrbuch und im Internet!

b) Beschreibe und skizziere einen Versuch, mit dem die Anomalie des Wassers gezeigt werden kann!

c) Skizziere das Ergebnis des Versuchs in einem ϑ-V-Diagramm!

***d)** Wie würde die Skala eines Wasserthermometers zwischen 0 °C und 8 °C in etwa aussehen?

e) In den folgenden Skizzen siehst du zwei stabile Wasserschichtungen. Der Temperaturunterschied zwischen den einzelnen Schichten beträgt jeweils 1 °C. Übernimm die Skizzen ins Heft und ergänze die Temperatur in jeder Schicht! Begründe!

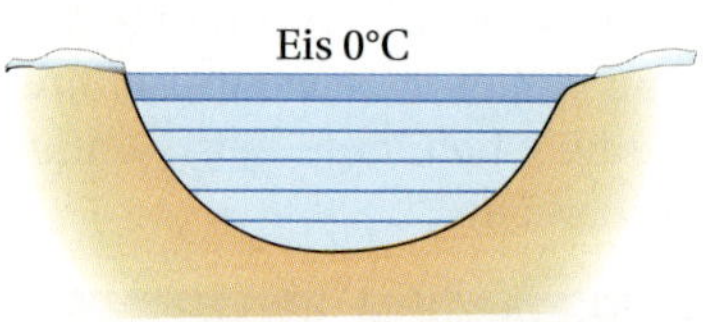

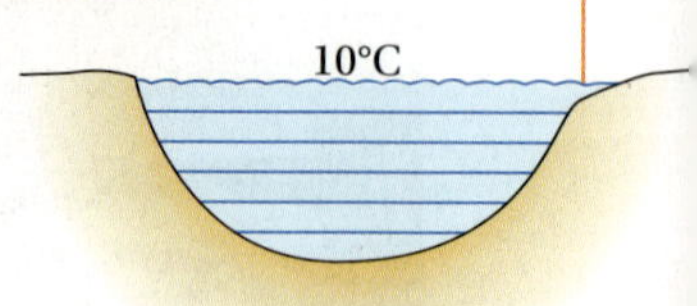

***20.** Gib für die Umrechnung von Grad Celsius in die Einheit Kelvin eine allgemein gültige Beziehung an! Berücksichtige dabei auch die Einheiten, sodass eine physikalisch exakte Gleichung entsteht!

***21.** Gib die folgenden Temperaturen in Kelvin an: 0 °C, 100 °C, –20 °C, –273 °C, 25 °C!

Das Wichtigste auf einen Blick

Volumenänderung bei Temperaturänderung

Wenn sich die Temperatur eines Körpers ändert, so ändert sich i. A. auch das Volumen bzw. die Länge des Körpers.

Temperaturänderung führt zu

Längenänderung fester Körper.
Die Längenänderung ist umso größer,
- je größer die Ausgangslänge l_0 ist,
- je größer die Temperaturänderung $\Delta\vartheta$ ist.

Sie ist auch vom Stoff abhängig.
$\Delta l = \alpha \cdot l_0 \cdot \Delta\vartheta$

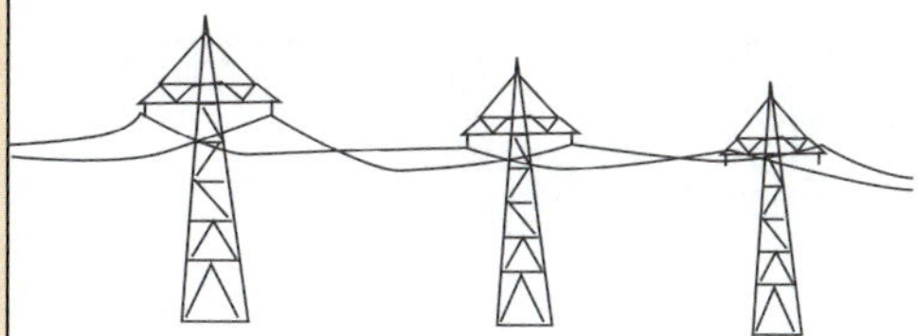

Volumenänderung von Körpern.
Bei festen Körpern und Flüssigkeiten ist die Volumenänderung umso größer,
- je größer das Ausgangsvolumen V_0 ist,
- je größer die Temperaturänderung $\Delta\vartheta$ ist.

Sie ist auch vom Stoff abhängig.
$\Delta V = \gamma \cdot V_0 \cdot \Delta\vartheta$

Für fast alle Stoffe gilt:
Bei Temperaturerhöhung dehnen sie sich aus, bei Temperaturverringerung ziehen sie sich zusammen.
Wasser ist im Temperaturbereich zwischen 0 °C und 4 °C eine Ausnahme (Anomalie des Wassers).

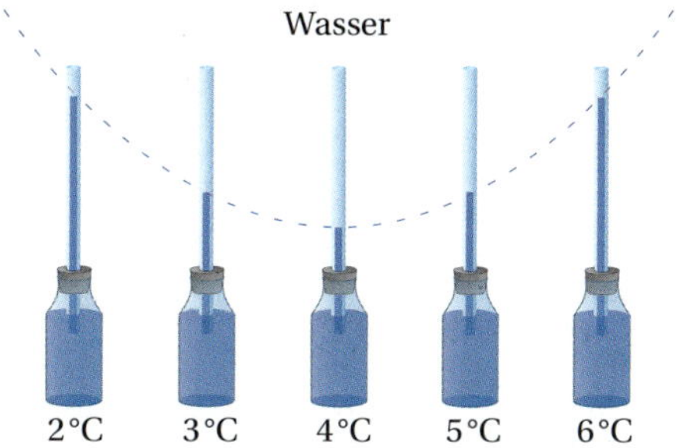

Die Volumen- bzw. Längenänderung von Körpern bei Temperaturänderung wird teilweise genutzt, z. B. bei Bimetallschaltern und Bimetallthermometern.

Die Volumen- bzw. Längenänderung von Körpern ist an manchmal unerwünscht und muss beachtet werden, z. B. beim Tanken, bei Brücken oder bei Hochspannungsleitungen.

3 Elektrische Energie

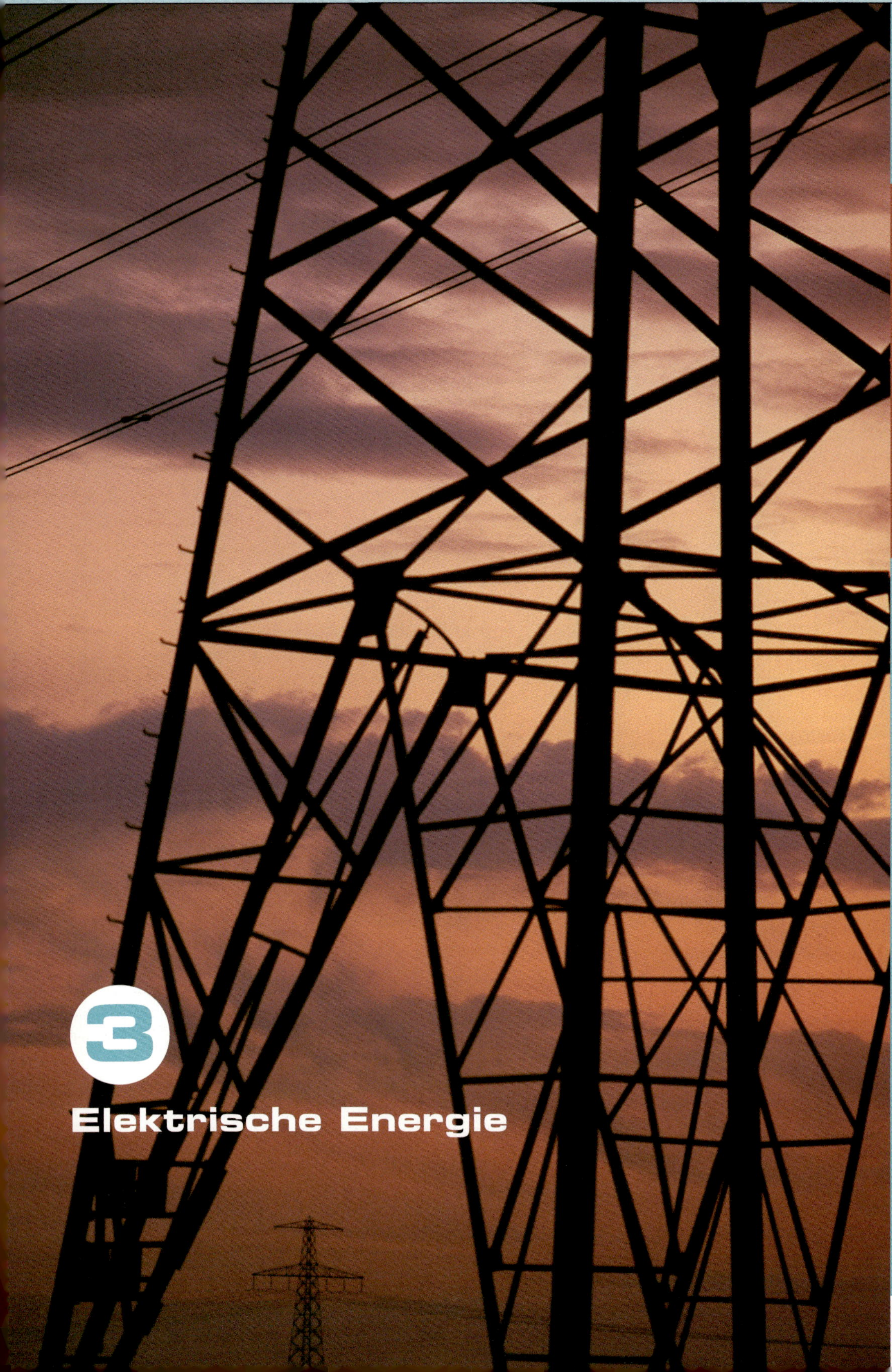

3.1
Ladung, Stromstärke, Spannung

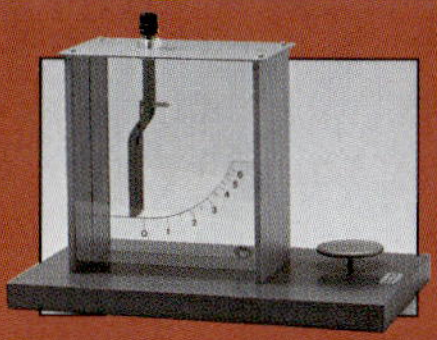

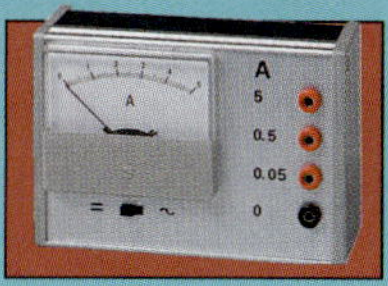

Eine bemerkenswerte Frisur ▸▸ Wenn man frisch gewaschene, trockene Haare mit einem Plastikkamm kämmt, kann es passieren, dass sie „zu Berge stehen“. Noch viel stärker tritt der Effekt auf, wenn eine Person mit einer elektrisch geladenen Kugel verbunden ist, so wie es das Foto oben zeigt.
Wie ist diese Erscheinung zu erklären?

Was haben Blitze mit Spannung zu tun? ▸▸ Gewitter und dabei auftretende Blitze sind nicht nur beeindruckend. Der Einschlag eines Blitzes kann auch erheblichen Schaden anrichten und für Menschen lebensgefährlich sein.
Wie entsteht ein Blitz? Wie groß ist die Stromstärke beim Blitz? Welche Spannungen können zwischen einer Gewitterwolke und der Erde auftreten? Wie sollte man sich bei einem Gewitter verhalten?

Elektrisch geladene Körper

Beim Ausziehen von Kleidungsstücken kann man manchmal ein Kribbeln spüren, ein kurzes Knistern hören oder in der Dämmerung kleine Funken sehen. Ursache dafür sind elektrische Erscheinungen.

Bekannt sind inzwischen über 100 Elemente. Ihre Atome unterscheiden sich durch die Anzahl der Protonen.

Alle Körper sind aus Atomen bzw. Molekülen aufgebaut. Atome wiederum bestehen aus einer Atomhülle, in der sich elektrisch negativ geladene Elektronen befinden, und dem Atomkern (Abb. 2). Der Atomkern enthält u. a. elektrisch positiv geladene Protonen und ist damit positiv geladen.

Ein Atom, das die gleiche Anzahl positiver Ladungen im Kern und negativer Ladungen in der Atomhülle hat, ist elektrisch neutral. Auch ein Körper, der insgesamt genauso viele Elektronen wie Protonen hat, ist nach außen ungeladen.
Durch Reiben zweier Körper aneinander oder durch elektrochemische Vorgänge, wie sie in Batterien vor sich gehen, können Ladungen voneinander getrennt werden und dabei von einem Körper auf einen anderen übergehen. Dann gilt:

elektrisch neutraler Körper

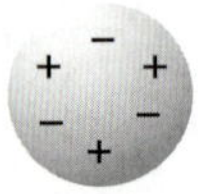

negativ geladener Körper

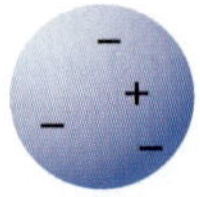

positiv geladener Körper

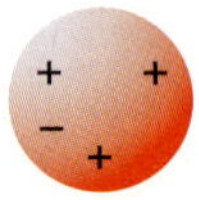

Körper mit Elektronenüberschuss sind negativ geladen. Bei einem positiv geladenen Körper herrscht Elektronenmangel.

Zwischen elektrisch geladenen Körpern wirken elektrische Kräfte (Abb. 1).

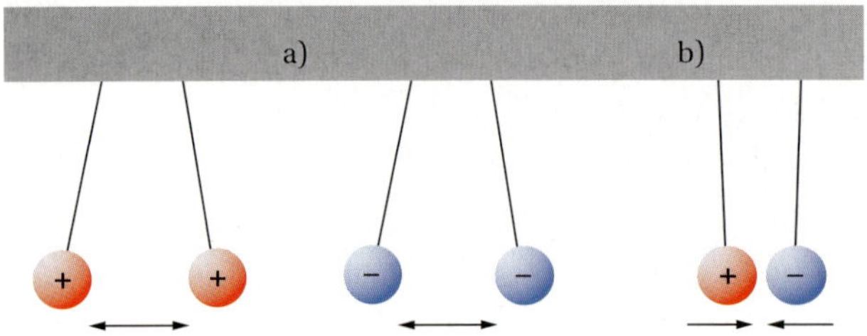

1 ▸ Es erfolgt Abstoßung, wenn beide Körper gleichnamig geladen sind (a). Es erfolgt Anziehung, wenn beide Körper ungleichnamig geladen sind (b).

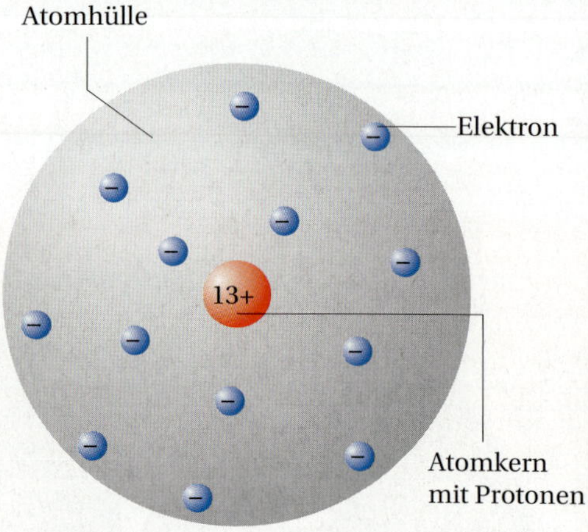

2 ▸ Modell eines Aluminiumatoms

Die elektrische Ladung

Körper können unterschiedlich stark geladen sein. Wie stark ein Körper positiv oder negativ geladen ist, wird durch die Größe **elektrische Ladung** beschrieben.

Die elektrische Ladung eines Körpers gibt an, wie groß sein Elektronenüberschuss oder sein Elektronenmangel ist.
Formelzeichen: Q
Einheit: 1 Coulomb (1 C)

Die Einheit 1 C ist nach dem französischen Naturforscher CHARLES AUGUSTIN DE COULOMB (1736–1806) benannt (s. S. 135).

Ein Körper hat eine Ladung von 1 C, wenn er einen Elektronenüberschuss oder einen Elektronenmangel von $6{,}2 \cdot 10^{18}$ Elektronen besitzt. Das ist eine unvorstellbar große Zahl mit 18 Nullen. Besser vorstellbar ist: Es ist die Anzahl von Elektronen, die bei einer Stromstärke von 1 A in einer Sekunde durch einen Leiterquerschnitt hindurchfließt.

Die elektrische Ladung von Körpern in unserer Umgebung (geladene Kugeln, elektrische Aufladung des Menschen) beträgt meist wesentlich weniger als ein Tausendstel Coulomb.

3

COULOMB – ein bedeutender Naturforscher

CHARLES AUGUSTIN DE COULOMB (1736 bis 1806) war der Sohn einer wohlhabenden Familie. Nach dem Studium der Mathematik und der Naturwissenschaften wählte er eine militärische Laufbahn. Als Offizier des technischen Dienstes leitete er die Festungsbauarbeiten auf der Insel Martinique, wo er neun Jahre lang verbrachte.

Nach seiner Rückkehr nach Paris beschäftigte sich COULOMB mit verschiedenen physikalischen und technischen Problemen. Er wurde u. a. auch Generalinspekteur des Unterrichtswesens.

COULOMB führte beispielsweise Untersuchungen zum Erdmagnetismus und zur Festigkeitslehre durch. Besondere Verdienste erwarb er sich aber um die Entwicklung der Elektrizitätslehre.

Mithilfe einer Drehwaage (Abb. 1) konnte COULOMB die kleinen Kräfte messen, mit der zwei elektrische Punktladungen aufeinander einwirken. Diese Messungen führten zur Entdeckung des nach ihm benannten **coulombschen Gesetzes.** Es beschreibt die Kraft, die zwischen zwei geladenen Körpern wirkt.

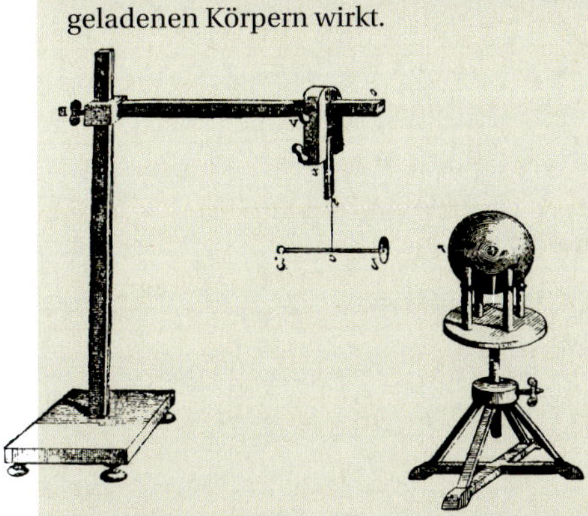

1 ▸ Versuchsanordnung von COULOMB zur Bestimmung der Kraft zwischen elektrisch geladenen Körpern

Die Ladung eines einzelnen Elektrons beträgt $1{,}6 \cdot 10^{-19}$ C. Sie wird als **Elementarladung *e*** bezeichnet. Die Ladung eines Körpers ist immer ein Vielfaches der Elementarladung. Damit gilt für die Ladung eines Körpers:

$$Q = N \cdot e$$

Dabei ist N die Anzahl der Elementarladungen. Hat ein Körper z. B. einen Elektronenüberschuss von einer Milliarde Elektronen, dann ist er negativ geladen und trägt eine Ladung von

$$Q = 1\,000\,000\,000 \cdot 1{,}6 \cdot 10^{-19}\,\text{C}$$

$$Q = 1{,}6 \cdot 10^{-10}\,\text{C}$$

Das ist weniger als ein Milliardstel Coulomb.

Zum Nachweis elektrischer Ladungen nutzt man ein **Elektroskop.** Den Aufbau zeigt Abb. 2, die Wirkungsweise ist in den Abb. 3 und 4 dargestellt. Metallstab und -zeiger sind leitend miteinander verbunden. Weil sie gleichnamig geladen sind, erfolgt zwischen ihnen Abstoßung. Diese ist umso stärker, je größer die Ladung ist. Ein Elektroskop mit Skala nennt man **Elektrometer.**

Die erste recht genaue Bestimmung der Elementarladung erfolgte 1910 durch den US-amerikanischen Physiker ROBERT ANDREWS MILLIKAN (1868–1953) Er erhielt dafür 1923 den Nobelpreis für Physik.

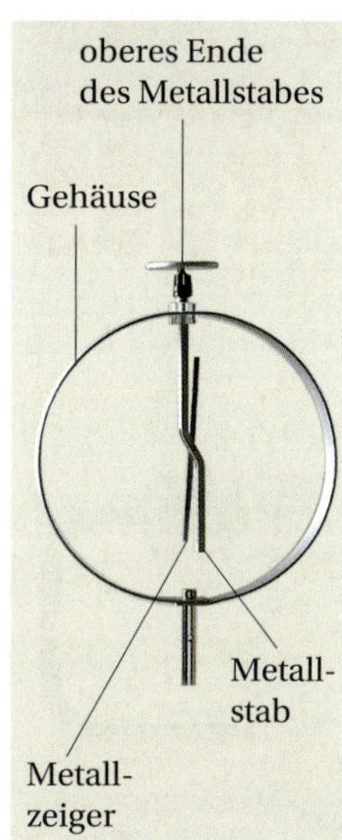

2 ▸ Aufbau eines einfachen Elektroskops

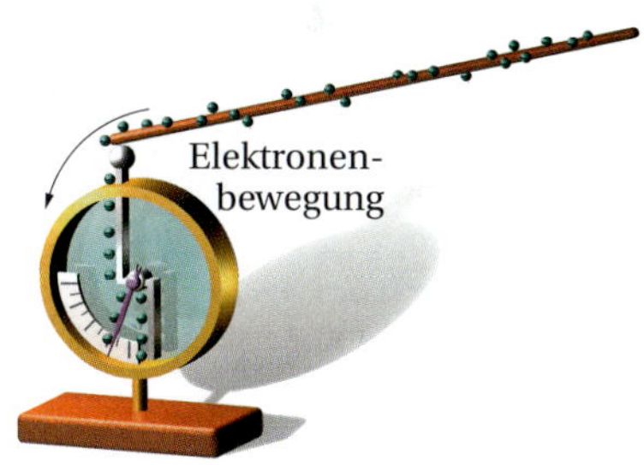

3 ▸ Negativ geladenes Elektroskop

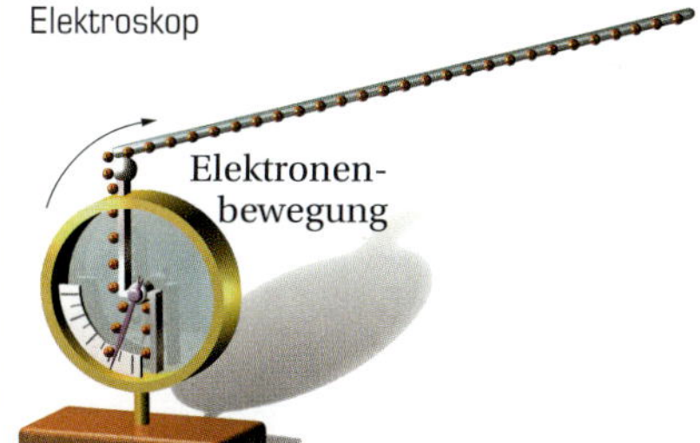

4 ▸ Positiv geladenes Elektroskop

Ladung und Stromstärke

Wir wissen bereits: In einem metallischen Leiter (Abb. 1) sind frei bewegliche Elektronen vorhanden. Liegt ein geschlossener Stromkreis mit elektrischer Quelle vor, so fließt ein elektrischer Strom (Abb. 2). Die Stromstärke I ist umso größer, je mehr Elektronen sich durch einen Leiterquerschnitt bewegen. Jedes Elektron trägt die Elementarladung e. Insgesamt tritt damit in einer bestimmten Zeit t die Ladung $N \cdot e = Q$ durch einen Leiterquerschnitt hindurch (Abb. 3). Daraus ergibt sich ein wichtiger Zusammenhang zwischen Ladung und Stromstärke.

Die Einheit der Stromstärke 1 Ampere (1 A) ist nach André Marie Ampère (1775–1836) benannt worden.

Die Stromstärke I ist ein Maß für die Ladung Q, die in einer bestimmten Zeit t durch einen Leiterquerschnitt transportiert wird.

$$I = \frac{Q}{t}$$

Die Gleichung gilt für I = konstant.

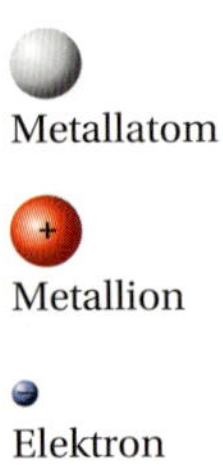

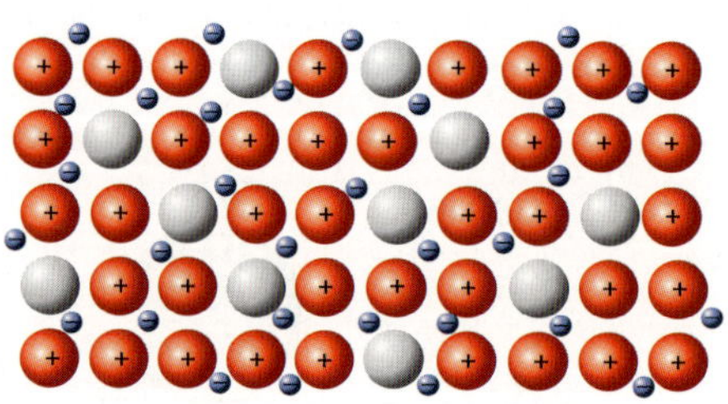

1 ▸ Modell eines metallischen Leiters mit Atomen, positiv geladenen Metallionen und Elektronen

Die Geschwindigkeit der gerichteten Bewegung der Elektronen in einem metallischen Leiter beträgt weniger als 1 mm/s.

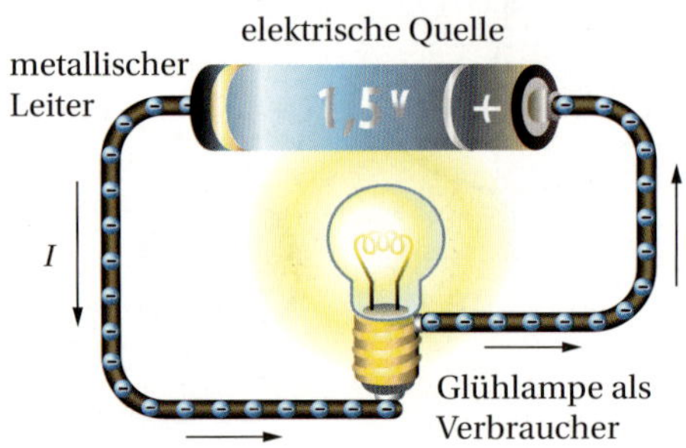

2 ▸ Modell eines einfachen Stromkreises: Die Elektronen bewegen sich gerichtet.

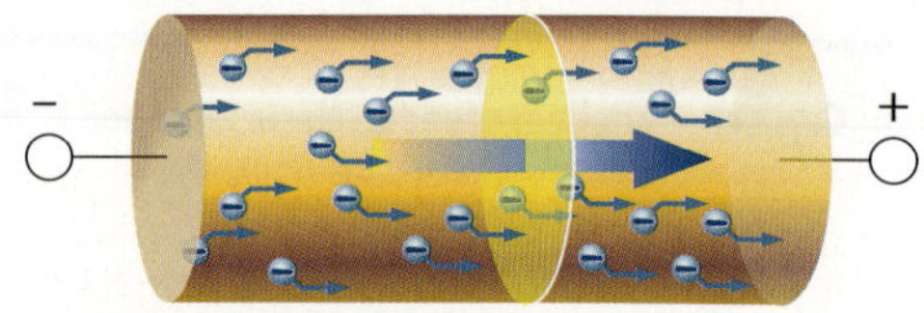

3 ▸ In einem metallischen Leiter wird mit den Elektronen Ladung transportiert.

Für die Einheiten ergibt sich aus der genannten Gleichung:

$$1\,\mathrm{A} = 1\,\frac{\mathrm{C}}{\mathrm{s}} \quad \text{bzw.}$$

$$1\,\mathrm{C} = 1\,\mathrm{A} \cdot \mathrm{s}$$

Fließt beispielsweise durch eine Glühlampe ein Strom der Stärke 0,45 A, dann beträgt die in einer Sekunde durch einen Leiterquerschnitt transportierte Ladung:

$$Q = 0{,}45\,\mathrm{A} \cdot 1\,\mathrm{s} = 0{,}45\,\mathrm{C}$$

Bei einem Blitz beträgt die mittlere Stromstärke etwa 40 000 A. Geht man von einer durchschnittlichen Dauer eines Blitzes von 0,1 s aus, dann ergibt sich für die von einem Blitz transportierte Ladung:

$$Q = 40\,000\,\mathrm{A} \cdot 0{,}1\,\mathrm{s} = 4\,000\,\mathrm{C}$$

Stromstärken in Natur und Technik	
Fotozelle	10 µA
Radio (batteriebetrieben)	10 mA
lebensgefährliche Stromstärke	> 25 mA
Glühlampe einer Taschenlampe	0,2 A
60-W-Glühlampe (bei 230 V)	0,26 A
100-W-Glühlampe (bei 230 V)	0,43 A
Bügeleisen	5 A
Elektrolokomotive	300 A
Elektroschweißgerät	500 A
Elektroschmelzofen	15 000 A
Blitz	bis 100 000 A

3

Spannung, Ladung und Energie

Damit in einem geschlossenen Stromkreis ein Strom fließt, muss eine elektrische Quelle (Spannungsquelle) vorhanden sein. Die Spannung zwischen den beiden Polen einer elektrischen Quelle gibt an, wie stark der Antrieb des Stromes durch diese Quelle ist. Die Pole einer Spannungsquelle sind unterschiedlich geladen. Während am Pluspol Elektronenmangel herrscht, besteht am Minuspol Elektronenüberschuss.
Welcher Zusammenhang besteht zwischen Spannung und Ladung? Was hat das mit Energie zu tun?

Diese Fragen wollen wir an einem Beispiel untersuchen. Dazu betrachten wir zwei unterschiedlich geladene Platten, zwischen denen sich eine kleine, frei bewegliche, negativ geladene Kugel befindet (Abb. 1).

Will man die negativ geladene Kugel aus der Nähe der positiv geladenen Platte fortbewegen, so ist eine Kraft erforderlich, denn ungleichnamig geladene Körper ziehen sich an. Beim Wegbewegen wird ein Weg zurückgelegt. Damit wird an der geladenen Kugel Arbeit verrichtet. Ihre Energie der Lage (potenzielle Energie) vergrößert sich. Vergleichbar ist das mit dem Heben eines Körpers. Auch dabei wird Arbeit verrichtet und die potenzielle Energie des Körpers vergrößert sich.
Bei einer bestimmten Spannung zwischen den Platten ist die zum Bewegen der geladenen Kugel erforderliche Arbeit und damit die Energieänderung umso größer, je größer die Ladung der Kugel ist. Man kann auch formulieren: Der Quotient aus der Änderung der potenziellen Energie der geladenen Kugel und ihrer Ladung ist ein Maß für die Spannung zwischen den Platten.

Befindet sich die negativ geladene Kugel in der Nähe der negativ geladenen Platte, so wirken abstoßende Kräfte, da sich gleichnamig geladene Körper abstoßen. Die Kugel wird beschleunigt. Ihre potenzielle Energie wird kleiner, ähnlich wie bei einem fallenden Stein. Diese Energieänderung ist wie bei der umgekehrten Bewegung umso größer, je größer die Spannung zwischen den Platten ist.
Allgemein besteht zwischen der Spannung, der Energieänderung eines frei beweglichen, geladenen Körpers und seiner Ladung folgender Zusammenhang:

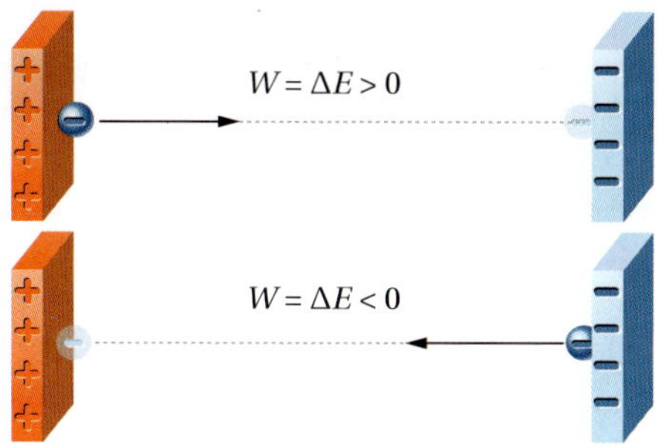

1 ▸ Bei Verschieben einer Ladung ändert sich ihre potenzielle Energie.

Zum Bewegen der Ladung ist Energie erforderlich.

Bei der Bewegung der Ladung wird Energie freigesetzt.

M

> **Die Spannung ist der Quotient aus der Änderung der potenziellen Energie und der Ladung *Q*:**
>
> $U = \frac{\Delta E}{Q}$

Elektrische Spannungen in Natur und Technik	
Körperzellen des Menschen	0,07 V
Monozelle, Mignonzelle	1,5 V
Flachbatterie	4,5 V
Fahrraddynamo	6 V
Autobatterie	12 V
Zitteraal	bis 800 V
Elektrolokomotive	15 kV
Generator im Kraftwerk	15 kV
Überlandleitung	bis 380 kV
Gewitter	bis 10^9 V

Physik in Natur und Technik

Überall Ladungstrennung

Ladungstrennung finden wir an vielen Stellen in Natur, Technik und Alltag. In Gewitterwolken führt Ladungstrennung zu großen Ladungsunterschieden, hohen Spannungen und schließlich zu Blitzen. Bei einem Bandgenerator (Abb. 1) werden zwei Kugeln unterschiedlich aufgeladen. Beim Kämmen frisch gewaschener Haare oder beim Ausziehen eines Pullovers hört man manchmal ein Knistern – es kommt durch elektrische Aufladung zustande.

Wie können Ladungen voneinander getrennt werden? Welche Spannungen treten dabei auf?

Reibt man einen Glasstab intensiv mit einem Tuch, so gehen Elektronen vom Glasstab auf das Tuch über (Abb. 2). Trennt man beide voneinander, dann sind das Tuch negativ und der Glasstab positiv geladen. Da diese Ladungstrennung durch Berührung bzw. Reibung zustande kommt, spricht man von **Reibungselektrizität.** Ladungstrennung durch Reibung wird beim Bandgenerator genutzt (Abb 1).

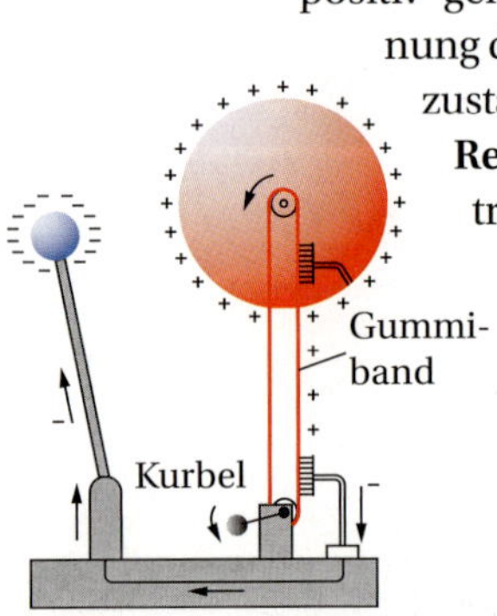

1 ▸ Bei einem Bandgenerator erfolgt durch Reibung eine Ladungstrennung.

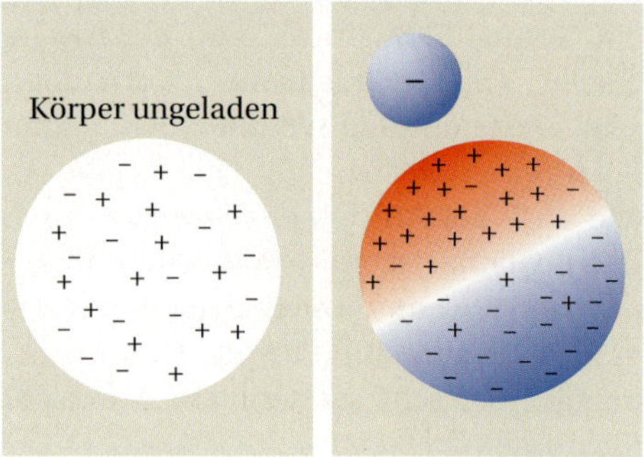

3 ▸ Ladungsteilung durch die Wirkung eines geladenen Körpers

Diese Art von Ladungstrennung tritt auch bei Reibung zwischen Kleidung und Autositz oder beim Reiben eines Luftballons an Kleidung auf. Die entstehenden Ladungen sind gering, die Spannung aber kann einige Tausend Volt betragen. Immer gilt: Um Ladungen zu trennen, muss Energie aufgewendet werden, die dann im betreffenden System gespeichert ist.

So wird in **Solarzellen** die Sonnenenergie genutzt, um im Inneren dieser Zellen eine Ladungstrennung hervorzurufen. Ladungstrennung erfolgt auch, wenn man einen geladenen Körper in die Nähe eines ungeladenen bringt (Abb. 3).

Bei einem **Akkumulator** wird elektrische Energie aufgewendet, um den Akku zu laden, also eine Ladungstrennung durchzuführen. Zwischen den Elektroden besteht dann eine Spannung.

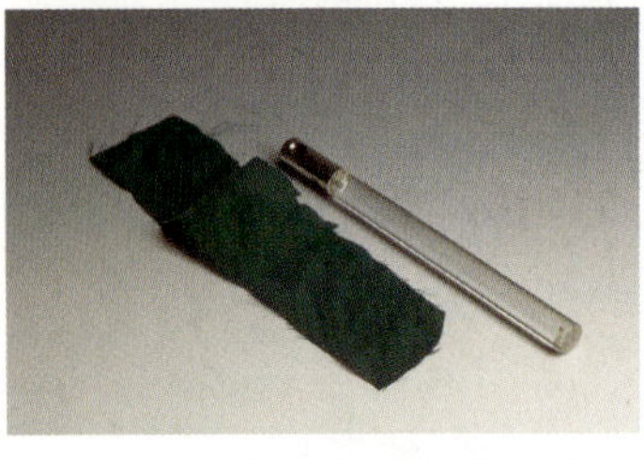

2a ▸ Vor dem intensiven Berühren bzw. Reiben sind Tuch und Glasstab elektrisch neutral.

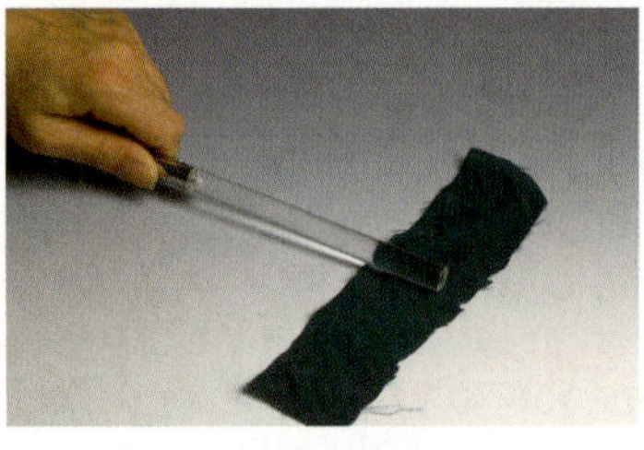

2b ▸ Beim intensiven Berühren bzw. Reiben gehen Elektronen vom Glasstab auf das Tuch über.

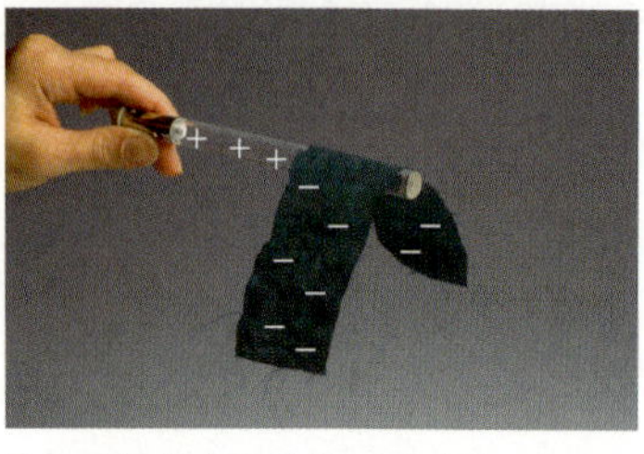

2c ▸ Nach dem Reiben sind der Glasstab positiv und das Tuch negativ geladen.

Eine interessante Naturerscheinung

Mit Blitz und Donner kündigt sich ein Gewitter an. Während eines Gewitters können Dutzende von Blitzen auftreten. Weltweit werden 70 bis 100 Blitze in jeder Sekunde registriert.

Die durchschnittliche Stromstärke bei einem Blitz beträgt etwa 40 000 A, der Durchmesser eines Blitzkanals 10 cm bis 20 cm. Blitze sind meist 2 km bis 3 km lang und dauern weniger als 1 s.

Wie entsteht ein Blitz? Gibt es nur Blitze zwischen einer Wolke und der Erde?

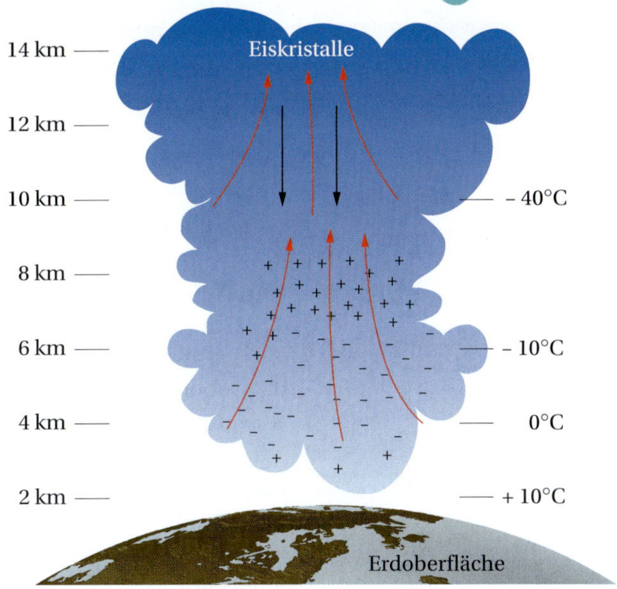

2 ▸ Aufbau einer Gewitterwolke

Ein Blitz ist ein zeitlich kurzer, aber sehr starker elektrischer Strom, der die unterschiedlichen Ladungen zwischen geladenen Wolken bzw. Wolken und der Erde ausgleicht.

Elektrisch geladene Gewitterwolken entstehen vor allem an warmen, schwülen Tagen. Warme, aber auch feuchte Luft steigt nach oben. Dabei kühlt sie sich ab. Aus dem in der Luft befindlichen Wasserdampf werden dadurch Wassertropfen, Eiskristalle und Hagelkörner.

Der Mechanismus der Ladungstrennung in einer Wolke ist noch nicht in allen Einzelheiten geklärt.

Ein Erklärungsansatz ist folgender (Abb. 2): Ein Teil der aufgestiegenen Hagelkörner fällt wieder herab, weil sie zu schwer sind. Durch das schnelle Aufsteigen von Luft mit Wassertropfen und Eiskristallen sowie das Herabfallen von Hagelkörnern kommt es infolge von Reibung zu Ladungstrennungen. Damit entstehen in Gewitterwolken Bereiche, die unterschiedlich geladen sind. Wenn die unterschiedlichen Ladungen in zwei Gewitterwolken groß genug sind, kommt es durch einen Blitz zu einem Ladungsausgleich.

Es fließt ein starker elektrischer Strom, der die Luft zum Leuchten bringt. Sie wird auf etwa 20 000 °C erwärmt. Dadurch dehnt sie sich explosionsartig aus und wir hören ein Donnern.

1 ▸ Blitze sind kurzzeitige elektrische Entladungen zwischen zwei Wolken oder zwischen einer Wolke und der Erde.

3 ▸ Ein Ladungsausgleich durch einen Blitz kann zwischen zwei Wolken oder zwischen einer Wolke und der Erde erfolgen.

Projekt

Galvanische Spannungsquellen

Zwei italienische Streithähne

Elektrizität kannte man schon im Altertum. Eine technische Nutzung begann jedoch erst, nachdem um 1800 eine Reihe wichtiger Entdeckungen und bedeutender Erfindungen gemacht worden waren. Dazu gehörten die berühmten Versuche von zwei Italienern, dem Mediziner LUIGI GALVANI (1737–1798) mit Froschschenkeln (Abb. 1) und dem Physiker ALESSANDRO VOLTA (1745–1827) mit der „Tassenkrone" (Abb. links).

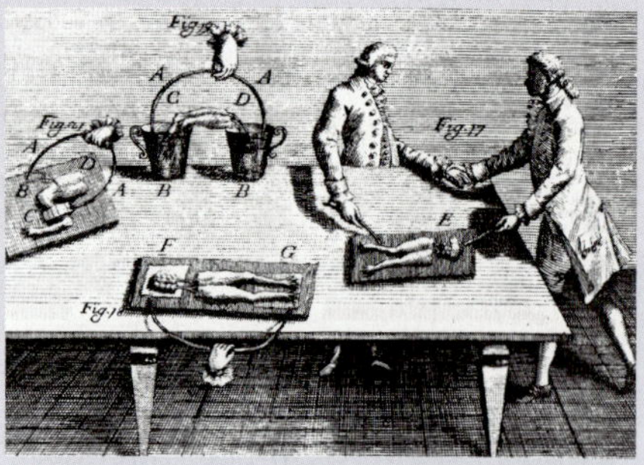

1 ▸ GALVANIS Froschschenkelversuche: Bei Verwendung verschiedener Metalle zuckten die Froschschenkel.

Die „Tassenkrone" von Volta: In den Gefäßen befindet sich eine leitende Flüssigkeit. Die Platten bestehen aus verschiedenen Metallen.

1. *Erkunde, worin die großartigen Leistungen von GALVANI und VOLTA bestanden!*
   Worum ging es in ihrem berühmt gewordenen Streit?
   Nutze für deine Recherche das Internet!

2. *Präsentiere das Ergebnis deiner Recherche in einem Poster! Versuche es möglichst attraktiv zu gestalten!*

Auf den Spuren von VOLTA

ALESSANDRO VOLTA entdeckte 1794, dass für das Zustandekommen von elektrischen Spannungen zwei verschiedene Leiter und eine leitende Flüssigkeit erforderlich sind. Das Prinzip der Monozelle bzw. der Batterie war gefunden worden (Abb. links). VOLTA untersuchte auch, unter welchen Bedingungen eine besonders große Spannung auftritt. Mit den Metallen Kupfer und Zink und der leitenden Flüssigkeit verdünnte Schwefelsäure machte er die besten Erfahrungen.

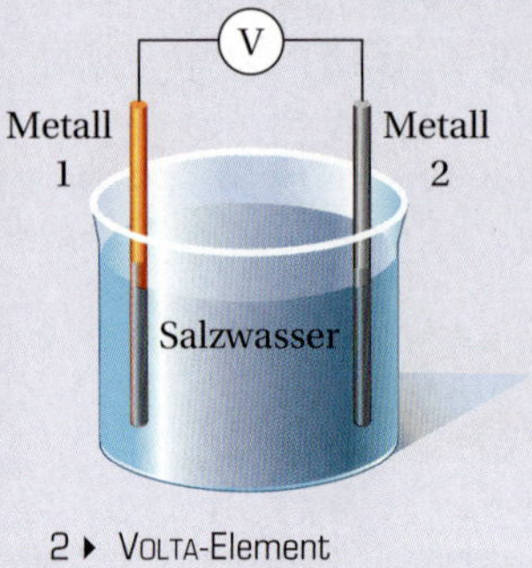

2 ▸ VOLTA-Element

3. *Baue ein VOLTA-Element (Abb. 2)! Verwende ebenso wie VOLTA Kupfer und Zink als Metalle, aber als leitende Flüssigkeit Salzwasser! Wie groß ist die Spannung zwischen den beiden Metallen? Tritt auch eine Spannung auf, wenn man zwei gleiche Metalle verwendet?*

Projekt

Eine noch einfachere Anordnung eines VOLTA-Elements zeigt die nebenstehende Abbildung.

4. *Baue eine einfache elektrische Quelle (Abb. 1)! Anstelle der beiden Metallplättchen kannst du auch einen Nagel aus Eisen und einen Draht aus Kupfer verwenden.*

5. *Ersetze den Apfel durch eine Apfelsine oder eine Zitrone! Wie ändert sich die jeweilige Spannung?*

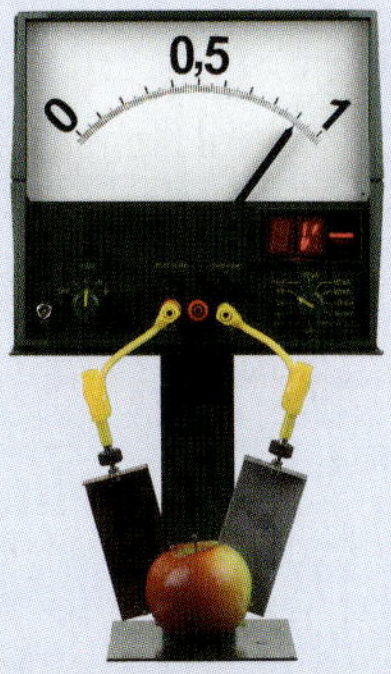

1 ▸ Eine einfache Spannungsquelle

Besonders interessant ist der Bau einer Kartoffelbatterie, bei der mehrere Kartoffeln in Reihe geschaltet werden.

6. *Baue dir eine solche Kartoffelbatterie! Miss die Spannung bei verschiedener Anzahl von Kartoffeln!*

7. *Plane ein Experiment um herauszufinden, ob die Spannung von der Größe der Fläche und vom Abstand der Metallplatten abhängt! Führe das Experiment durch!*

VOLTA schrieb im März 1800 in einem Brief:

„... dreißig, vierzig ... oder mehr Kupferstücke, ... jedes in Verbindung mit einem Stück Zink; ferner eine gleiche Anzahl von Schichten, z. B. Salzwasser, Lauge oder dergleichen; eine solche Anlage der Leiter stets in der gleichen Weise wiederholt; das ist alles, woraus mein neuer Apparat besteht."

VOLTA verbesserte ständig die Anordnungen, um größere Spannungen zu erzeugen. Mit Anordnungen, die nach ihm **voltasche Säule** (Abb. rechts) genannt werden, konnten Spannungen von 50 V bis 100 V erreicht werden.

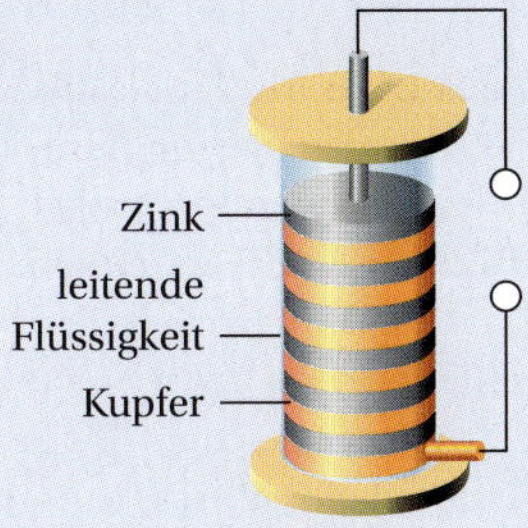

Moderne elektrische Quellen

Viele elektrische Geräte funktionieren mit Batterien, die eine Weiterentwicklung des VOLTA-Elements und der voltaschen Säule darstellen. Diese Monozellen (Abb. 2) und Batterien sehen ganz verschieden aus und sind auch unterschiedlich aufgebaut.

8. *Untersuche den Aufbau einer Monozelle! Beachte, dass Batterien Sondermüll sind, und entsorge die Reste entsprechend!*

9. *Stelle eine Übersicht über Batterien zusammen, die in Geräten verwendet werden! Gib ihre Spannung an. Warum muss es unterschiedliche Arten von Batterien geben?*

10. *Erkunde, wie wiederaufladbare Batterien (Akkus) aufgebaut sind! Was geschieht beim Aufladen eines Akkumulators?*

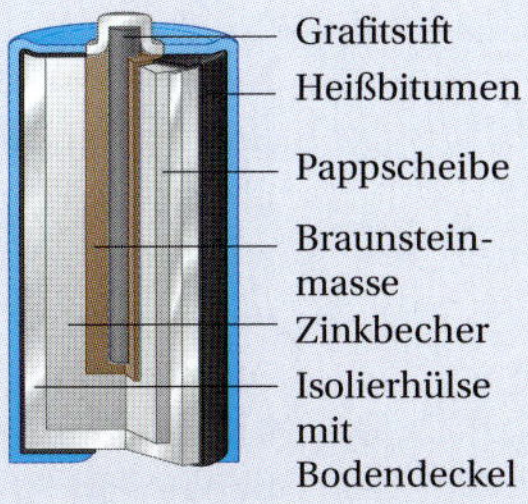

2 ▸ Aufbau einer Monozelle

Experimente

Ladung, Stromstärke, Spannung

Experiment 1
Baue ein Ladungsmessgerät und nutze es!
Vorbereitung:
Materialien: Glas mit Kunststoffdeckel (z. B. für Honig oder Marmelade), metallene Büroklammer, schmaler Streifen von dünnem Papier (z. B. Butterbrotpapier) etwa 1 cm breit und 10 cm lang, Plastiklineal, Wolltuch, Teelicht

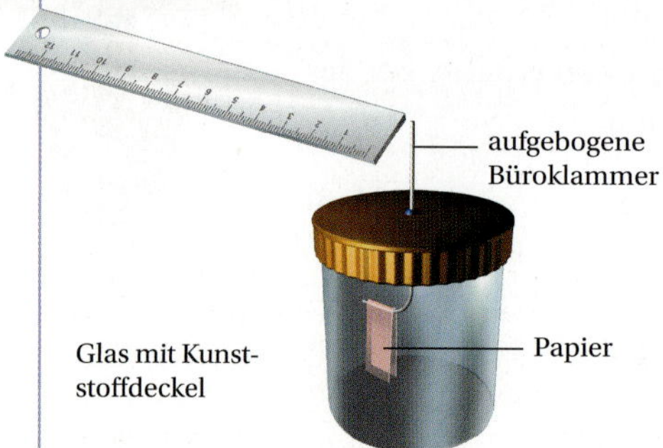

Durchführung:

Achtung Brandgefahr!

a) Schmilz ein kleines Loch in den Plastikdeckel, indem du die aufgebogene Büroklammer in der Kerzenflamme erwärmst!
b) Verforme die Büroklammer zu einem Haken wie in der Abbildung! Fixiere den Draht mit etwas Kleber!
c) Lege den Papierstreifen über den Bügel und schraube den Deckel fest!
d) Reibe das Plastiklineal mit dem Wolltuch und nähere es dem Draht!
e) Reibe das Plastiklineal erneut und nähere es dem Glas von der Seite!

Auswertung:
Beschreibe deine Beobachtungen!
Begründe, warum diese Anordnung ein einfaches Ladungsmessgerät ist!

Experiment 2
Reibe einen Gegenstand aus Kunststoff (z. B. einen Löffel aus einem Salatbesteck) mit einem Wolltuch und halte ihn über trockenes Salz!
Auswertung:
a) Beschreibe deine Beobachtungen!
b) Wie kannst du die beobachtete Erscheinung erklären?

Experiment 3
Wenn man ein geladenes Lineal langsam in die Nähe eines dünnen Wasserstrahls bringt, kann man eine merkwürdige Beobachtung machen (s. Abb.).
Durchführung:
Probiere es selbst aus!

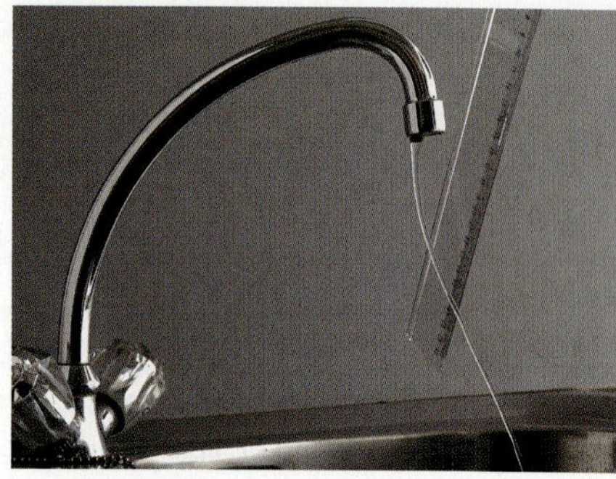

Auswertung:
Wie kannst du erklären, dass das Lineal die Fließrichtung des Wassers beeinflusst, ohne den Wasserstrahl direkt zu berühren?

Experiment 4
Führe Untersuchungen mit einem Luftballon durch!
Durchführung:
a) Befestige einen aufgeblasenen Luftballon an einem dünnen Faden!
b) Lade ihn durch Reiben mit den Händen oder mit einem Wolltuch auf!
c) Bringe in die Nähe des Ballons aufgeladene Gegenstände!
d) Nähere dem Ballon Zeitungspapier!
Auswertung:
Was beobachtest du? Erkläre?

Experiment 5
Schneide von einer Gefriertüte aus Plastik zwei gleiche Streifen ab!
Lege die beiden Streifen aufeinander und ziehe sie durch Zeigefinger und Daumen!

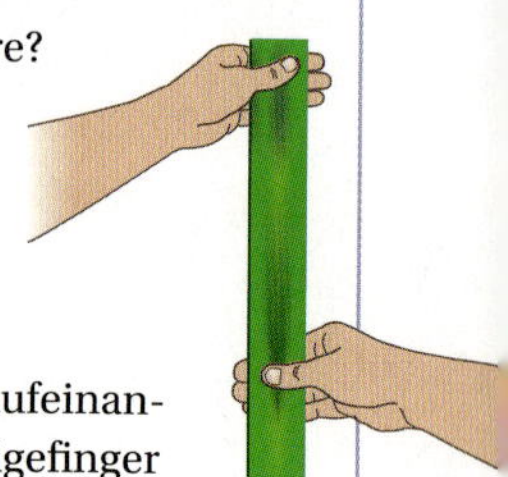

Auswertung:
Beschreibe und erkläre die Beobachtung!

Experimente

Experiment 6

Miss die Stromstärke, die durch verschiedene Bauelemente fließt! Bestimme daraus die Ladung, die in einer bestimmten Zeit durch einen Leiterquerschnitt hindurchtritt! Beachte die Hinweise auf S. 154!

Vorbereitung:

a) Wie kann man die Stromstärke bestimmen? Wie wird das Messgerät geschaltet?
b) Entwirf einen Schaltplan mit elektrischer Quelle, Schalter, Glühlampe und Amperemeter!

Durchführung:

a) Baue die Schaltung auf und bestimme die Stromstärke, die durch die Glühlampe fließt!
b) Führe die Messung für zwei andere Glühlampen und für einen Widerstand durch!

Auswertung:

Ermittle jeweils die Ladung, die in einer Minute durch einen beliebigen Leiterquerschnitt geflossen ist! Vergleiche die Bauelemente!

Experiment 7

Bestimme die Spannung an verschiedenen elektrischen Quellen! Beachte dabei: Die Maximalspannung beim Experimentieren darf 25 V nicht übersteigen!

Experiment 8

Bestimme experimentell für eine gegebene Schaltung die Spannung an verschiedenen Bauteilen, die Stromstärke und die Ladung, die durch einen Leiterquerschnitt hindurchtritt! Beachte die Hinweise auf S. 154!

Vorbereitung:

Baue die Schaltung nach folgendem Schaltplan auf:

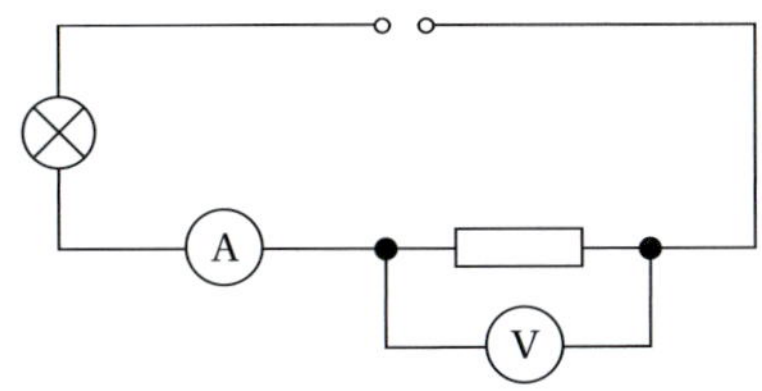

Durchführung:

Miss die Stromstärke und die Spannung an Widerstand und Glühlampe!

Auswertung:

Wie groß ist die Ladung, die in einer Minute durch einen Leiterquerschnitt hindurchtritt?

Methode

Messen mit einem Vielfachmessgerät

1. Stelle die Stromart (Gleichstrom oder Wechselstrom) am Messgerät ein!
2. Stelle den größten Messbereich für die Stromstärke bzw. Spannung am Messgerät ein!
3. Schalte das Messgerät
   a) in Reihe zum elektrischen Gerät, um die Stromstärke zu messen, und
   b) parallel zum elektrischen Gerät, um die Spannung zu messen!

   Achte bei Gleichstrom auf die richtige Polung!
4. Schalte den Messbereich so weit herunter, dass im letzten Drittel der Skala abgelesen werden kann!
5. Lies die jeweilige Größe ab! Beachte dabei, dass der eingestellte Messbereich den Höchstwert der Skala angibt!

Aufgaben

1. Wenn man einen Glasstab mit einem Tuch reibt, dann ist anschließend der Glasstab positiv geladen.
   Wie ist das Tuch geladen? Begründe!

2. Nenne und erläutere Beispiele aus Natur, Technik und Alltag für die Ladungstrennung durch Reibung!

3. Begründe, warum die Anordnung in der Abbildung als Ladungsanzeiger genutzt werden kann!

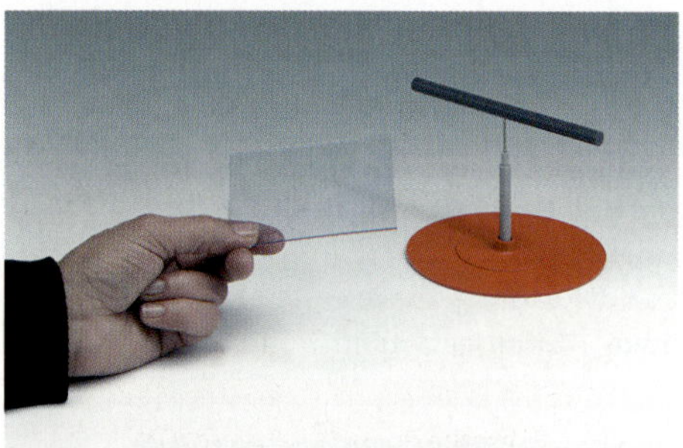

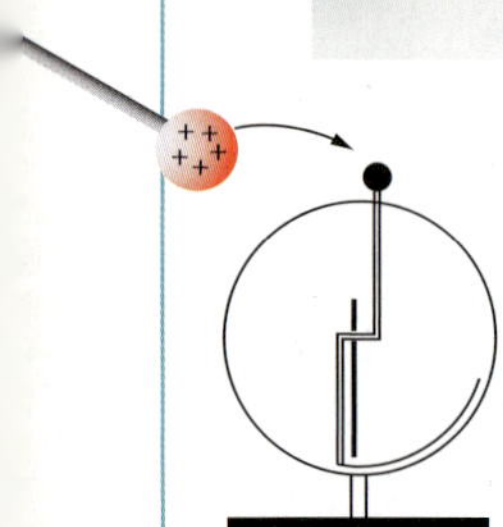

4. Eine positiv geladene Kugel wird einem Elektroskop genähert (s. Abb.).
   a) Was kann man beobachten, wenn man die Kugel nähert bzw. entfernt?
   b) Erkläre die Beobachtung!

5. Elektromonteure nutzen Polprüfer, um festzustellen, ob an einem Leiter eine Spannung anliegt.
   Informiere dich im Internet, wie ein Polprüfer aufgebaut ist und wie er funktioniert!

6. In der Textilindustrie werden große Rollen, über die Garn geführt wird, mit der Erde elektrisch verbunden. Genauso wird das bei Druckmaschinen gemacht.
   Was soll mit dieser Maßnahme erreicht werden?

7. Was versteht man unter einem elektrischen Schlag?

8. Schnellhefter aus Kunststoff „kleben" manchmal regelrecht zusammen.
   Wie ist diese Erscheinung zu erklären?

9. Ein Körper hat eine negative Ladung von 0,1 C. Wie groß ist der Elektronenüberschuss auf diesem Körper?

10. Ein Körper hat eine positive Ladung von 0,5 C. Wie viele Elektronen müssen auf ihn übergehen, damit er elektrisch neutral wird?

11. Eine Kugel ist nach außen zunächst elektrisch neutral. Mithilfe eines Bandgenerators wird die Kugel aufgeladen. Dabei gehen $3{,}1 \cdot 10^{10}$ Elektronen auf die Kugel über.
    a) Wie ist die Kugel dann geladen?
    b) Wie groß ist die Ladung der Kugel?

12. Batterien und Akkumulatoren sind Energie- und Ladungsspeicher. So gibt es beispielsweise Autobatterien mit den Angaben 12 V/70 Ah. Auch auf Kleinakkus findet man entsprechende Angaben.
    a) Was bedeuten die Angaben?
    b) Erkunde, bei welchen weiteren Geräten Akkumulatoren verwendet werden und welche Ladung in diesen Akkumulatoren gespeichert werden kann!

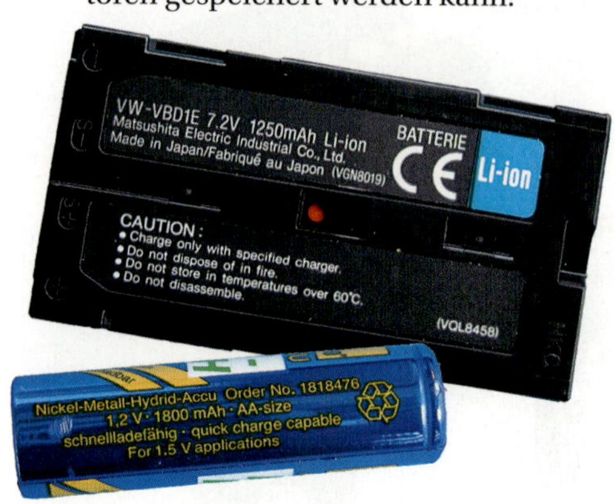

13. In einer Videokamera befindet sich ein Akku mit den Angaben 7,2 V/1150 mAh. Mit einem solchen Akku kann man ca. 60 min lang Aufnahmen machen.

a) Wie groß ist während der Aufnahme die durchschnittliche Gesamtstromstärke im Gerät?

* b) Wie viel Energie ist in dem vollständig aufgeladenen Akku gespeichert?

14. Stelle für die drei physikalischen Größen Stromstärke, Spannung und Widerstand in einer Übersicht zusammen: Physikalische Bedeutung, Kurzzeichen, Einheiten und Messgeräte.

15. An einer Glühlampe sollen Spannung und Stromstärke gemessen werden. Mögliche Stellen für die Messgeräte sind durch ein x gekennzeichnet.

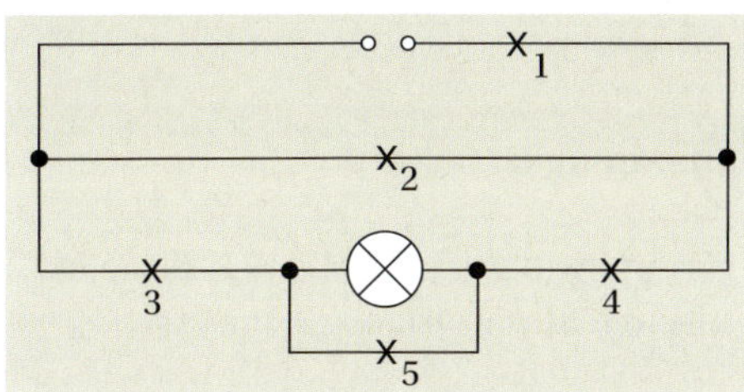

Gib an, an welchen Stellen die Messgeräte eingebaut werden sollten! Begründe!

16. Zeichne einen Schaltplan für den abgebildeten Stromkreis!

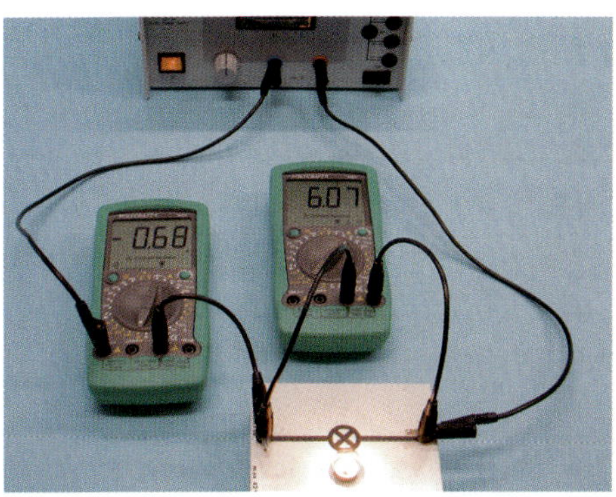

17. Experimente mit geladenen Körpern waren und sind sehr beliebt.

Die allmähliche Aufladung eines Körpers ist wegen der kleinen Ströme ungefährlich. Gefährlich kann aber eine plötzliche Aufladung oder Entladung sein.

a) Welche Stromstärke darf dabei auf keinen Fall überschritten werden?

b) Gib drei sinnvolle Wertepaare von Q und t an, bei denen diese maximale Stromstärke auftreten würde!

c) Beim Kämmen von Haaren, Ausziehen von Pullovern usw. können Spannungen von einigen Tausend Volt auftreten. Die Ladung liegt meist in einer Größenordnung von weniger als einem Millionstel Coulomb. Ergeben sich daraus Gefahren für einen Menschen?

18. Der Akkumulator einer Digitalkamera (3,7 V/900 mAh) ist fast entladen und hat nur noch 10 % seines Speicherungsvermögens. Mit einem Ladegerät wird der Akku innerhalb von 40 min wieder voll aufgeladen. Wie groß ist die durchschnittliche Stromstärke beim Aufladen?

19. Ergänze die fehlenden Größen!

I	0,2 A	100 mA		0,40 A
Q		0,07 C	80 Ah	1 800 Ah
t	10 min		1,2 h	

Das Wichtigste auf einen Blick

Ladung, Stromstärke, Spannung

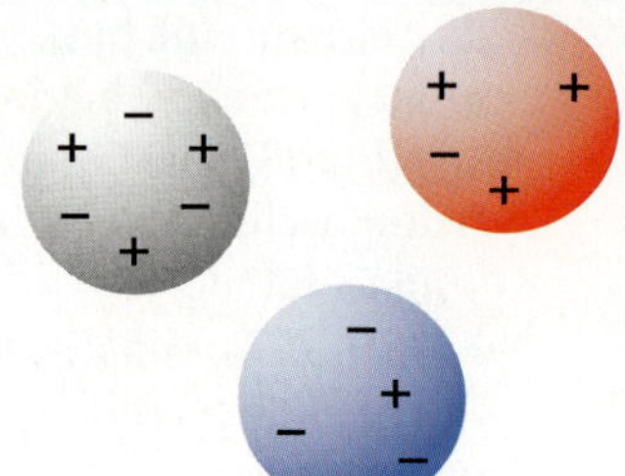

Ladung eines Körpers bzw. eines Teilchens

Körper bzw. Teilchen können elektrisch neutral, positiv geladen oder negativ geladen sein.

Die elektrische Ladung Q eines Körpers bzw. Teilchens gibt an, wie groß der Elektronenmangel oder der Elektronenüberschuss ist.

Einheiten: 1 Coulomb (1 C)
1 Amperesekunde (1 As)
1 C = 1 As

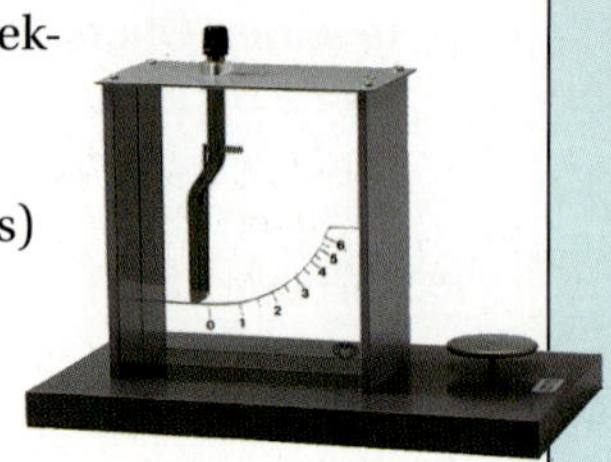

Die Ladung eines Elektrons wird als **Elementarladung *e*** bezeichnet. Es gilt:

$$e = 1{,}6 \cdot 10^{-19}\,\mathrm{C}$$

Stromstärke *I*

gibt an, wie viel Ladung in der Zeiteinheit durch einen Leiterquerschnitt transportiert wird.

Einheiten: 1 Ampere (1 A)
1 mA, 1 µA
1 A = 1 000 mA
1 mA = 1000 µA

Messgerät: Stromstärkemesser (Amperemeter)

Spannung *U*

gibt an, wie stark der Antrieb des elektrischen Stroms ist.

Einheiten: 1 Volt (1 V)
1 mV, 1 kV
1 V = 1000 mV
1 kV = 1000 V

Messgerät: Spannungsmesser (Voltmeter)

Zusammenhänge zwischen den Größen

Für I = konstant gilt: $I = \frac{Q}{t}$

Die Spannung U ist der Quotient aus der Änderung der potenziellen Energie und der Ladung:

$$U = \frac{\Delta E}{Q}$$

3.2 Widerstände in Stromkreisen

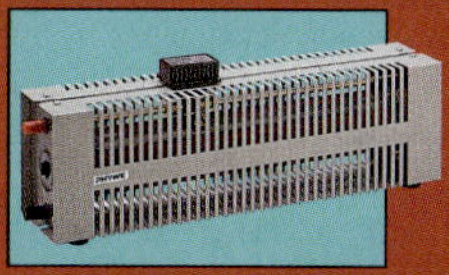

Widerstände regeln ▸▸ Mit Drehknöpfen oder Schiebern kann man an einem Radio oder Discman die Lautstärke regeln, an einem Bügeleisen die Temperatur und an einer Bohrmaschine die Drehzahl. Mit der Änderung von Widerständen in einem Stromkreis ändern sich auch die Größen Stromstärke und Spannung.
Wie sind regelbare Widerstände aufgebaut?
Wie funktionieren sie?

Strom birgt Gefahren ▸▸ Elektrische Geräte im Haushalt werden mit Spannungen von 230 V betrieben. In den Zuleitungen und in den Geräten fließen Ströme, die für Menschen lebensgefährlich sind.
Welche Maßnahmen schützen den Menschen vor elektrischem Strom? Welche Regeln sollte man beim Umgang mit Elektrizität unbedingt beachten?

Zusammenhang zwischen Spannung und Stromstärke – das ohmsche Gesetz

Je größer die elektrische Spannung in einem Stromkreis ist, desto größer ist der Antrieb des elektrischen Stromes. Damit bewegen sich mehr Elektronen je Zeiteinheit durch den Querschnitt eines Leiters. Die elektrische Stromstärke steigt. So leuchtet z. B. eine Glühlampe heller, wenn sie an eine stärkere elektrische Quelle angeschlossen wird.

Der Zusammenhang zwischen Stromstärke und Spannung wurde von dem deutschen Forscher GEORG SIMON OHM (1789–1854) entdeckt und ist im **ohmschen Gesetz** beschrieben.

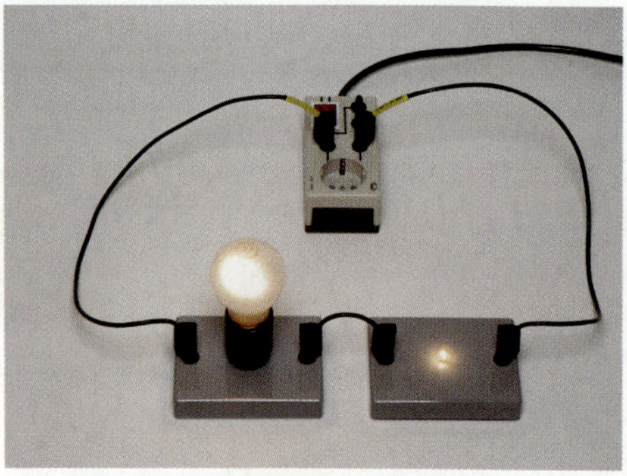

2 ▸ Messung von Stromstärke und Spannung an einem elektrischen Widerstand

> **M** **Für alle metallischen Leiter gilt unter der Bedingung, dass die Temperatur konstant ist:**
>
> $I \sim U$

Direkte Proportionalität zwischen Stromstärke und anliegender Spannung bedeutet: Mit der anliegenden Spannung U wächst auch die Stromstärke I in gleichem Maße. Die Gesetzesaussage $I \sim U$ ist gleichbedeutend mit der Formulierung

Bedingung: ϑ = konstant

$$\frac{U}{I} = \text{konstant.}$$

Stellt man die Messwerte für Stromstärke und Spannung für einen metallischen Leiter bei konstanter Temperatur in einem Diagramm dar, dann erhält man eine Gerade, die durch den Ursprung des Koordinatensystems verläuft (Abb. 1).

Das ohmsche Gesetz gilt nur unter der Bedingungen, dass die Temperatur konstant bleibt. Es gilt auch für Konstantandraht. Konstantan ist eine Legierung aus 54 % Kupfer, 45 % Nickel und 1 % Mangan. Es hat die Eigenschaft, dass sein Widerstand weitgehend temperaturunabhängig ist.

Diese **Gültigkeitsbedingung** für das ohmsche Gesetz ist aber nicht immer erfüllt. Erhöht man beispielsweise die Spannung, die an einer Glühlampe (Metallfadenlampe) anliegt, dann steigt mit der Stromstärke die Temperatur des Glühfadens. Es gilt nicht mehr $I \sim U$.

Die Kennlinie der Metallfadenlampe ist keine Gerade (Abb. 3), weil die Stromstärke nicht in gleichem Maße wie die Spannung wächst, sondern langsamer ansteigt.

Der Verlauf des Graphen in einem U-I-Diagramm kennzeichnet das elektrische Verhalten des jeweiligen Bauteils. Man spricht auch von einer ***Kennlinie.***

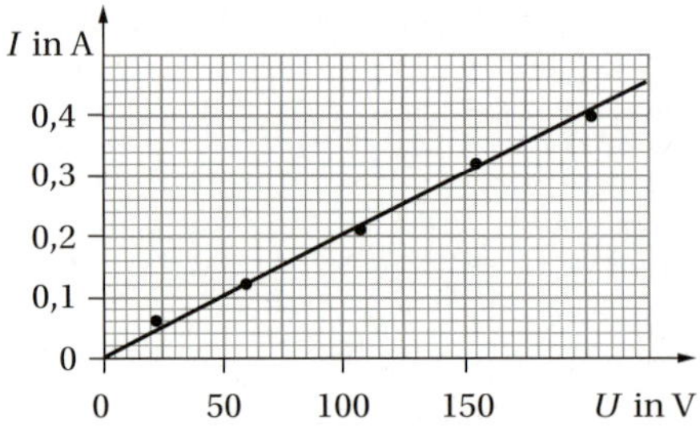

1 ▸ Kennlinie eines metallischen Leiters bei konstanter Temperatur

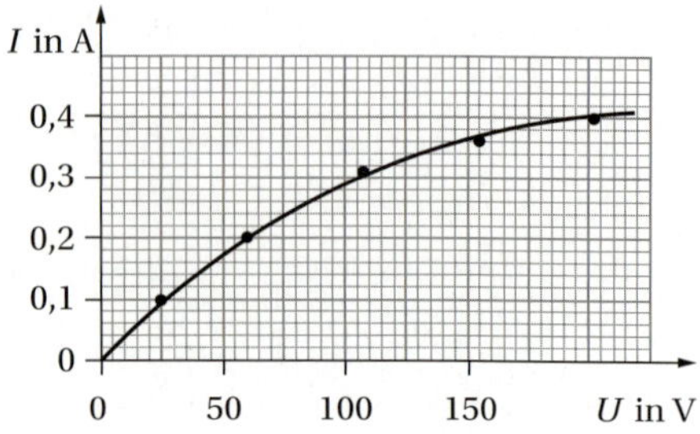

3 ▸ Kennlinie einer Glühlampe: Die Temperatur wächst mit Vergrößerung der Stromstärke.

Der elektrische Widerstand

Wir wissen bereits: Verschiedene Bauteile leiten den elektrischen Strom unterschiedlich gut. Sie haben einen charakteristischen Widerstand.

M **Der elektrische Widerstand eines Bauteils gibt an, wie stark der elektrische Strom in ihm behindert wird.**
Formelzeichen: *R*
Einheit: 1 Ohm (1 Ω)

Legt man an ein Bauteil eine Spannung *U* an, dann fließt ein Strom der Stärke *I*. Je größer der elektrische Widerstand des Bauteils ist, desto kleiner ist bei bestimmter Spannung die Stromstärke. Der Therm *U/I* ist somit ein Maß für den elektrischen Widerstand *R*. Deshalb wird der elektrische Widerstand so definiert:

M **Der elektrische Widerstand *R* ist der Quotient aus der anliegenden Spannung *U* und der Stromstärke *I*:**

$$R = \frac{U}{I}$$

Daraus ergibt sich: $1\,\text{Ohm} = \frac{1\,\text{Volt}}{1\,\text{Ampere}}$

Vielfache der Einheit 1 Ω sind ein Kiloohm (1 kΩ) und ein Megaohm (1 MΩ):

$$1\,\text{k}\Omega = 1\,000\,\Omega$$
$$1\,\text{M}\Omega = 1\,000\,\text{k}\Omega = 1\,000\,000\,\Omega$$

Elektrische Widerstände in Natur und Technik	
Verlängerungskabel	ca. 0,1 Ω
Heizplatte im Herd	15 Ω
Heizung einer Waschmaschine (1000 W)	50 Ω
100-W-Glühlampe	530 Ω
60-W-Glühlampe	880 Ω
Körperwiderstand des Menschen (von Hand zu Hand)	ca. 1,2 k Ω

Georg Simon Ohm

Georg Simon Ohm wurde am 16. März 1789, also im Jahr der französischen Revolution, in Erlangen geboren. Seine Eltern entstammten Handwerkerfamilien. Sein Vater war als Schlossermeister tätig. Er war auch der erste Lehrer für Ohm und dessen jüngeren Bruder.
Nach einem Studium der Mathematik, Physik und Philosophie in Erlangen war Ohm bis 1811 als Lehrer an einer Privatschule in der Schweiz tätig und arbeitete anschließend als Lehrer in Bamberg und in Köln. Die sehr gute physikalische Sammlung der Kölner Schule trug dazu bei, dass sich Ohm immer mehr der Physik zuwandte. 1821 schrieb er an seinen Vater: „Die vor kurzem entdeckten elektrisch-magnetischen Erscheinungen nehmen meine Zeit in Anspruch. Ich habe sie zwar schon alle durchgearbeitet, einzelne jedoch möchte ich noch mehr verfolgen."
Nach zahlreichen experimentellen Untersuchungen veröffentlichte Ohm 1826 eine Arbeit, in der der Zusammenhang zwischen Spannung und Stromstärke aus Messreihen hergeleitet ist. Er wird heute als ohmsches Gesetz bezeichnet.
Darüber hinaus untersuchte Ohm auch verschiedene akustische und optische Erscheinungen.
Georg Simon Ohm starb am 6. Juli 1854 in München.

1893 wurde international vereinbart, die Einheit des Widerstandes „Ohm" zu nennen.

Ab 1833 war Ohm als Physikprofessor an der polytechnischen Schule Nürnberg tätig. 1849 erfolgte seine Berufung als Professor an die Universität München.

Elektrischer Widerstand und Temperatur

Bestimmt man den elektrischen Widerstand von Metalldrähten bei unterschiedlicher Temperatur (Abb. 1, 2), dann zeigt sich:

Bei den meisten Metallen erhöht sich mit steigender Temperatur ihr elektrischer Widerstand.

Eine Ausnahme bilden spezielle Widerstandslegierungen wie Konstantan oder Manganin.

Das kann man auch bei einer Glühlampe feststellen: Bei Vergrößerung der Spannung erhöht sich die Stromstärke und damit die Temperatur der Glühwendel. Infolgedessen vergrößert sich ihr elektrischer Widerstand (s. Abb. 3, S. 148).

Mit der in Abb. 1 dargestellten Anordnung kann man den Zusammenhang untersuchen. Bestimmt wird der Widerstand einer Drahtwendel.

Wie stark sich der Widerstand mit der Temperatur ändert, hängt vom jeweiligen Stoff ab.

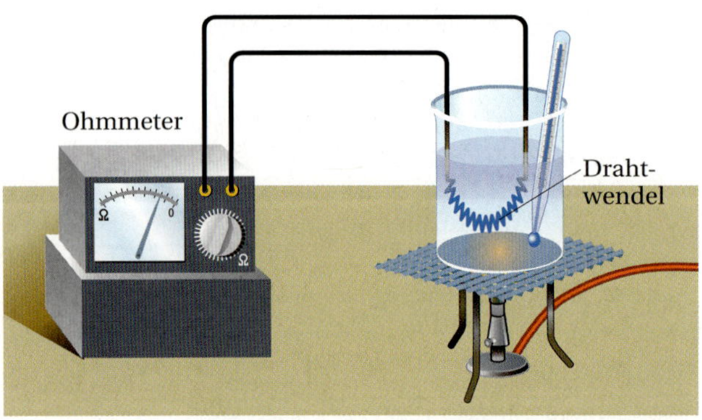

1 ▸ Untersuchung der Temperaturabhängigkeit

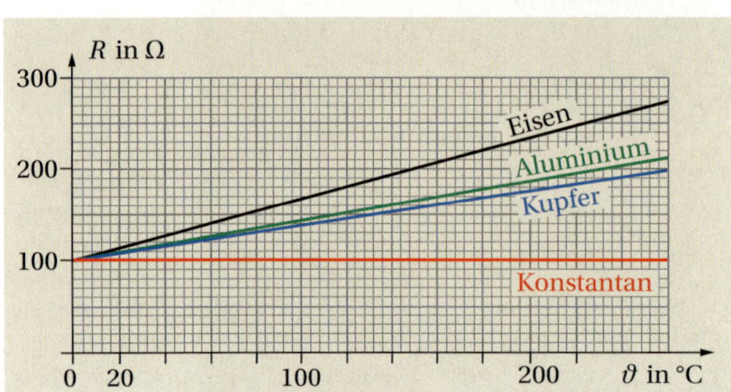

2 ▸ Temperaturabhängigkeit des Widerstandes von Leitern aus verschiedenen Stoffen

Technische Widerstände

Die Bezeichnung „Widerstand" wird sowohl für die physikalische Größe als auch für elektrische Bauteile benutzt.

In elektrischen Geräten befinden sich Widerstände unterschiedlicher Bauformen. **Festwiderstände** haben einen unveränderlichen, „festen" Widerstand (Abb. 3a und 4).

Bei **regelbaren Widerständen** (Abb. 3b und 5) werden mit einem Gleit- oder Drehkontakt unterschiedliche Längen eines Widerstandsdrahtes eingestellt, der vom elektrischen Strom durchflossen wird ($R \sim l$).

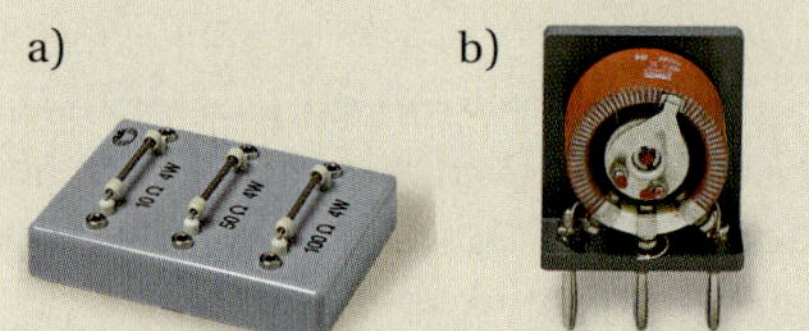

3 ▸ Drahtwiderstände: Auf Keramikzylinder werden lange, isolierte Metalldrähte gewickelt.

4 ▸ Schichtwiderstände: Auf Keramikröhrchen werden dünne Kohle- oder Metallschichten aufgedampft. Aus den farbigen Ringen kann der Widerstand über einen Code abgelesen werden.

5 ▸ Schiebewiderstand: Mit einem Schieber wird die Länge des Drahtes im Stromkreis verändert.

Die elektrische Stromstärke in unverzweigten und verzweigten Stromkreisen

Elektrische Geräte und Bauteile können in einem Stromkreis in Reihe oder parallel zueinander geschaltet werden.

In einem **unverzweigten Stromkreis,** z.B. bei der Reihenschaltung von zwei Glühlampen (Abb. 1), bewegt sich der gesamte Elektronenstrom durch die Leitungen und die Geräte. Die Elektronen können weder entweichen noch hinzukommen. Sie können sich auch nicht stauen.

Ähnlich ist das in einem Wasserstromkreis: An verschiedenen Stellen fließt jeweils die gleiche Wassermenge je Zeiteinheit durch die Querschnittsfläche der Rohre.

M **Für die elektrische Stromstärke in unverzweigten Stromkreisen gilt:**

$I = I_1 = I_2 = \ldots =$ konstant

In **verzweigten Stromkreisen** teilt sich der Elektronenstrom an den Verzweigungspunkten in zwei oder mehr Teilströme auf (Abb. 2). Ein Teil bewegt sich durch die Glühlampe 1, der andere Teil durch die Glühlampe 2. Sind die Glühlampen unterschiedlich, so sind auch die Ströme der Elektronen unterschiedlich groß.

Auch im Wasserstromkreis verteilt sich der Wasserfluss auf die beiden Zweige. Dabei geht aber kein Wasser verloren.

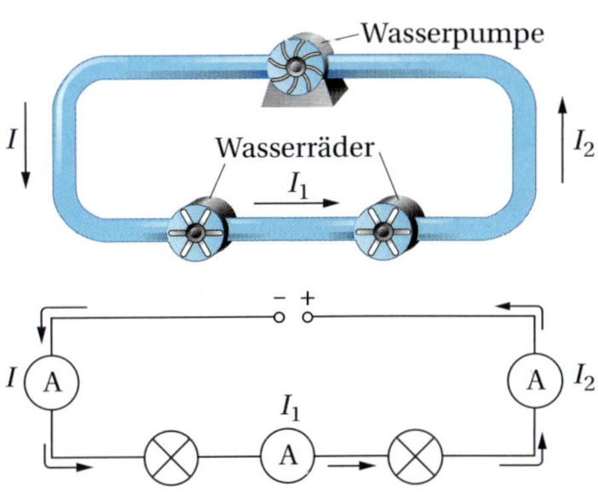

1 ▸ Stromstärken im unverzweigten Stromkreis

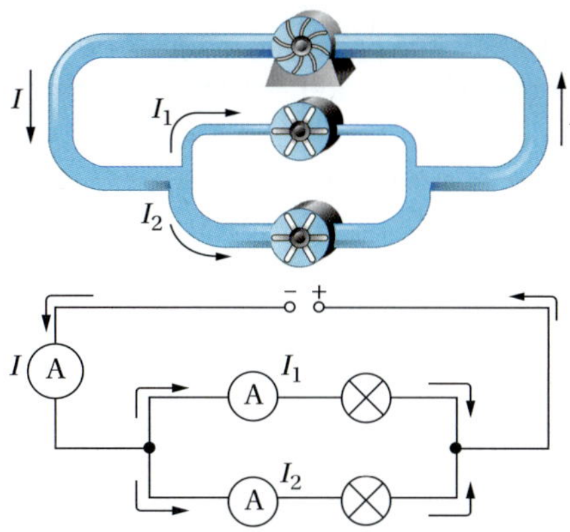

2 ▸ Stromstärken im verzweigten Stromkreis

M **Für die elektrische Stromstärke in verzweigten Stromkreisen gilt:**

$I = I_1 + I_2 + \ldots$

Methode

Voraussagen eines Gesetzes

Die elektrische Stromstärke in Stromkreisen kann man mit unterschiedlichen Modellen deuten. Das Strömen von Ladung lässt sich gut mit einem Wassermodell veranschaulichen (Abb. 1, 2).
Genutzt werden kann auch das Modell der Elektronenleitung (s. S. 136).
Modelle kann man ebenfalls verwenden, um Voraussagen zu treffen, z.B. über die Stromstärke in einem unverzweigten Stromkreis.

1. Ein solcher elektrischer Stromkreis lässt sich mit einem entsprechend gestalteten Wasserstromkreis vergleichen (Abb. 1).

2. Das Wassermodell kann man damit auf einen unverzweigten Stromkreis anwenden.

3. Die Anwendung ergibt: Da sich das Wasser nirgend staut und kein Wasser verloren geht, muss die Wasserstromstärke überall gleich groß sein.

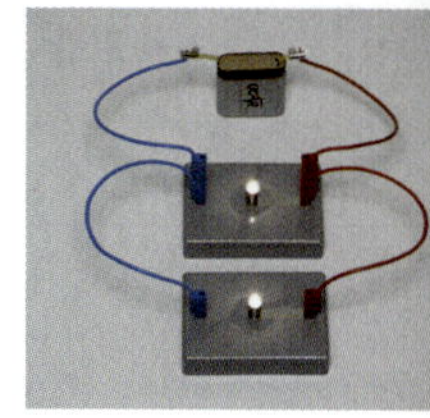

Solche Voraussagen kann man auf das Original (den Stromkreis) übertragen. Es ist aber eine experimentelle Bestätigung erforderlich.

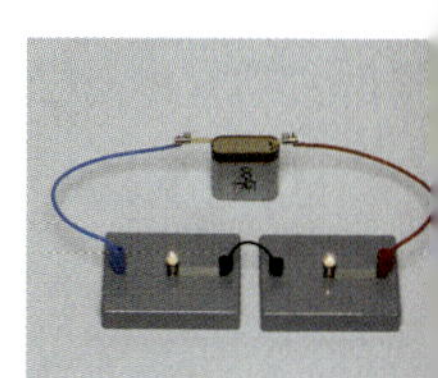

Die elektrische Spannung in unverzweigten und verzweigten Stromkreisen

In **unverzweigten Stromkreisen** sind die elektrischen Geräte, z. B. zwei Glühlampen, in Reihe geschaltet (Abb. 1). Die Stärke des Antriebs der elektrischen Quelle, die Spannung U, teilt sich auf beide Lampen auf. An den Lampen liegen die Teilspannungen U_1 und U_2 an.

Für die elektrische Spannung in unverzweigten Stromkreisen gilt:

$U = U_1 + U_2 + \ldots$

Schaltet man z. B. zwei Glühlampen gleicher Bauart in Reihe, dann liegt an jeder der Glühlampen die Hälfte der Spannung U der elektrischen Quelle.

Bei einer Partybeleuchtung teilt sich die Gesamtspannung auf alle Lämpchen von 6 V auf, sodass diese Lichterkette direkt an 230 V angeschlossen werden kann.

In **verzweigten Stromkreisen** existiert an den Verzweigungspunkten derselbe Antrieb für beide Teilströme (Abb. 3). Die Teilspannungen in den einzelnen Zweigen sind gleich der Gesamtspannung U der elektrischen Quelle.

Für die elektrische Spannung in verzweigten Stromkreisen gilt:

$U = U_1 = U_2 = \ldots = \text{konstant}$

Damit an jedem Haushaltsgerät eine Spannung von 230 V anliegt, sind die Steckdosen parallel geschaltet.

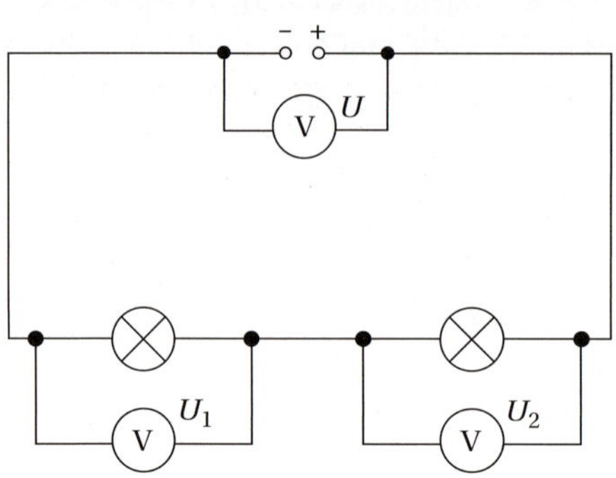

1 ▸ Spannungen im unverzweigten Stromkreis

Schaltung von elektrischen Quellen

Um einen größeren Antrieb des elektrischen Stroms zu erhalten, werden mehrere elektrische Quellen in Reihe geschaltet (Abb. 2).
Die Spannungen der einzelnen Quellen addieren sich zu einer Gesamtspannung. Das wird z. B. bei Taschenlampen, Transistorradios und anderen batteriebetriebenen Geräten genutzt, um die erforderliche Betriebsspannung zu erhalten. Man verwendet 2, 3 oder 4 Batterien.
Beim Einsetzen der Batterien ist auf die richtige Polung zu achten. Bei falscher Polung erhält man unter Umständen die Spannung null. Darüber hinaus können Schäden am Gerät auftreten.

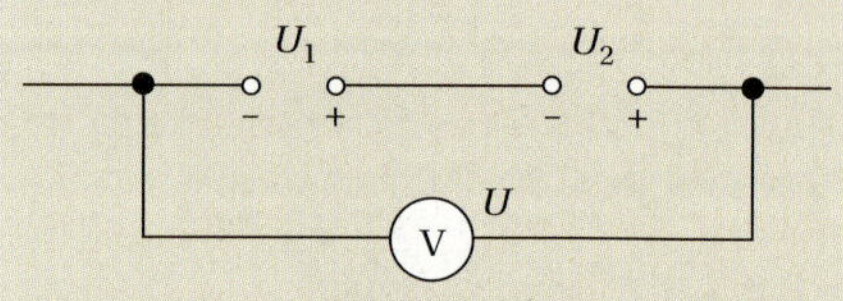

$U = U_1 + U_2$

2 ▸ Reihenschaltung von elektrischen Quellen

Gleiche elektrische Quellen können auch parallel zueinander geschaltet werden. Dann ist die Gesamtspannung gleich der Spannung der einzelnen Quelle.
Die Schaltung hat den Vorteil, dass mit ihr ein elektrisches Gerät länger betrieben werden kann als nur mit einer einzigen Quelle. In den parallel geschalteten Quellen ist mehr Energie gespeichert.

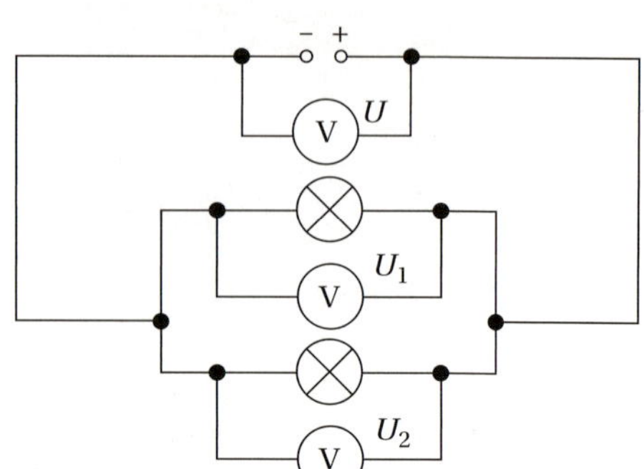

3 ▸ Spannungen im verzweigten Stromkreis

Gesetze – hergeleitet aus bekannten Zusammenhängen

Da viele Gesetze in der Physik als Gleichung formuliert werden, kann man mathematische Mittel nutzen, um neue Erkenntnisse zu gewinnen. Dabei werden vor allem Regeln für das äquiva-lente Umformen von Gleichungen ange-wendet, um zu neuen Gleichungen zu kommen.

Aus bekannten Gesetzen kann man auf diesem Wege auch neue Gesetze herleiten, z. B. die Gesetze für den Gesamtwiderstand in unverzweigten und verzweigten Stromkreisen. **Theoretisch hergeleitete Gesetze müssen durch die Praxis bestätigt werden.** Dazu nutzt man Experimente, um diese Gesetze zu bestätigen oder zu widerlegen.

Widerstände in unverzweigten und verzweigten Stromkreisen

In Stromkreisen befinden sich meist mehrere Bauteile, die in Reihe oder parallel zueinander geschaltet sein können. Jedes Bauteil hat einen elektrischen Widerstand. Durch Reihen- oder Parallelschaltung ändert sich der Gesamtwiderstand im Stromkreis. Dadurch leuchten z. B. gleiche Glühlampen unterschiedlich hell (Abb. 1).

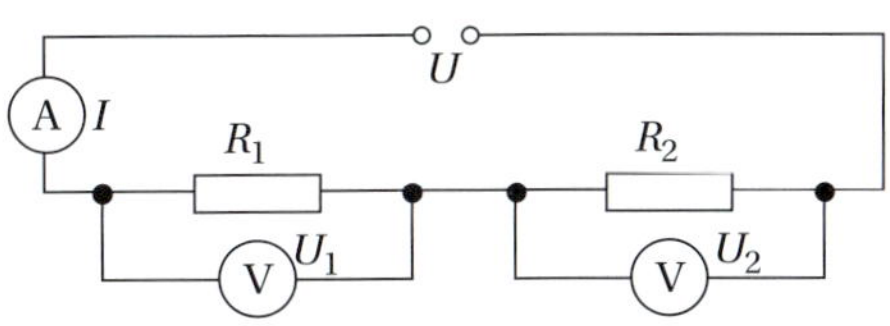

Schaltet man zwei Bauteile, z. B. zwei Widerstände, in Reihe (s. Abb.), so gilt:

(1) $U = U_1 + U_2$ und (2) $I = I_1 = I_2$

Dividiert man die Gleichung (1) durch die konstante Stromstärke *I*, erhält man:

(3) $\frac{U}{I} = \frac{U_1}{I} + \frac{U_2}{I}$

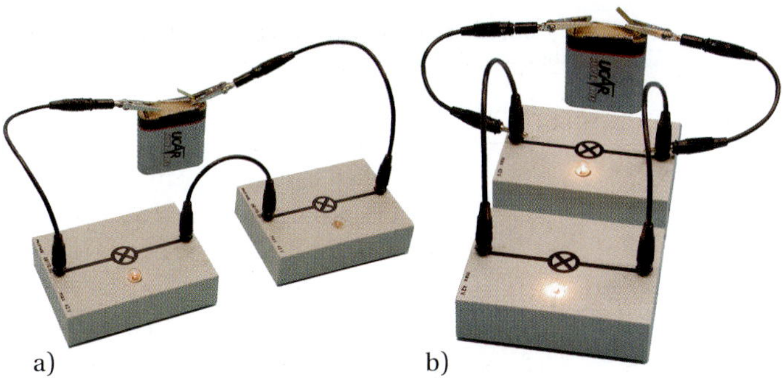
a) b)

1 ▸ Gleiche Glühlampen sind in Reihe (a) und parallel (b) geschaltet.

Mit $R = \frac{U}{I}$ folgt daraus das Gesetz:

(4) $R = R_1 + R_2$

Bei Reihenschaltung zweier Bauteile beträgt der Gesamtwiderstand:
$R = R_1 + R_2$

Anders ist das bei einer Parallelschaltung von zwei Bauteilen. Es gilt:

(5) $I = I_1 + I_2$ und (6) $U = U_1 = U_2$

Dividiert man Gleichung (5) durch die konstante Spannung *U*, erhält man:

Eine solche theoretische Herleitung kann auch für mehr als zwei Bauteile durchgeführt werden.

(7) $\frac{U}{I} = \frac{U_1}{I} + \frac{U_2}{I}$

Mit $R = \frac{U}{I}$ bzw. $\frac{1}{R} = \frac{I}{U}$ folgt daraus:

(8) $\frac{1}{R} = \frac{1}{R_1} + \frac{1}{R_2}$

Bei Parallelschaltung zweier Bauteile ist der Gesamtwiderstand immer kleiner als der kleinste der Teilwiderstände:
$\frac{1}{R} = \frac{1}{R_1} + \frac{1}{R_2}$

Für zwei Widerstände erhält man durch Umformung:

$R = \frac{R_1 \cdot R_2}{R_1 + R_2}$

Die Gesetze für den Gesamtwiderstand in Stromkreisen können durch Experimente bestätigt werden.

Gefahren des elektrischen Stroms

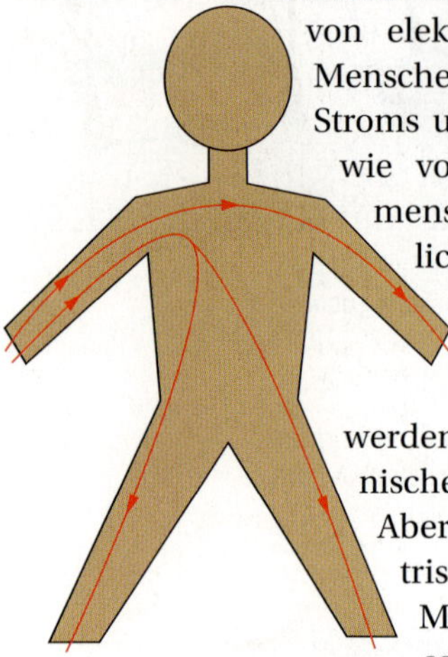

Der menschliche Körper kann den elektrischen Strom leiten. Die Wirkung von elektrischem Strom auf den Menschen hängt von der Stärke des Stroms und von der Spannung sowie vom Stromweg durch den menschlichen Körper ab. Mögliche Wege des Stroms zeigt die Skizze links.
Sehr kleine Ströme schaden nichts. Manchmal werden sie auch zur medizinischen Behandlung genutzt. Aber bereits etwas größere elektrische Ströme können den Menschen verletzen oder sogar töten. Schon Ströme aus elektrischen Quellen über 25 V können lebensgefährlich sein. Steckdosen im Haushalt und in der Schule haben 230 V und sind damit für den Menschen lebensgefährlich.
Bereits schwache Ströme können beim Menschen Krämpfe verursachen, sodass man manchmal nicht einmal mehr die Hand von der elektrischen Leitung lösen kann. Stärkere Ströme verursachen Atmungsbeschwerden und Verbrennungen. Es kann auch zu Unregelmäßigkeiten in der Herztätigkeit kommen. Dies kann zur Bewusstlosigkeit, zum Herzstillstand und damit zum Tod führen.
Deshalb muss sich der Mensch vor dem elektrischen Strom schützen und unbedingt die rechts genannten Regeln zum Umgang mit elektrischem Strom einhalten. Besonders kritisch ist der Stromweg Hand–Hand, bei dem der Strom über das Herz fließen und dessen Tätigkeit beeinflussen kann. Ein solcher Stromweg tritt z. B. auf, wenn man mit den Händen die beiden Pole einer elektrischen Quelle berührt. Bei einer Taschenlampenbatterie ist das wegen der geringen Spannung ungefährlich, bei einer Steckdose kann es tödlich sein.

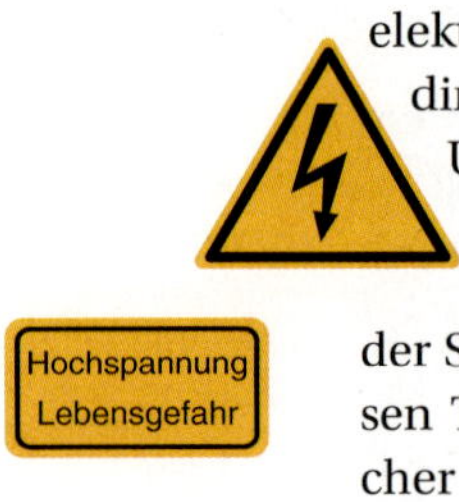

Für den Stromweg Hand-Hand gilt:

2 mA	Strom gerade wahrnehmbar
10 mA	deutliche Verkrampfungen
16 mA	starke Verkrampfungen, heftige Schmerzen
über 25 mA	Strom kann tödlich sein

Beachte: Menschen sind gegenüber Strömen unterschiedlich empfindlich.

Beachte immer folgende Regeln für einen sicheren Umgang mit elektrischem Strom

1. Experimentiere niemals mit elektrischen Quellen, die eine Spannung von 25 V und mehr besitzen! Beachte: Die Netzspannung beträgt 230 V und ist daher lebensgefährlich!
2. Berühre niemals die Pole einer Steckdose, blanke Leitungen oder Leitungen mit schadhafter Isolierung mit bloßen Händen, metallischen Gegenständen oder anderen Leitern!
3. Schließe Geräte stets an die richtige elektrische Quelle an! Die Voltzahlen von elektrischer Quelle und Gerät müssen annähernd übereinstimmen.
4. Ziehe Stecker niemals an den Leitungen aus der Steckdose, sondern stets am Stecker!
5. Baue elektrische Schaltungen nur bei ausgeschalteter elektrischer Quelle auf! Die elektrische Quelle darf erst nach Überprüfung der Schaltung eingeschaltet werden.
   Bei gefährlichen Schaltungen müssen Sicherungen eingebaut werden. Wenn eine Sicherung kaputtgeht,
   - dann ist zunächst die Ursache der Störung zu beseitigen und
   - anschließend eine neue Sicherung einzusetzen.

   Sicherungen dürfen auf keinen Fall geflickt oder überbrückt werden.

3

Verhalten bei Gewitter

Bei Gewittern können hohe Spannungen und damit erhebliche Stromstärken auftreten. Das gilt nicht nur für die Stelle des Blitzeinschlags, sondern auch für deren Umgebung.
Blitzeinschläge führen in Deutschland jedes Jahr nicht nur zu Bränden, sondern auch dazu, dass Personen verletzt oder sogar getötet werden. Allein in Bayern sterben jährlich etwa 10 Menschen durch Blitzeinschläge.

Ein Toter und hohe Sachschäden bei schweren Gewittern in Bayern

Kurze, aber heftige Gewitterstürme haben in Bayern ein Menschenleben gefordert und Sachschäden in Höhe von mehreren Hunderttausend Euro angerichtet. Im oberpfälzischen Parsberg (Landkreis Neumarkt) wurde am Mittwoch ein 17-jähriger vom Blitz erschlagen. Der junge Mann war zu Fuß zu seiner Lehrstelle in einem Schnellrestaurant unterwegs, als der Blitz vermutlich in seinen Regenschirm einschlug.
Vor allem in den oberbayerischen Landkreisen Traunstein, Mühldorf und Altötting richteten seit Dienstagabend örtlich schwere Gewitter mit Sturm, Hagel und starken Regenfällen größere Schäden an. Bei Reichertsheim schlug ein Blitz in einen Bauernhof ein. Das Wohnhaus, Stallungen und Nebengebäude brannten nieder. Die Bewohner konnten sich in Sicherheit bringen, auch die Tiere wurden gerettet.

(dpa, 30. Juni 2005)

1 ▸ In einem Auto ist man vor Blitzeinschlag sicher.

2 ▸ Blitze können erhebliche Schäden anrichten.

Beachte bei Gewitter:

Als Faustregel gilt: Gewitter werden erst gefährlich, wenn der Zeitraum zwischen Blitz und Donner weniger als 10 Sekunden beträgt. Wenn ein Gewitter naht, sollte man folgende Regeln einhalten:

1. Wenn möglich, sollte man sich in Gebäude mit Blitzschutzanlage, Autos, Eisenbahnwaggons oder Metallkabinen von Seilbahnen zurückziehen.
2. Blitze schlagen vor allem in erhöhte Punkte (Baumspitzen, Masten, Schornsteine, Dachgiebel, Bergspitzen) ein. Deshalb sollte man sich nicht unter Bäumen, neben Masten, auf Bergspitzen oder an Außenwänden von Gebäuden aufhalten.
3. In Scheunen, Holz- oder Steinhütten ohne Blitzschutzanlage sollte man sich in die Mitte des Gebäudes hocken.
4. Befindet man sich im Freien, dann gilt: Hocke dich in eine Mulde und umfasse die Knie mit beiden Armen. Stelle dich auf keinen Fall breitbeinig hin und lege dich auch nicht hin.
5. Radfahrer sollten ihre Fahrt unterbrechen und sich vom Rad entfernen. Schwimmer müssen das Wasser umgehend verlassen.

Im Volksmund heißt es: „Vor Eichen sollst du weichen, Buchen sollst du suchen." Das ist ein gefährlicher Irrtum!

Physik in Natur und Technik

Auf die Spannung kommt es an!

Bei einem Schwibbogen (Abb. 1) muss ein Lämpchen in einer der sieben elektrischen Kerzen erneuert werden. Erst jetzt interessiert, was für Angaben auf dem Lämpchen stehen. Umso mehr überrascht die Tatsache, dass an jeder Lampe nur 34 V anliegen dürfen, der Schwibbogen jedoch an 230 V angeschlossen wird.
Wie kann das sein? Begründe, warum beim Anschluss des Schwibbogens an 230 V die Lämpchen nicht durchbrennen!

Die elektrischen Lämpchen des Schwibbogens sind in Reihe geschaltet (Abb. 2). Nach dem Gesetz für die Spannungen in einem unverzweigten Stromkreis addieren sich die einzelnen Teilspannungen zur Gesamtspannung:

$$U_1 + U_2 + \ldots + U_7 = U$$

Deshalb entfällt auf jede Lampe die gleiche Teilspannung von

$$U_1 = \frac{U}{7} \qquad U_1 = \frac{230\,\text{V}}{7}$$

$$\underline{U_1 = 32{,}9\,\text{V}}$$

Diese Spannung, die geringfügig unter der Betriebsspannung von 34 V liegt, reicht aus, damit jede Lampe hell leuchtet. Die größte Helligkeit entwickelt die Lampe bei der Betriebsspannung von 34 V.

1 ▸ Die Betriebsspannung jedes der sieben Lämpchen in den elektrischen Kerzen des Schwibbogens beträgt 34 V.

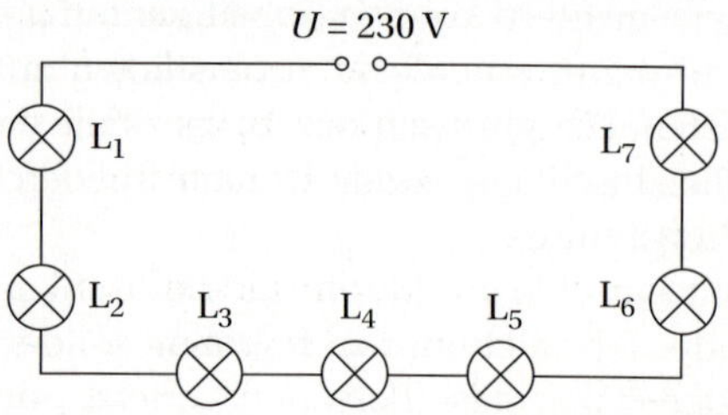

2 ▸ Die Lämpchen des Schwibbogens sind in Reihe geschaltet.

Methode

Begründen von Aussagen

Das Begründen zielt darauf ab, den Nachweis zu führen, dass eine Aussage richtig bzw. falsch ist. Dazu müssen Argumente angeführt werden. Solche Argumente können sein: Beobachtungen, Fakten und Gesetze, aber auch Eigenschaften von Körpern und Stoffen. Beim Begründen solltest du dir folgende Fragen überlegen:

1. Wie heißt die zu begründende Aussage?

   Sieben 34-V-Lampen brennen beim Anschluss an 230 V nicht durch.

2. Welche naturwissenschaftlichen Argumente (z. B. Gesetze, Zusammenhänge, Fakten) sprechen für oder gegen diese Aussage?

   Die Lampen sind in Reihe geschaltet. Damit verteilt sich die Gesamtspannung auf die sieben Glühlampen. An jeder Lampe liegt eine Spannung von 230 V/7 ≈ 33 V.

Wird die Begründung auf Meinungen oder Ansichten von Personen gestützt, dann wird sie subjektiv.

Ein Strommesser für viele Bereiche

Mit einem Vielfachmessgerät kann man bei einer bestimmten Einstellung die elektrische Stromstärke z. B. bis zu einem Wert von 1 A messen. Der Messbereich beträgt dann 1 A.

Für größere Stromstärken braucht man einen größeren Messbereich.

Das Messwerk im Messgerät kann jedoch nur Stromstärken in einem kleinen Bereich messen.

Wie kann der Messbereich eines Strommessers erweitert werden?

Wenn durch das Messwerk von Strommessern immer nur ein Strom bis zu einer bestimmten Stärke fließen darf, so muss bei einer größeren Stromstärke ein Teilstrom durch einen zweiten Zweig fließen. Das kann man erreichen, indem man zu dem Messwerk einen Nebenwiderstand parallel schaltet, so wie das in Abb. 1 dargestellt ist. Am Verzweigungspunkt teilt sich der Strom auf. Nur ein Teilstrom fließt durch das Messwerk. Für die Stromstärke gilt:

$$I_1 = I - I_2.$$

Durch unterschiedliche Nebenwiderstände kann man verschiedene Messbereiche erhalten.

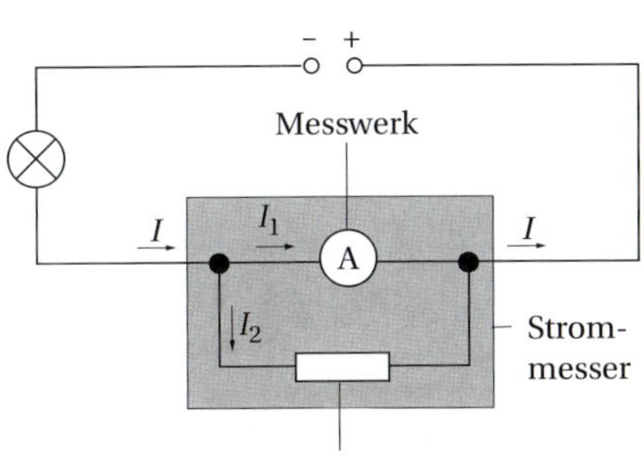

1 ▸ Messbereichserweiterung eines Strommessers

Spannungs- und stromrichtiges Messen

Bei jeder Art von Messung treten Messfehler auf. Dabei gibt es bei der Messung von Spannungen und Stromstärken eine Besonderheit durch die Art der Schaltung der Messgeräte: Die auftretenden Messfehler kann man klein halten.

Unterschieden wird zwischen der spannungsrichtigen und der stromrichtigen Schaltung. Bei der spannungsrichtigen Schaltung (s. Abb. rechts) zeigt der Spannungsmesser genau die Spannung an, die am Bauteil anliegt, denn Spannungsmesser und Bauteil sind parallel geschaltet und für die Parallelschaltung gilt $U_1 = U_2$. Der Strommesser zeigt dagegen die Gesamtstromstärke an, die durch das Bauteil und den Spannungsmesser fließt, denn es gilt $I = I_1 + I_2$.

Bei stromrichtigen Schaltungen (Abb. 2) zeigt der Strommesser die Stromstärke an, die durch das Bauteil fließt. Der Spannungsmesser dagegen zeigt die Gesamtspannung $U = U_1 + U_2$ an.

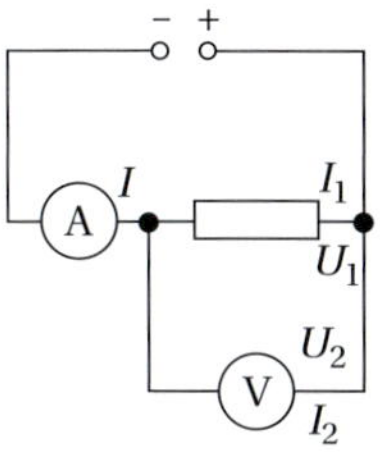

2 ▸ Stromrichtige Schaltung

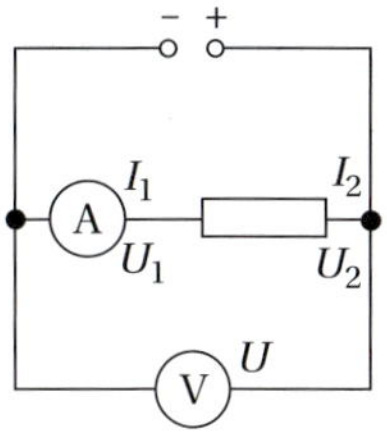

Welche der beiden Schaltungen man wählt, hängt bei einem Experiment von der Aufgabenstellung und den gegebenen Bedingungen ab.

Ist z. B. der Widerstand eines Bauteils relativ groß im Verhältnis zum Widerstand des Strommessers, dann wird meistens die stromrichtige Schaltung gewählt. Die Spannung, die am Bauteil abfällt, ist erheblich größer als die Spannung am Strommesser. Deshalb wird die angezeigte Spannung nur gering verfälscht.

Widerstände als Sensoren

Mithilfe von **Sinnesorganen** und **Sinneszellen** (Rezeptoren) kann der Mensch unterschiedliche Informationen wahrnehmen, z.B hell und dunkel unterscheiden, die Höhe und die Lautstärke eines Tons feststellen oder verschiedene Temperaturen registrieren.

Auch technische Einrichtungen können Reize aus unserer Umwelt wahrnehmen. Das geschieht mithilfe von **Sensoren.** Die Bezeichnung ist abgeleitet vom lateinischen sensus = Sinn. Im täglichen Leben nutzen wir Sensoren z.B. zur Messung der Temperatur, des Blutdrucks oder des Füllstands von einem Öltank. Temperatursensoren in neueren Herdplatten regeln selbstständig die Temperatur; Feuermelder geben Alarm, wenn die Temperatur einen bestimmten Wert übersteigt.

Metallische Widerstände können z.B. als **Temperatursensoren** bei elektrischen Thermometern genutzt werden (Abb. 1). Erhöht sich die Temperatur, so vergrößert sich der Widerstand des Leiters. Bei konstanter Spannung verkleinert sich dann wegen $I \sim \frac{1}{R}$ die Stromstärke.

Bei der digitalen Anzeige wird sofort die Temperatur angezeigt. Darüber hinaus kann man die Luftfeuchtigkeit ablesen.

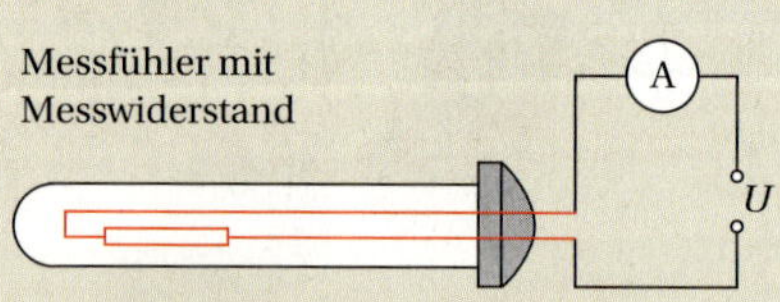

1 ▸ Aufbau eines einfachen elektrischen Thermometers

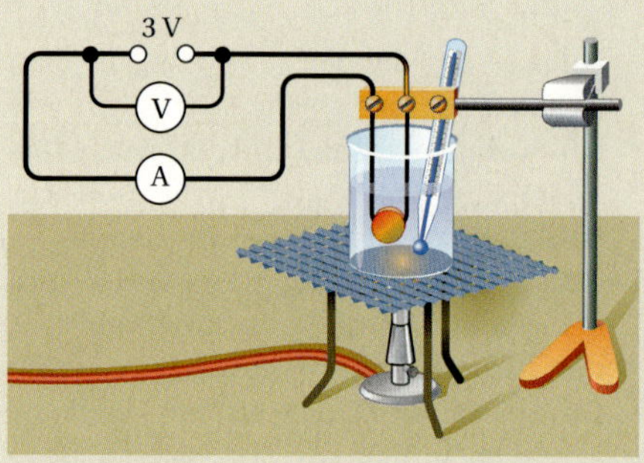

2 ▸ Versuchsaufbau zur Aufnahme einer Eichkurve

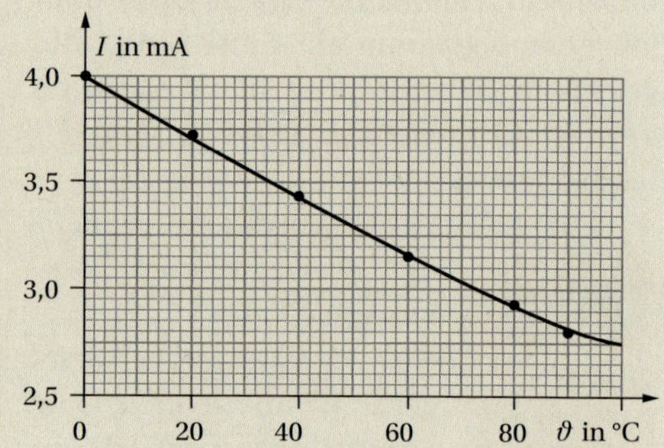

3 ▸ Beispiel für eine Eichkurve

Damit man mit einer solchen Anordnung tatsächlich Temperaturen messen kann, muss das Thermometer geeicht werden. Abb. 2 zeigt den entsprechenden Versuchsaufbau, Abb. 3 ein Beispiel für eine Eichkurve. Damit kann einer bestimmten Stromstärke eindeutig eine Temperatur zugeordnet werden.

Ein weit verbreiteter Sensor zur elektrischen Messung von nichtelektrischen Größen ist der **Folien-Dehnungsmessstreifen** (Folien-DMS). Er besteht meist aus einem dünnen Draht, der schleifenförmig auf einem Träger aufgebracht ist (s. Abb.).

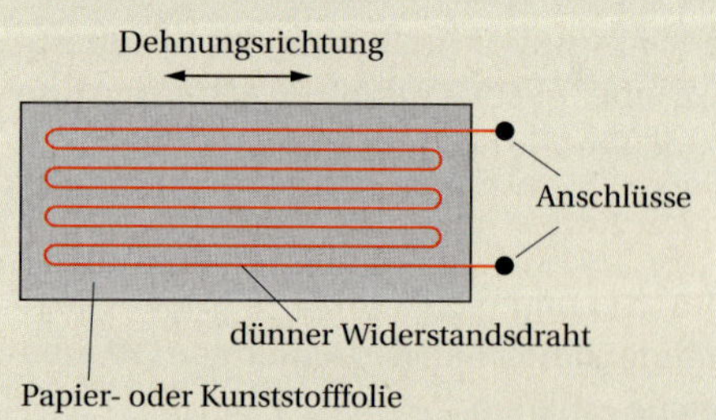

Wird ein solcher Folien-DMS gedehnt, so nimmt die Streifenlänge des Leiters zu und die Querschnittsfläche ab. Beides führt zu einer Erhöhung des Widerstandes und bei konstanter Spannung zur Abnahme der Stromstärke.

Dehnungsmessstreifen nutzt man z.B. bei elektronischen Waagen mit digitaler Anzeige oder bei Blutdruckmessern, also zur elektrischen Messung der Größen Masse und Druck.

3

Experimente

Elektrischer Widerstand und ohmsches Gesetz

Experiment 1
Untersuche, wie die Spannung an einem Widerstand verändert werden muss, damit ein kleinerer Strom durch ihn fließt!

Durchführung:
a) Baue den Versuch auf (s. Abb.)!

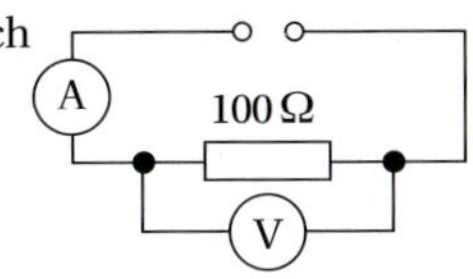

b) Regle an der elektrischen Quelle die Spannung, bis der Spannungsmesser 1 V anzeigt! Notiere die Stromstärke!
c) Regle an der elektrischen Quelle die Spannung, bis der Strommesser 5 mA anzeigt! Notiere die zugehörige Spannung!

Auswertung:
Formuliere das Ergebnis!

Experiment 2
Untersuche den Zusammenhang zwischen Spannung und Stromstärke an zwei verschiedenen technischen Widerständen!

Vorbereitung:
Überlege, wie du die Spannung schrittweise ändern kannst!

Durchführung:
a) Baue die Schaltung auf (s. Abb. rechts)!
b) Nimm jeweils 5 Messwertepaare für Spannung und Stromstärke auf und trage sie in die Messwertetabelle ein!

Auswertung:
a) Stelle die Messwertepaare in einem *U*-*I*-Diagramm grafisch dar!
b) Welcher Zusammenhang besteht zwischen Spannung und Stromstärke?
c) Vergleiche den Verlauf der beiden Graphen im Diagramm und die Werte für die beiden Widerstände! Was kann man daraus ableiten?

Experiment 3
Bestätige experimentell, dass für I = konst. $U \sim R$ gilt!

Durchführung:
a) Baue die Schaltung nach der Abbildung rechts oben auf!

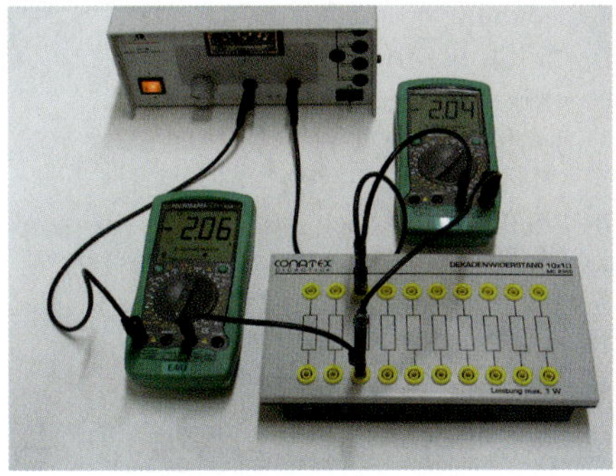

b) Nutze einen Dekadenwiderstand, den man stufenweise verändern kann, oder schalte mehrere Widerstände in Reihe!
c) Regle an der elektrischen Quelle, dass jeweils die gleiche Stromstärke durch die Widerstände fließt!

Auswertung:
a) Stelle die Messwerte grafisch dar!
b) Interpretiere das Diagramm!
c) Zeige rechnerisch, dass Widerstand und Spannung zueinander proportional sind!

Experiment 4
Bestimme experimentell den Widerstand einer 6-V-Glühlampe im kalten Zustand und im Betriebszustand!

Auswertung:
Begründe deine Messergebnisse!

Experiment 5
Untersuche, wie sich der Widerstand eines metallischen Leiters mit der Temperatur ändert!

Vorbereitung und Durchführung:
a) Baue das Experiment nach Abb. 1, S. 150, auf! Statt eines Ohmmeters kann man eine elektrische Quelle, ein Voltmeter und ein Amperemeter verwenden.
b) Bestimme den Widerstand bei verschiedenen Temperaturen!

Auswertung:
Stelle die Messwerte in einem ϑ-R-Diagramm dar! Formuliere den Zusammenhang in Worten!

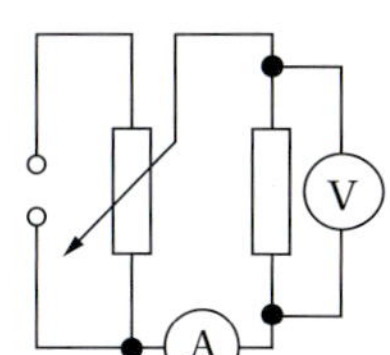

Experimentieranordnung zu Experiment 2

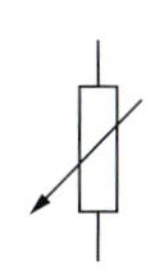

ist das Schaltzeichen für einen regelbaren Widerstand mit drei Anschlüssen (Potentiometer)

Experimente

Widerstände in Stromkreisen

Experiment 1
Bestätige das Gesetz für die Stromstärke in einem unverzweigten Stromkreis!

Vorbereitung:
a) Wie lautet das Gesetz?
b) Zeichne einen Schaltplan mit zwei Glühlampen, mit dem du das Gesetz bestätigen kannst!

Durchführung:
a) Baue die Schaltung auf!
b) Miss an drei Stellen die elektrische Stromstärke und notiere die Messwerte!

I in mA	I_1 in mA	I_2 in mA
...	...	...

Auswertung:
a) Formuliere das Ergebnis!
b) Wodurch könnte die Genauigkeit der Messergebnisse beeinflusst worden sein?
c) Was kann man, ausgehend von den experimentellen Ergebnissen, zum Begriff „Stromverbrauch" sagen?

Experiment 2
Bestätige das Gesetz für die Spannung in unverzweigten Stromkreisen!

Vorbereitung:
Wie lautet das Gesetz?
Zeichne einen Schaltplan mit zwei Glühlampen!

Durchführung:
a) Miss die Klemmenspannung und die beiden Spannungen an den Lampen!
b) Notiere die Messwerte!

Auswertung:
Formuliere das Ergebnis! Wodurch könnte die Genauigkeit der Messergebnisse beeinflusst worden sein?

Experiment 3
Wie kannst du mit drei Flachbatterien von je 4,5 V eine Glühlampe (12 V/1,5 A) zum Leuchten bringen?
Prüfe experimentell nach, ob deine Idee stimmt!

Experiment 4
Bestimme experimentell den elektrischen Widerstand von drei technischen Widerständen in unterschiedlichen Schaltungen!

Vorbereitung:
a) Welche Gesetze gelten für den Widerstand bei Reihen- und Parallelschaltung?
b) Gib alle Schaltmöglichkeiten von drei gleichen Widerständen an!

Durchführung:
a) Baue die Schaltung nach folgendem Schaltplan auf:

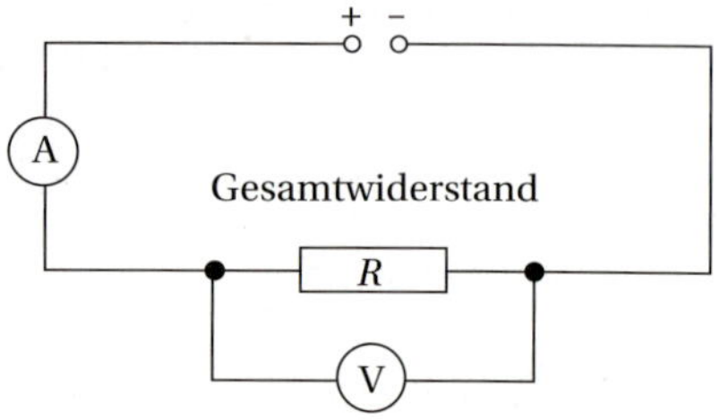

b) Bestimme Stromstärke und Spannung für die verschiedenen Schaltungen der Widerstände!

Auswertung:
a) Ermittle aus den gemessenen Werten jeweils den Gesamtwiderstand!
b) Berechne jeweils die Gesamtwiderstände aus den Widerstandswerten!
c) Vergleiche die Werte! Wie könnten die Unterschiede zustande kommen?

Experiment 5
Baue die Schaltung auf und untersuche, wie sich die Spannung an der Glühlampe in Abhängigkeit von der Stellung des Abgriffs ändert!

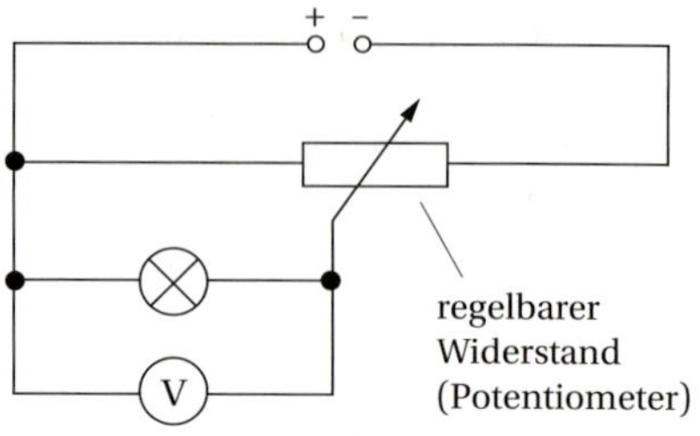

Aufgaben

1. Was bedeutet der Begriff elektrischer Widerstand? Beschreibe die Bewegung der Elektronen in einem Metalldraht!

2. Erkläre, warum man an den schlechteren von zwei metallischen Leitern eine höhere Spannung anlegen muss, damit durch beide ein gleich großer Strom fließt!

3. Wie ändert sich die Stromstärke, wenn in einem Stromkreis die Spannung der elektrischen Quelle und zugleich der Widerstand verdreifacht werden?

4. In einem Experiment wurden für ein elektrisches Bauteil folgende Messwertepaare aufgenommen:

U in V	1	2	3	4	5
I in A	0,15	0,22	0,29	0,34	0,36

a) Stelle die Messwertepaare grafisch dar!
b) Gilt für dieses Bauteil das ohmsche Gesetz? Begründe!
c) Um was für ein elektrisches Bauteil könnte es sich handeln?

5. Bei Halogenlampen, die in Taschenlampen verwendet werden, findet man die Angabe 2,8 V/0,85 A. Wie groß ist der elektrische Widerstand einer solchen Halogenlampe?

6. Bereite einen Schülervortrag mit dem Thema „Leben und Leistungen von GEORG SIMON OHM“ vor! Nutze dazu das Internet!

7. Auf S. 148 ist die *U-I*-Kennlinie einer Metallfadenlampe dargestellt.
a) Wie groß ist ihr Widerstand bei 50 V und bei 150 V?
b) Erkläre den Unterschied der beiden Widerstandswerte!

8. Für ein elektronisches Bauteil wurde die nachfolgend dargestellte *U-I*-Kennlinie aufgenommen.

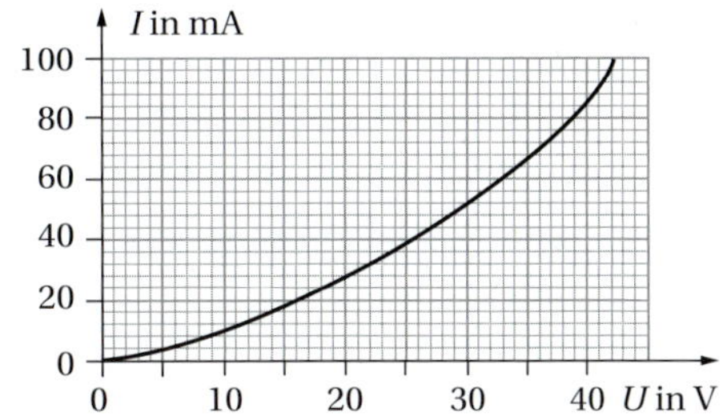

a) Interpretiere diese Kennlinie!
b) Welcher Strom fließt bei einer Spannung von 20 V, 25 V, 35 V?
c) Bestimme den Widerstand des Bauteils für 15 V und für 30 V!
d) Kann das Bauteil ein metallischer Leiter sein? Begründe!

9. Die Skizze zeigt den Aufbau eines Widerstandsthermometers.

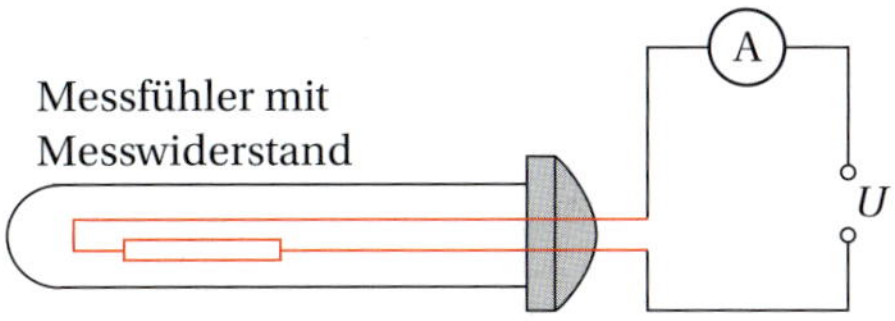

Beschreibe den Aufbau und erkläre seine Wirkungsweise!

10. Zwei Widerstände von 50 Ω und 200 Ω sind mit einer elektrischen Quelle in Reihe geschaltet.
a) Zeichne den Schaltplan!
b) Am Widerstand mit 50 Ω liegt eine Spannung von 12 V an. Wie groß ist die Spannung am anderen Widerstand?
c) Welche Spannung hat die Quelle?

11. Ein Stromkreis besteht aus zwei parallel geschalteten Widerständen (50 Ω, 200 Ω) und einer Quelle mit 12 V.
Wie groß sind die Stromstärken und die Spannungen?

12. Ein Motor und eine Glühlampe sind in einem Stromkreis parallel geschaltet.

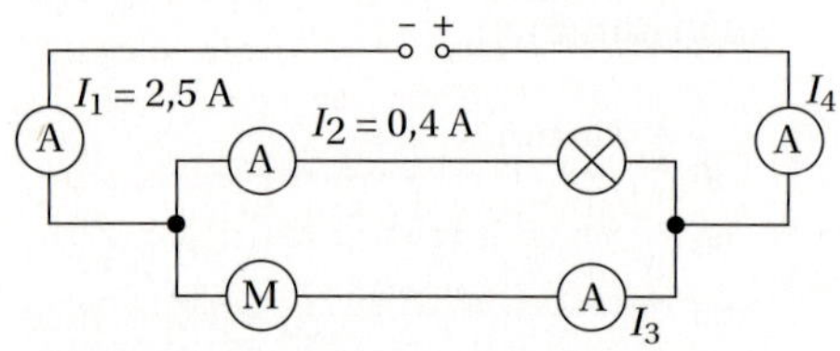

Wie groß sind die Stromstärken I_3 und I_4? Begründe!

13. Warum brennen die 10 in Reihe geschalteten 20-V-Kerzen einer Lichterkette beim Anschluss an eine Steckdose nicht durch?

14. Wie kann man zwei 6-V-Lampen an eine elektrische Quelle von 12 V (Autobatterie) anschließen? Fertige einen Schaltplan an und begründe ihn!

15. Der menschliche Körper leitet den elektrischen Strom. Die Skizze zeigt ein vereinfachtes Schaltbild für den menschlichen Körper.

a) Welche Stromwege sind möglich, wenn der Mensch mit Spannungsquellen in Berührung kommt?

b) Wie groß ist der Widerstand des menschlichen Körpers bei den verschiedenen Stromwegen?

c) Begründe die Regel: Spannungen von über 25 V dürfen nicht zwischen beiden Händen anliegen!

d) Begründe mit den Daten, warum Netzspannung lebensgefährlich ist!

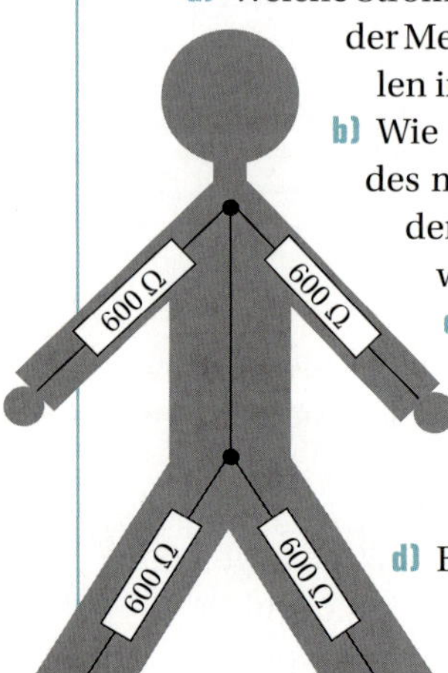

16. Die Kugel eines aufgeladenen Bandgenerators (10 000 V; 0,000 01 C) wird aus Unvorsichtigkeit mit einer Hand berührt und entlädt sich innerhalb einer Zehntel Sekunde über den menschlichen Körper zur Erde.

a) Ist der durch den Körper fließende Strom lebensgefährlich?

b) Warum ist ein solches unvorsichtiges Berühren in jedem Fall gefährlich?

17. Drei Widerstände von je 50 Ω sind in unterschiedlicher Weise geschaltet.

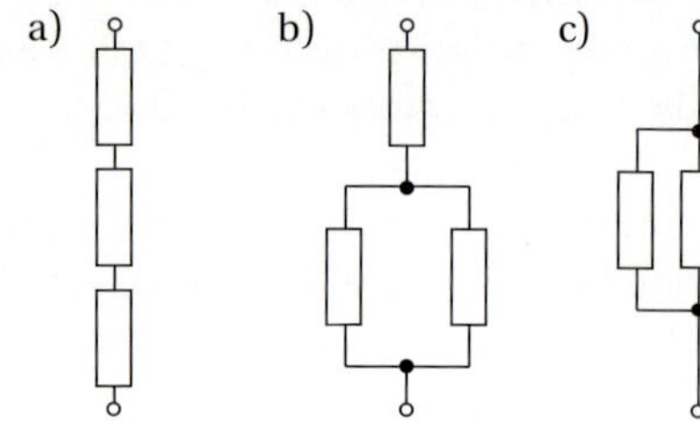

Wie groß ist der jeweilige Gesamtwiderstand?

18. Wie groß ist der Gesamtwiderstand zwischen den Punkten A und B?.

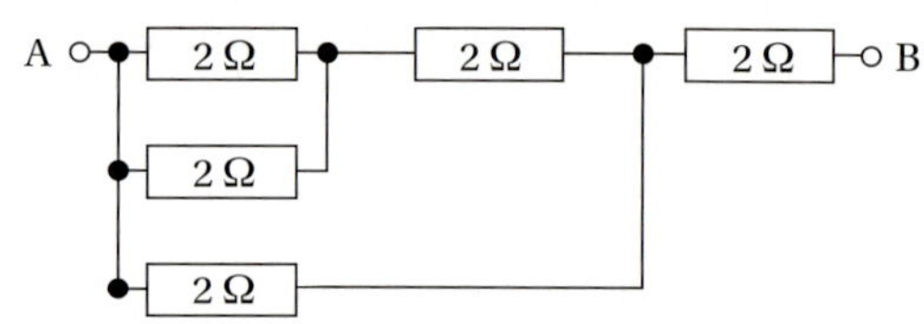

19. Es stehen Widerstände mit 2,0 Ω, 5,0 Ω, 10 Ω und 50 Ω zur Verfügung.
Wie erhält man einen Gesamtwiderstand von 10/7 Ω = 1,4 Ω bzw. von ca. 16,5 Ω?

20. Stellt unter Nutzung des Lehrbuchs und des Internets einen Hypertext zu folgenden Inhalten zusammen:

- Größen zur Beschreibung des elektrischen Stromkreises,
- Messgeräte zur Bestimmung der Größen und deren Schaltung,
- Einheiten der Größen und Forscher, nach denen diese Einheiten benannt sind,
- Gesetze, die für die Größen in unverzweigten bzw. verzweigten Stromkreisen gelten.

Das Wichtigste auf einen Blick

Widerstände in Stromkreisen

Für metallische Leiter gilt bei ϑ = konstant das **ohmsche Gesetz,** das sich in folgenden Formen darstellen lässt:

- $\boldsymbol{I \sim U}$
- $\boldsymbol{\frac{U}{I}}$ **= konstant**

Kennlinie

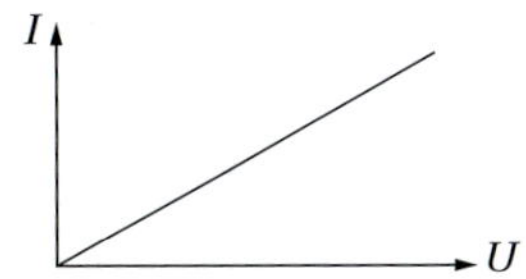

Der **elektrische Widerstand** eines Bauteils kann berechnet werden mit der Gleichung:

- $\boldsymbol{R = \frac{U}{I}}$

Bei den meisten Metallen erhöht sich mit steigender Temperatur ihr elektrischer Widerstand. Eine Ausnahme sind spezielle Legierungen, z. B. Konstantan.

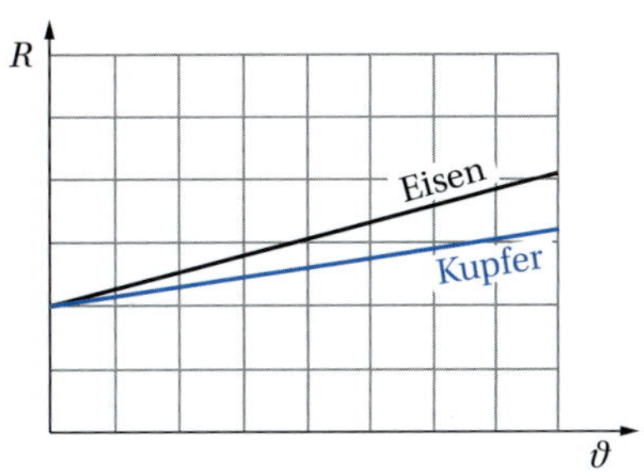

Widerstände können in Stromkreisen in Reihe oder parallel zueinander geschaltet werden.

Art der Schaltung	Reihenschaltung (unverzweigter Stromkreis)	Parallelschaltung (verzweigter Stromkreis)
Schaltplan	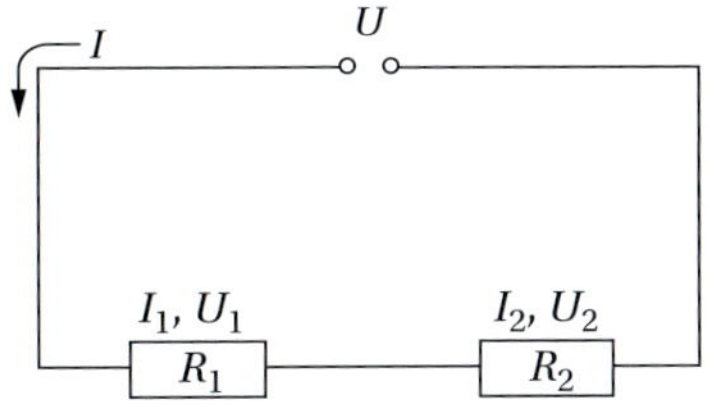	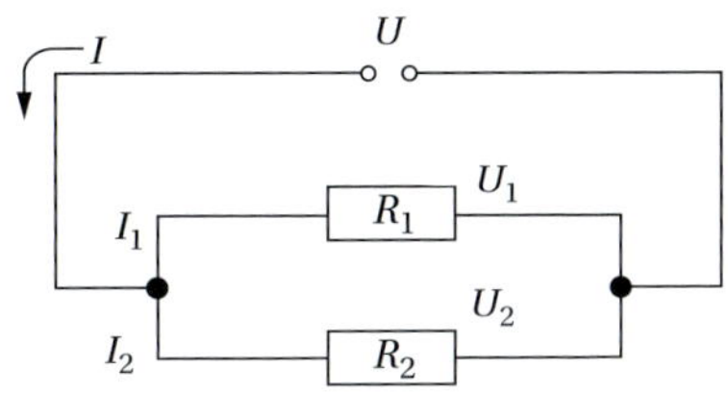
Stromstärke I	$\boldsymbol{I = I_1 = I_2 = \ldots}$	$\boldsymbol{I = I_1 + I_2 + \ldots}$
Spannung U	$\boldsymbol{U = U_1 + U_2 + \ldots}$	$\boldsymbol{U = U_1 = U_2 = \ldots}$
Widerstand R	$\boldsymbol{R = R_1 + R_2 + \ldots}$	$\boldsymbol{\frac{1}{R} = \frac{1}{R_1} + \frac{1}{R_2} + \ldots}$

3.3 Elektrische Energie und elektrische Leistung

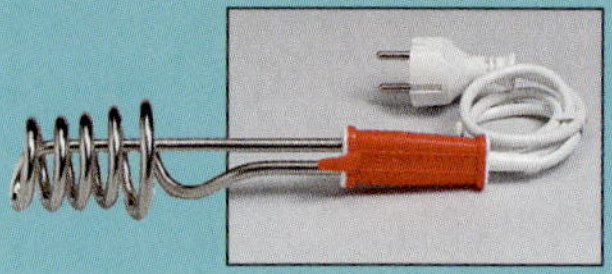

Lampen leisten unterschiedliches ▸▸ Auf einem Lämpchen steht 6 V/0,2 A. Als es versehentlich an eine Blockbatterie von 9 V angeschlossen wird, leuchtet es kurz hell auf und brennt dann durch. Eine 60-Watt-Lampe schrauben wir dagegen in eine Leselampe, die an 230 V angeschlossen ist. Sie leuchtet angenehm hell.
Was bedeuten diese Angaben? Welche Schlüsse lassen sich aus ihnen für die Verwendung von elektrischen Bauteilen und Geräten ziehen?

Maschinen leisten viel ▸▸ Will man ein Loch „per Hand" bohren, ist das ganz schön anstrengend. Mit einer Bohrmaschine von 1 000 W ist es kein Problem. Bei einer noch größeren Leistung der Maschine geht es noch leichter.
Warum ist ein Loch mit einer Bohrmaschine großer Leistung einfacher und schneller auszuführen als mit einer Maschine kleiner Leistung?

Elektrische Energie

Im Alltag spricht man oft über Energie: Sie wird verbraucht, umgewandelt, verwertet, gespeichert, kostet viel, wird immer weniger, muss erhalten bleiben.

Überall nutzen wir die verschiedenen Formen der Energie. Wie wichtig gerade die elektrische Energie für uns ist, bemerken wir schon, wenn z.B. wegen Bauarbeiten für einige Stunden die Versorgung unterbrochen werden muss oder durch schwere Unwetter Schäden im Netz auftreten. Die elektrische Energie wird wegen ihrer vielseitigen Nutzbarkeit häufig als wichtigste Energieform bezeichnet. Elektrische Anlagen oder Haushaltsgeräte sind „Verbraucher" der elektrischen Energie. Letztlich wandeln sie aber nur die elektrische Energie in andere Energieformen um (Abb. 1, 2).

M **Elektrische Energie ist die Fähigkeit des elektrischen Stroms, Arbeit zu verrichten, Wärme abzugeben oder Licht auszusenden.**

Formelzeichen: *E*
Einheiten: 1 Joule (1 J)
1 Wattsekunde (1 Ws)

Vielfaches der Einheit 1 Ws ist eine Kilowattstunde (1 kWh):

$$1\,\text{kWh} = 3\,600\,000\,\text{Ws}.$$

Für die Einheiten gilt:

$$1\,\text{Ws} = 1\,\text{J}$$

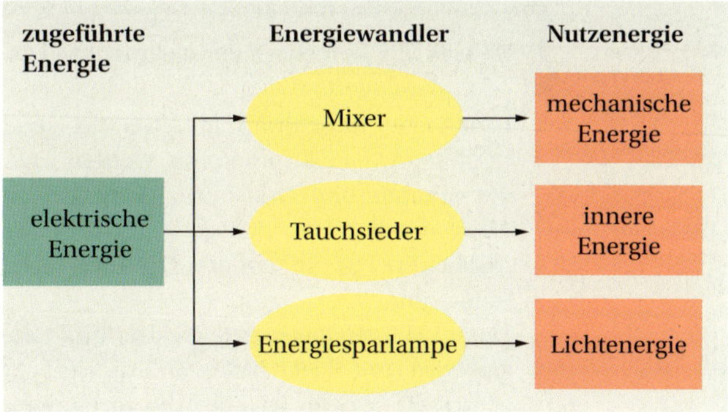

2 ▸ Elektrische Geräte sind Energiewandler.

Man sagt, elektrische Geräte, Maschinen und Anlagen sind **Energiewandler** (Abb. 2).

Energie soll möglichst effektiv genutzt werden. Bei jeder Energieumwandlung treten aber auch Energieformen auf, die nicht gewünscht sind. So wird z.B. bei einem Fernsehapperat ein Teil der Energie in Licht umgewandelt, das vom Bildschirm abgestrahlt wird. Gleichzeitig wird ein Teil der zugeführten elektrischen Energie in innere Energie umgewandelt und als Wärme an die Umgebung abgegeben. Die „hochwertige" elektrische Energie wird in nicht mehr nutzbare minderwertigere Energie umgewandelt.

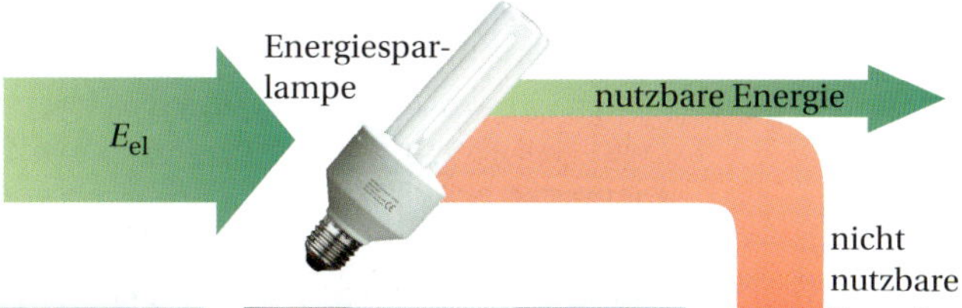

1a ▸ Ein Kronleuchter lässt einen Raum hell erstrahlen, da er viel Licht aussendet.

1b ▸ Ein Elektroherd gibt über die Heizspirale genügend Wärme zum Kochen und Backen ab.

1c ▸ Ein Mixer wandelt z. B. beim Kneten von Teig elektrische Energie in mechanische Energie um.

Messen und Berechnen der elektrischen Energie

Elektrische Maschinen arbeiten für uns. Mithilfe von Elektromotoren werden Lasten gehoben und Transportbänder bewegt. Auch in vielen Haushaltsgeräten wird elektrische Energie in andere Energieformen umgewandelt.

Die im Haushalt genutzte elektrische Energie wird mit Elektrizitätszählern (Abb. 2) gemessen. Wovon ist aber die in Geräten und Anlagen umgesetzte elektrische Energie abhängig? Es liegt die Vermutung nahe, dass sie von der Betriebszeit eines Geräts, von der Stromstärke durch das Gerät und von der anliegenden Spannung abhängt.

Um das genauer zu untersuchen, nutzen wir verschiedene Heizspiralen oder Tauchsieder, mit denen jeweils eine bestimmte Menge Wasser erwärmt wird. Aus der Wärmelehre wissen wir: Wird Wasser Wärme zugeführt, gilt: $Q = m \cdot c \cdot \Delta\vartheta$. Für eine bestimmte Menge Wasser ist damit $Q \sim \Delta\vartheta$.

Bei einer Heizspirale oder einem Tauchsieder ist die abgegebene Wärme gleich der zugeführten elektrischen Energie. Damit ist die Temperaturänderung einer bestimmten Wassermenge proportional der zugeführten elektrischen Energie: $\Delta\vartheta \sim \Delta E$.

(1) Abhängigkeit von der Zeit *t*

Wenn die Abhängigkeit zwischen zwei Größen untersucht wird, müssen alle anderen Größen und Bedingungen konstant sein. Das gilt hier für die Spannung und die Stromstärke.

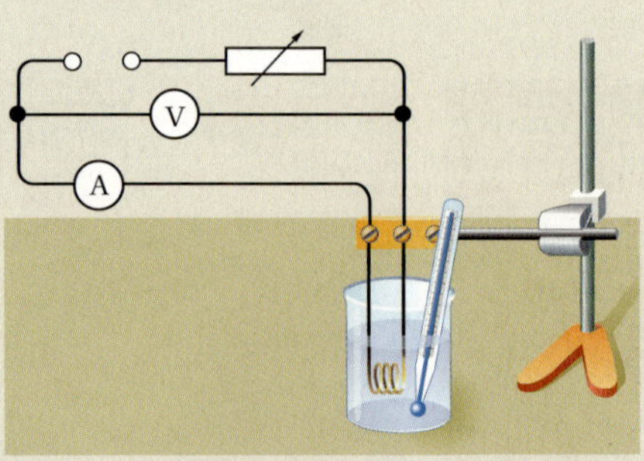

1 ▸ Experimentieranordnung zur Untersuchung des Zusammenhangs zwischen ΔE und U

2 ▸ In einem Elektrizitätszähler dreht sich eine Zählerscheibe, wenn im Haushalt elektrische Geräte in Betrieb sind.

Die Untersuchung ergibt: Je länger eine Wassermenge mit einem Tauschsieder erwärmt wird, desto größer wird der Temperaturunterschied zwischen End- und Anfangstemperatur. Damit gilt: Je größer bei U = konst. und I = konst. die Zeit t ist, umso größer ist die umgesetzte elektrische Energie:

$$\Delta E \sim t$$

(2) Abhängigkeit von der Stromstärke *I*

Für U = konst. und t = konst. wird die Abhängigkeit der umgesetzten Energie von der Stromstärke untersucht. Verschiedene Stromstärken erhält man, wenn man Heizspiralen (Tauschsieder) parallel schaltet. Die Messungen ergeben:

$$\Delta E \sim I$$

(3) Abhängigkeit von der Spannung *U*

Zur Untersuchung eignet sich die in Abb. 1 dargestellte Anordnung, bei der verschiedene Heizspiralen verwendet werden. Für I = konst. und t = konst. ergeben die Messungen:

$$\Delta E \sim U$$

Eine Zusammenfassung der verschiedenen Abhängigkeiten ergibt:

Für die umgewandelte elektrische Energie gilt die Gleichung:

$$\Delta E = U \cdot I \cdot t$$

Elektrische Leistung

Auf einem Reisetauchsieder findet man die Angabe 230 V/400W. Bei einer Glühlampe steht auf dem Sockel oder dem Glaskolben 230 V/100 W. Auf dem Typenschild eines jeden elektrischen Gerätes werden in der Regel die Betriebsspannung und die **elektrische Leistung** angegeben (Abb. 1). Je höher die Leistung ist, umso mehr elektrische Energie wandelt das Gerät in einer bestimmten Zeit in andere Energieformen um.

Ein Tauchsieder mit 1 000 W bringt die gleiche Menge Wasser schneller zum Sieden als ein Reisetauchsieder (400 W). Eine Bohrmaschine von 1000 W leistet mehr als eine von 500 W. Lautsprecherboxen mit großen Leistungen haben mehr „Power" als solche mit niedrigen Wattzahlen. Allgemein gilt:

> M
> **Die elektrische Leistung gibt an, wie viel elektrische Energie in jeder Sekunde umgewandelt wird.**
>
> **Formelzeichen: *P***
> **Einheit: 1 Watt (1 W)**

Für die Einheit gilt: 1 W = 1 VA
Vielfache der Einheit 1 W sind ein Kilowatt (1 kW) und ein Megawatt (1 MW):
1 kW = 1 000 W
1 MW = 1 000 kW = 1 000 000 W
Die elektrische Leistung eines Gerätes ist abhängig von der anliegenden Spannung und von der Stromstärke.

1 ▸ Das Typenschild des Mixers gibt Auskunft über die Betriebsspannung und die Leistung des Gerätes.

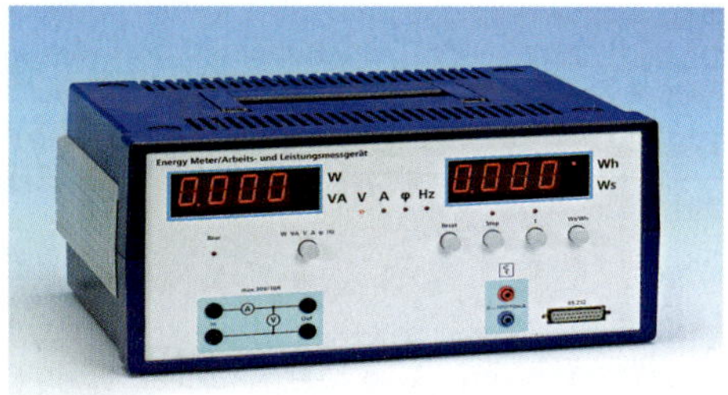

2 ▸ Leistungsmesser zur direkten Messung der elektrischen Leistung

> M
> **Die elektrische Leistung kann berechnet werden mit der Gleichung:**
>
> $P = U \cdot I$
>
> ***U*** **elektrische Spannung**
> ***I*** **elektrische Stromstärke**

Um die elektrische Leistung eines Gerätes zu ermitteln, kann man Spannung und Stromstärke messen und dann die Leistung berechnen.
Die elektrische Leistung kann auch analog zur Leistung in der Mechanik (s. S. 44) berechnet werden. Damit gilt:

$$P = \frac{E}{t}$$

Dabei sind *E* die elektrische Energie und *t* die Zeit.

Typische Leistungsaufnahmen oder -abgaben in der Technik	
Taschenrechner	0,02 W
Fahrraddynamo	3 W
Energiesparlampen	5 W–20 W
Glühlampen	25 W–100 W
Heizkissen	60 W
Küchenmaschine	200 W
Mikrowelle	0,8 kW
Waschmaschine	2 kW
Kraftwerksblock	bis 1 000 MW

Mit ***Leistungsmessern*** *(Wattmetern) kann die elektrische Leistung einzelner Geräte direkt gemessen werden (Abb. 2 und unten).*

Projekt

Rationelle Nutzung von Energie

Werden elektrischer Strom oder elektrische Energie „verbraucht"?

Beim Betrieb elektrischer Geräte und Anlagen wird elektrische Energie in andere Energieformen umgewandelt. Trotzdem spricht man häufig von „Energieverbrauch" oder „Stromverbrauch".

Was misst eigentlich ein Elektrizitätszähler?

1. *Setze dich mit dem Begriff „Energieverbrauch" auseinander! Was bedeutet der Begriff aus physikalischer Sicht?*

2. *Stelle eine Übersicht über elektrische Geräte zusammen, die du in der Schule oder im Haushalt nutzt! Gib jeweils an, in welche Energieformen die elektrische Energie umgewandelt wird!*

3. *Für die Zubereitung von Tee sollen 500 ml Leitungswasser (Ausgangstemperatur 15 °C) zum Sieden gebracht werden.*
   a) *Berechne die dafür erforderliche Wärme!*
   b) *Bestimme experimentell die dafür erforderliche elektrische Energie! Vergleiche mit der bei a) berechneten Wärme!*

Glühlampen unterschiedlicher Leistung „verbrauchen" unterschiedlich viel Energie. So leuchtet eine 60-Watt-Lampe heller als eine Lampe von 25 Watt. Ein Teil der elektrischen Energie wird in innere Energie umgewandelt.

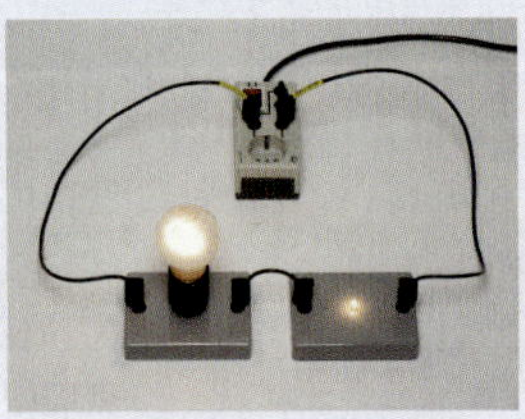

Reihenschaltung einer 230-V-Lampe und einer 6-V-Lampe

4. *Zwei Glühlampen unterschiedlicher Betriebsspannung werden in Reihe an eine elektrische Quelle von 230 V geschaltet (s. Abb.).*
   a) *Warum brennt bei dieser Schaltung die 6-V-Lampe nicht durch?*
   b) *Obwohl in einem unverzweigten Stromkreis die Stromstärke überall gleich groß ist, leuchten die Lampen unterschiedlich hell. Erkläre, warum das so ist!*

Beim Betrieb eines Elektromotors wird ca. 90 % der elektrischen Energie in nutzbare Energie umgewandelt. Der Motor erwärmt sich aber auch, wie das Wärmebild (s. Abb. links) zeigt.

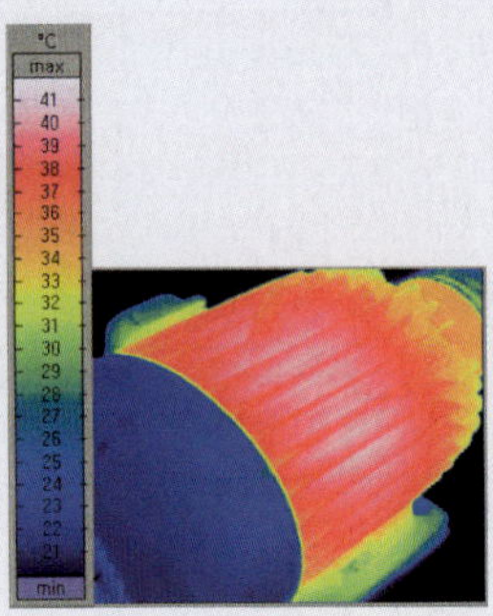

5. *Wärmebilder werden mithilfe spezieller Kameras hergestellt. Sie machen die Stellen sichtbar, von denen besonders viel Wärme abgestrahlt wird. Das Bild links zeigt das Bild eines Elektromotors.*
   a) *An welchen Stellen des Motors ist die Wärmeabgabe besonders groß?*
   b) *Wie könnte das zustande kommen?*

Projekt

Energie sparen – aber wie?

Energiesparen beginnt in jedem Haushalt und bei jedem Einzelnen. Die Haushalte nutzen etwa 25 % der Elektroenergie, die insgesamt in Deutschland in einem Jahr umgesetzt wird. Damit liegen sie unmittelbar hinter dem größten „Verbraucher", der Industrie.
Mehr als ein Fünftel der elektrischen Energie im Haushalt wird für die Bereitung von warmem Wasser aufgewendet. Waschmaschinen benötigen davon etwa 6 % der Energie.

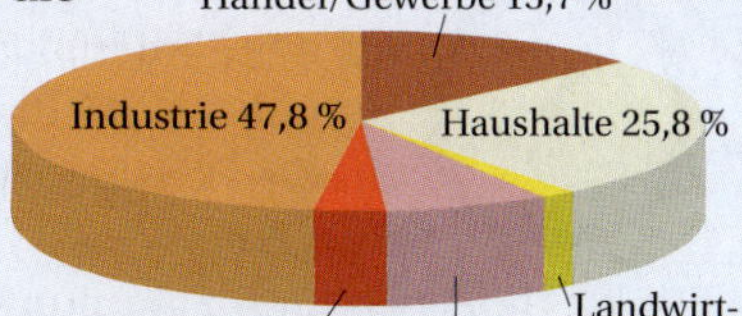

Nutzer von Elektroenergie in Deutschland im Jahr 2003

6. *Interpretiere das Diagramm (s. Abb. rechts)!*

7. *Warmes Wasser benötigt man zum Waschen und Duschen.*

a) *Erkunde, wie oft im Monat in eurem Haushalt die Waschmaschine in welchen Waschgängen eingeschaltet wird! Welches der Geräte Motor, Laugenpumpe oder Heizung in der Waschmaschine benötigt die meiste Energie?*

b) *Ermittle, wie viel warmes Wasser du für einen Duschvorgang benötigst!*

c) *Unterbreite Vorschläge, wie der Energiebedarf und damit auch die Kosten im Haushalt gesenkt werden können!*

Energiebedarf bei Waschgängen:

- *Kochwäsche (95 °C)* $E = 2{,}3\,kWh$
- *Buntwäsche (60 °C)* $E = 1{,}5\,kWh$
- *Buntwäsche (30 °C)* $E = 0{,}5\,kWh$

Kühl- und Gefriergeräte arbeiten besonders effektiv, wenn sie eine gute Wärmedämmung haben. Dieses Kriterium widerspiegelt sich in sogenannten **Effizienzklassen,** in die die Geräte eingeteilt sind. Der **Stand-by-Betrieb** von Geräten wie Fernsehern, Stereoanlagen, Computern oder Videorekordern gehört zu den „versteckten Energiefressern".

Halogenlampen sind zwar teurer in der Anschaffung, halten dafür aber wesentlich länger.

8. *Erkunde, was man beim Kauf von Kühl- und Gefriergeräten beachten sollte, um Energie zu sparen!*

9. *Ermittle die Kosten, die du in einem Jahr einsparen kannst,*

a) *wenn du eine 100-Watt-Glühlampe durch eine Energiesparlampe bei gleicher Betriebsdauer und Helligkeit ersetzt und*

b) *wenn du den Fernseher nicht im Stand-By-Betrieb lässt, sondern mit dem Netzschalter ausschaltest!*

10. *Formuliere Tipps zum Sparen von elektrischer Energie im Haushalt, die leicht zu merken sind und von allen Bewohnern umgesetzt werden können! Beziehe dich auf das Kochen und Backen, das Kühlen, das Beleuchten, das Waschen und den Kauf energiesparender Geräte!*

In den Bereichen mit dem höchsten „Verbrauch" kann am Nachhaltigsten gespart werden.

Physik in Natur und Technik

Hell, heller, am hellsten

Die Lampe eines Fahrrades leuchtet nicht immer gleich hell. Während sie im Stillstand überhaupt nicht leuchtet, nimmt ihre Helligkeit zu, je mehr „in die Pedalen“ getreten wird. Mit dem Dynamo als Quelle im Stromkreis können Spannungen bis zu 6 V erzeugt werden. Auf kleinen Lämpchen, wie für das Fahrrad, wird außer der Spannung noch die Stromstärke angegeben.

Was bedeuten die Angaben 6 V/ 0,4 A auf einer Fahrradlampe? Wie kann experimentell geprüft werden, wovon die Helligkeit der Lampe abhängt?

Beantwortung der 1. Frage:

Die Angabe 6 V/ 0,4 A bedeutet folgendes: An die Lampe darf höchstens die Betriebsspannung 6 V gelegt werden. Dann fließt ein Strom der Stärke 0,4 A. Wird die Betriebsspannung überschritten, dann vergrößert sich die Stromstärke, und die Lampe kann durchbrennen. Das Produkt aus Spannung und Stromstärke kennzeichnet die Leistung der Lampe. Sie beträgt 2,4 W.

Beantwortung der 2. Frage:

Vorbereitung:

Der Vergleich mit dem Fahrraddynamo liefert die Idee der Versuchsdurchführung: Die Spannung an der Lampe wird durch das Regeln an der elektrischen Quelle schrittweise von 0 V auf 6 V erhöht. Das hat unterschiedliche Stromstärken zur Folge. Die Werte für Spannung und Stromstärke werden gemessen (Abb. 1).

Die Experimentieranordnung wird nach dem Schaltplan links aufgebaut.

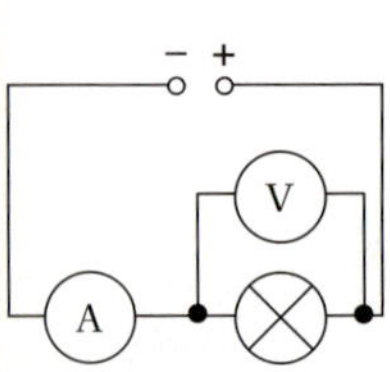

Durchführung:

Die Messwerte für die Spannungen und Stromstärken werden in die Tabelle eingetragen. Auch die jeweilige Helligkeit der Lampe wird registriert. Die letzte Spalte dient der Berechnung der Leistung der Lampe.

U in V	*I* in mA	Helligkeit der Glühlampe	*P* in W
0	0	leuchtet nicht	0
2	160	leuchtet kaum	0,32
4	290	leuchtet hell	1,16
6	400	leuchtet sehr hell	2,40

Auswertung:

Die Lampe leuchtet umso heller, je größer die anliegende Spannung und die Stromstärke in der Lampe sind. Das zeigt sich im Produkt von Spannung und Stromstärke, also der Leistung. Erst bei Betriebsspannung hat die Lampe ihre volle Leistung erreicht. Die Ergebnisse lassen sich auf andere Glühlampen übertragen.

Bei einer Betriebsspannung von 6 V leuchtet eine andere Lampe mit einer größeren Leistung, z. B. 5 W, heller als die Fahrradlampe von 2,4 W. Glühlampen, die eine gleiche Leistung haben, leuchten bei Betriebsspannung gleich hell. Je größer ihre Betriebsspannung ist, desto kleiner ist bei P = konstant die Stromstärke.

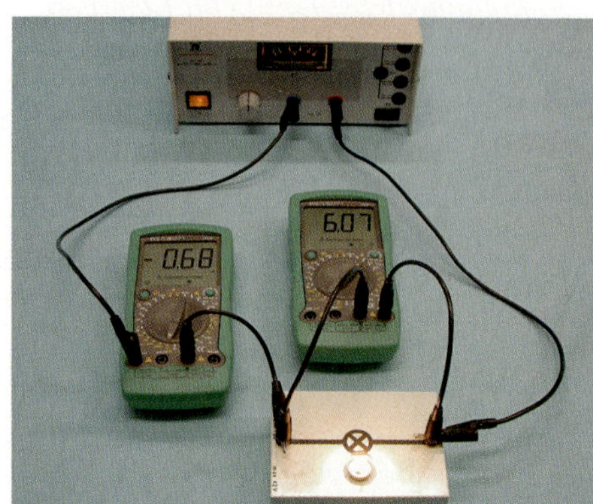

1 ▸ Experimentieranordnung zur Untersuchung der Helligkeit einer Glühlampe

Vorsicht, Überlastung!

Einzelne Stromkreise im Haushalt werden meistens mit Sicherungen von 10 A oder 16 A abgesichert. Sie schmelzen oder „springen heraus“, wenn die fließenden Ströme diese Werte überschreiten und unterbrechen so den Stromfluss im Stromkreis. Deshalb kann man z. B. in einer Küche nicht beliebig viele elektrische Geräte gleichzeitig betreiben.
Ist es möglich, in einem Stromkreis, der mit 16 A gesichert ist, gleichzeitig einen Elektrogrill (1,5 kW), einen Wasserkocher (1 750 W) und eine Kaffeemaschine (900 W) zu betreiben?

Analyse:
Die Steckdosen in einer Küche sind alle parallel geschaltet, damit an allen Geräten dieselbe Betriebsspannung von 230 V anliegt. Der Schaltplan sieht folgendermaßen aus:

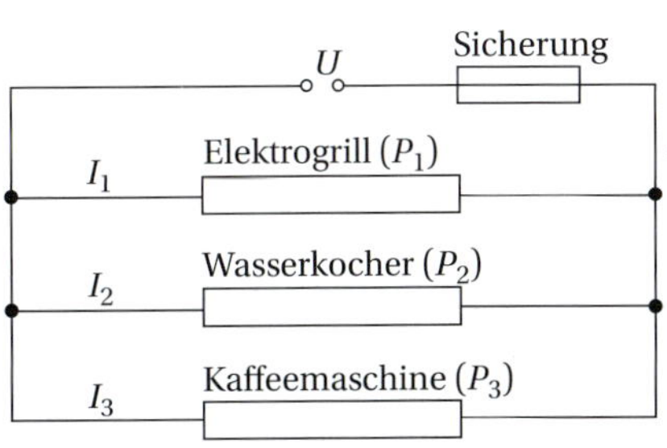

Die Gesamtstromstärke, die durch die Sicherung fließt, ist im verzweigten Stromkreis gleich der Summe der Teilstromstärken in jedem einzelnen Gerät. Sie darf nicht höher als die durch die Sicherung maximal zugelassene Stromstärke sein.

Gesucht: I
Gegeben: $I_{max} = 16\,A$
$U = 230\,V$
$P_1 = 1{,}5\,kW = 1\,500\,W$
$P_2 = 1\,750\,W$
$P_3 = 900\,W$

Lösung:
In einem verzweigten Stromkreis gilt für die Stromstärken:

$$I = I_1 + I_2 + I_3$$

und für die Spannungen:

$$U = U_1 = U_2 = U_3$$

Die Stromstärke in einem Gerät kann aus der Leistung des Geräts und der anliegenden Spannung berechnet werden.

$$P = U \cdot I \qquad | :U$$

Damit erhält man für drei Geräte:

$$I = \frac{P_1}{U} + \frac{P_2}{U} + \frac{P_3}{U}$$

$$I = \frac{1\,500\,V \cdot A}{230\,V} + \frac{1\,750\,V \cdot A}{230\,V} + \frac{900\,V \cdot A}{230\,V}$$

$$I = 6{,}5\,A + 7{,}6\,A + 3{,}9\,A$$

$$I = 18\,A \qquad I_{max} = 16\,A$$

$$\underline{I > I_{max}}$$

Dasselbe Ergebnis für die Gesamtstromstärke erhält man, wenn man die Leistungen aller Geräte addiert und dann durch die anliegende Spannung dividiert.

Ergebnis:
Wenn man alle drei Geräte einschaltet, dann wäre die Gesamtstromstärke erheblich größer als die maximal abgesicherte Stromstärke von 16 A. Die Sicherung würde reagieren und den Stromkreis unterbrechen. Man müsste mindestens eines der Geräte ausschalten, damit die anderen beiden Geräte betrieben werden können.

Eine Zählerscheibe dreht sich

Die elektrische Energie, die wir im Haushalt nutzen, wird mit einem Elektrizitätszähler gemessen. Dieser Zähler zeigt die elektrische Energie an, die von allen Geräten im Haushalt in Anspruch genommen wurde. In jedem Elektrizitätszähler dreht sich eine Zählerscheibe. Aus dem Typenschild kann man entnehmen, wie viele Umdrehungen einer Kilowattstunde entsprechen. Diese Angaben variieren je nach Zählertyp.

Wie kann man mithilfe eines Elektrizitätszählers (120 Umdrehungen/kWh) die elektrische Energie ermitteln, die ein Haushaltstauchsieder (1 000 W) bzw. ein Reisetauchsieder (200 W) während einer Betriebsdauer von 10 Minuten in Wärme umwandeln?

Vorbereitung:
Will man die in Anspruch genommene Energie eines Gerätes ermitteln, dann muss man dafür sorgen, dass nur dieses Gerät in Betrieb ist und alle anderen abgeschaltet sind.
Die Tauchsieder werden nacheinander über einen Zähler ans Netz geschlossen (Abb. 1). Man kann auch den häuslichen Zähler nutzen, wenn alle anderen Geräte im Haushalt abgeschaltet sind. Es wird eine bestimmte Zeit lang registriert, wie viele Umdrehungen die Zählerscheibe ausführt. Aus der Anzahl der Umdrehungen kann die genutzte Energie mithilfe der Kenndaten des Zählers berechnet werden.

Durchführung:
Das Experiment wird wie in Abb. 1 aufgebaut. Nun wird der Haushaltstauchsieder 10 Minuten lang eingeschaltet und die Anzahl der Umdrehungen der Zählerscheibe registriert. Dasselbe wiederholt man mit dem Reisetauchsieder.

Tauchsieder	**Umdrehungen der Zählerscheibe**
1 000 W	20
200 W	4

1 ▸ Messung der genutzten Energie beim Betrieb eines Tauchsieders mit einem Elektrizitätszähler.

Auswertung:
Der Zähler dreht sich bei einem Verbrauch von 1 kWh 120-mal. Das bedeutet bei einem Betrieb von 10 Minuten

a) für den Haushaltstauchsieder
   120 Umdrehungen ≙ 1 kWh
   20 Umdrehungen ≙ 0,17 kWh
b) für den Reisetauchsieder:
   4 Umdrehungen ≙ 0,03 kWh

Der Haushaltstauchsieder entnimmt dem Netz bei gleicher Betriebsdauer etwa 5-mal so viel Energie wie der Reisetauchsieder.

Gleiche Leistung – unterschiedliche Spannung

Eine Haushaltslampe und die Scheinwerferlampe eines Pkw haben zwar die gleiche Leistung von 60 W, werden aber mit unterschiedlichen Spannungen von 230 V bzw. 12 V betrieben. Um die Leistung von 60 W zu erreichen, muss wegen

$$P = U \cdot I$$

bei einer großen Spannung die Stromstärke klein bzw. bei einer kleinen Spannung die Stromstärke groß sein. Das bedeutet: Die Stromstärke durch die Haushaltslampe ist bei gleicher Leistung wesentlich kleiner als die durch die Scheinwerferlampe. Große Stromstärken erwärmen jedoch die Leitungen. Deshalb führen z. B. Überlandleitungen Spannungen von 380 kV. In Verteilungsnetzen wird diese Hochspannung auf 230 V transformiert

Aufgaben

1. Auf Kleinglühlampen ist häufig außer der Spannung noch die Stromstärke angegeben. Ordne die Lampen in der Tabelle nach steigender Leistung!

Nr.	Spannung	Stromstärke
1	12 V	0,1 A
2	6 V	0,5 A
3	4 V	0,1 A
4	2,8 V	0,85 A
5	1,5 V	0,53 A

2. Wie viel länger dauert es, eine Suppe statt mit einer Kochplatte von 2 000 W mit einer von 1 000 W auf die gleiche Temperatur zu erwärmen?
Was kannst du unter dem Aspekt des „Energieverbrauchs“ feststellen?

3. Macht es Sinn, ein Lämpchen mit den Kenndaten 12 V/0,1 A an eine Blockbatterie von 9 V anzuschließen? Begründe!

4. Was bedeuten die Angaben auf den Typenschildern?

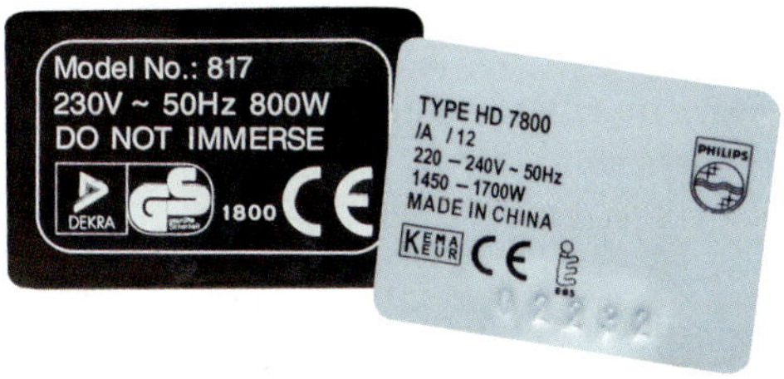

5. Auf der Glühlampe für einen Fahrradscheinwerfer steht: 6 V/2,4 W.
Berechne die Stromstärke bei vollem Betrieb der Glühlampe!

6. Warum werden die Stromkreise für den Betrieb von Waschmaschine und Kochherd extra abgesichert?

7. Bestimme experimentell die elektrische Leistung eines Gerätes!
Vorbereitung:
Nach welcher Gleichung kann die elektrische Leistung berechnet werden?
Welche physikalischen Größen müssen gemessen werden?
Entwirf einen Schaltplan!
Durchführung:
Baue die Schaltung nach dem Schaltplan auf! Führe die notwendigen Messungen durch!
Auswertung:
Berechne die elektrische Leistung des Gerätes! Welche Fehler können bei den Messungen auftreten?

8. Ein Stromkreis ist mit 16 A abgesichert. Welche Leistung kann man einer Steckdose (230 V) maximal entnehmen?

9. Für Glühlampen, die nacheinander an eine Quelle von 230 V angeschlossen werden, ergeben sich folgende Stromstärken:

P in W	25	40	60	75
I in A	0,11	0,17	0,26	0,33

Interpretiere die Messwerte! Welcher Zusammenhang besteht zwischen Leistung, Spannung und Stromstärke?

10. Beschreibe die Durchführung und Auswertung eines Experiments, mit dem du die Leistung eines Spielzeugmotors bestimmen kannst! Entwirf auch einen Schaltplan!

11. Lisa benötigt 5 Minuten, um ihre Haare mit einem Föhn (1 500 W) zu trocknen. Wie viel Energie wird in dieser Zeit umgewandelt?

12. Wie groß ist die Stromstärke bei einer 100-Watt-Glühlampe bei Netzspannung?

13. ICE-Züge haben Motoren mit einer Leistung von 5 MW. Wie groß ist die Stromstärke, die durch die Fahrleitung fließt, wenn der Zug mit voller Motorleistung anfährt? Die Spannung zwischen Gleis und Fahrleitung beträgt 15 kV. Schätze, bevor du rechnest!

14. Vergleiche die Energien, die beim Betrieb einer Glühlampe (230 V/60 W) und der Lampe eines Autoscheinwerfers in gleicher Zeit umgewandelt werden! Durch die Scheinwerferlampe, die von der Batterie mit 12 V gespeist wird, fließt ein Strom der Stärke 5 A.

15. Von einem Widerstand sind die Angaben 20 Ω/5 W bekannt. Darf dieser Widerstand direkt an eine Quelle von 12 V angeschlossen werden? Begründe!

16. Beim Anlassen eines Automotors fließt kurzzeitig ein Strom von 200 A. Die Spannung an der Batterie beträgt in diesem Fall 10 V. Wie groß ist die elektrische Energie, die beim Anlassen des Motors umgewandelt wird, wenn der Vorgang 5 s dauert?

17. Ein Mixer wird jeweils die gleiche Zeit lang im Leerlauf, in einem Mixgetränk und in einem zähen Kuchenteig betrieben. Wie ändert sich die elektrische Energie, die jeweils in den drei Fällen umgesetzt wird?

18. Die Stromrechnung für private Haushalte setzt sich aus einem Grundpreis für die Bereitstellung der Energie, dem *Arbeitspreis* für die genutzte elektrische Energie und der *Mehrwertsteuer* zusammen.
Berechne für folgendes Beispiel die Kosten für die genutzte elektrische Energie in einem Jahr!

Energieverbrauch:	1 585 kWh
Arbeitspreis:	0,18 Euro/kWh
Grundpreis:	42,70 Euro/Jahr
Mehrwertsteuer:	19 %.

19. Berechne für eine Woche die Kosten für die Nutzung elektrischer Energie in deinem Haushalt!

a) Lies im Abstand von einer Woche den Zählerstand am Elektrizitätszähler ab!

b) Multipliziere die umgesetzte elektrische Energie mit den gültigen Kosten für eine Kilowattstunde!

Beachte: Haushalte müssen 19 % Mehrwertsteuer und einen Grundpreis zahlen!

20. Je mehr Glühlampen in Reihe an eine elektrische Quelle angeschlossen werden, desto schwächer leuchten sie (s. Abb.).
Erkläre diese Erscheinung!

21. Wie groß ist die gelieferte Energie einer Lithium-Batterie (3,5 V), die 1,5 Stunden einen Strom von 2 A hervorrufen kann?

22. Auf einem Auto-Akkumulator steht die Angabe 36 Ah (sprich: 36 Amperestunden). Was bedeutet sie?

23. Auf Akkumulatoren, z. B. dem Akkumulator für einen CD-Player, findet man bestimmte Angaben (s. Foto).
Die entsprechende Angabe bei einer Autobatterie lautet z. B. 70 Ah.

a) Erkunde, was die Angaben bedeuten!

b) Ermittle, bei welchen weiteren Geräten Akkumulatoren verwendet werden und welche elektrische Energie maximal in ihnen gespeichert werden kann!

3

Das Wichtigste auf einen Blick

Elektrische Energie und elektrische Leistung

Die **elektrische Energie** ist die Fähigkeit des elektrischen Stroms, Arbeit zu verrichten, Wärme abzugeben oder Licht auszusenden.

Die **elektrische Leistung** gibt an, wie viel elektrische Energie in jeder Sekunde umgewandelt wird.

Die elektrische Energie *E*

Einheiten: 1 Joule (1 J)
1 Wattsekunde (1 Ws)
1 Kilowattstunde (1 kWh)

Möglichkeit der Messung

Die genutzte elektrische Energie kann mit einem **Elektrizitätszähler** gemessen werden.

Die elektrische Leistung *P*

Einheiten: 1 Watt (1 W)
1 Kilowatt (1 kW)
1 Megawatt (1 MW)

Berechnungsmöglichkeit:

$$P = U \cdot I$$

Haushalte und andere Verbraucher bezahlen neben einem Grundbetrag einen weiteren Betrag für die **genutzte elektrische Energie.**
Aus ökonomischen und ökologischen Gründen ist es erforderlich, mit Elektroenergie sparsam umzugehen. Dazu kann jeder beitragen.

3.4 Energieversorgung

Energie aus der Steckdose ▸▸ Für unsere Versorgung mit Elektroenergie spielen gegenwärtig Großkraftwerke die entscheidende Rolle. In Deutschland werden heute etwa 50 % der Elektroenergie in Kohlekraftwerken und 30 % in Kernkraftwerken gewonnen.
Welche Energieträger sind längerfristig nutzbar? Geht uns irgendwann die Energie aus?

Energie aus der Natur ▸▸ Sonnenenergie wird heute schon genutzt, um mithilfe von Solarzellen elektrische Energie zu gewinnen und um mit Sonnenkollektoren Warmwasser bereitzustellen. Auch Bioenergie ist ein Energieträger, den uns die Natur zur Verfügung stellt.
Welche Rolle spielen die erneuerbaren Energien heute? Wie effektiv sind Solarzellen und Sonnenkollektoren? Wie kann man die in Biomasse gespeicherte Energie nutzen?

3

Primär-, Sekundär- und Nutzenergie

Energieträger, die in der Natur vorhanden sind, nennt man **Primärenergieträger.** Die in ihnen gespeicherte Energie ist die Primärenergie (Abb. 1, 2). **Primärenergie** wird heute vom Menschen nur in begrenztem Umfange unmittelbar genutzt.

In der Regel wird **Primärenergie** in vielfältigen Umwandlungsprozessen in andere Formen umgewandelt, die sich besser transportieren, verteilen und für den Nutzer umwandeln lassen. Diese Zwischenstufe zwischen Primär- und Nutzenergie ist die **Sekundärenergie.**
Die betreffenden Energieträger, z. B. Brikett, Koks, Benzin, Dieselkraftstoff, Heizöl oder elektrischer Strom, nennt man **Sekundärenergieträger.** Die wichtigste Form der Sekundärenergie ist die elektrische Energie (Abb. 3). Sie lässt sich aus vielen anderen Energieformen gewinnen, gut in andere Energieformen umwandeln, in großen Mengen und über weite Strecken transportieren, allerdings nur in relativ geringem Umfang speichern.

Unter **Nutzenergie** versteht man die Energie, die vom Menschen unmittelbar für verschiedene Zwecke genutzt wird, z. B. zum Heizen und Kochen, zum Betrieb von Maschinen, Geräten und Anlagen, für den Verkehr.
Von der gesamten Energie, die in Deutschland genutzt wird, benötigt der Verkehr etwa 30 %. Die Haushalte verbrauchen etwa 28 % und die Industrie 26 %. Die restlichen 16 % entfallen auf Gewerbe, Handel und Dienstleistungen.

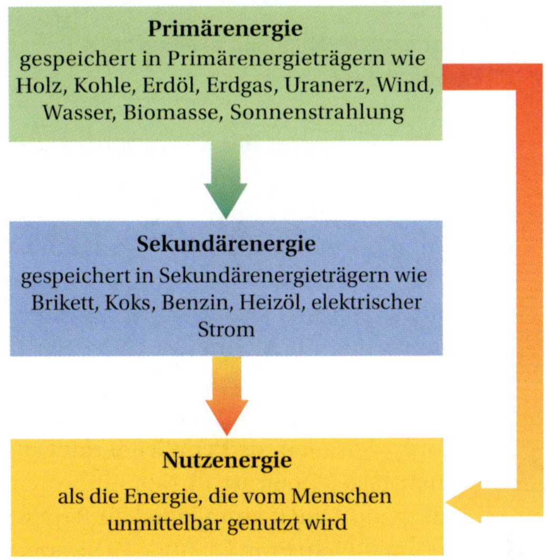

1 ▸ Zusammenhänge zwischen Primärenergie, Sekundärenergie und Nutzenergie

2 ▸ Erdgas ist ein Primärenergieträger, wird aber teilweise direkt zum Heizen und Kochen genutzt.

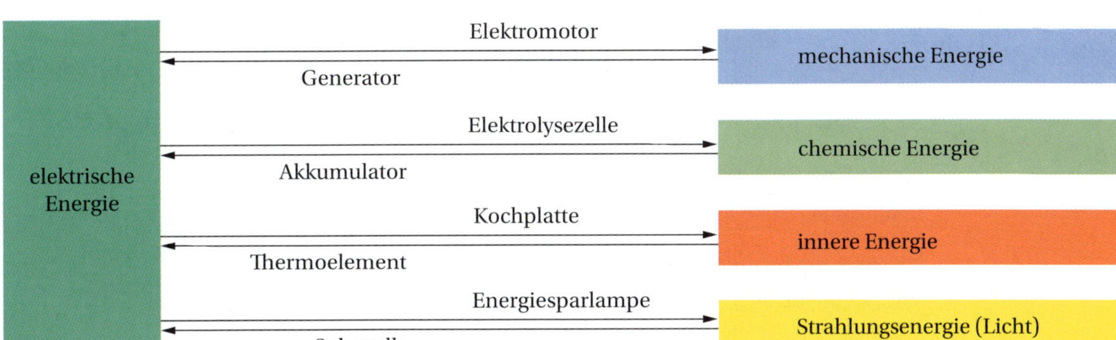

3 ▸ Elektrische Energie kann aus verschiedenen Energieformen erzeugt und in viele andere Energieformen umgewandelt werden.

Nicht erneuerbare und erneuerbare Energieträger

Der Energiebedarf der Menschheit ist in den letzten Jahrzehnten sprunghaft angestiegen (Abb. 1) und hat inzwischen einen Wert von über $4 \cdot 10^{20}$ J pro Jahr erreicht. Nach allen Prognosen wird er weiter ansteigen. Der Gesamtverbrauch in Deutschland beträgt etwa $1{,}45 \cdot 10^{19}$ J. Der Anteil verschiedener Energieträger an der Deckung des gesamten Energiebedarfs, den man als **Primärenergieverbrauch** bezeichnet, ist in den einzelnen Ländern und auch von Region zu Region unterschiedlich. Eine wichtige Rolle spielen in Deutschland und in vielen anderen Ländern **fossile Brennstoffe** wie Kohle, Erdöl und Erdgas (Abb. 2).

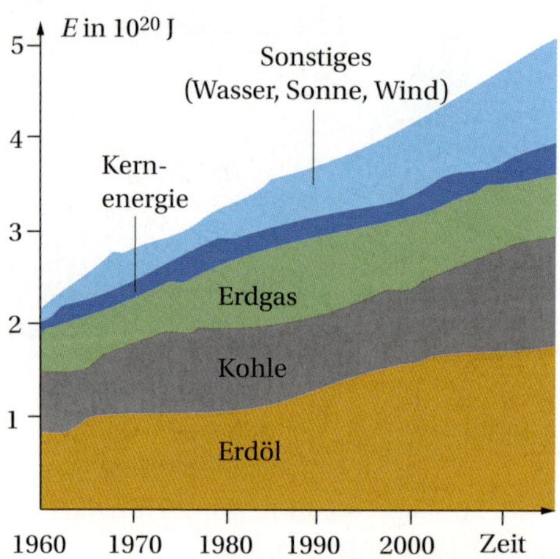

1 ▸ Entwicklung des Energiebedarfs der Menschheit

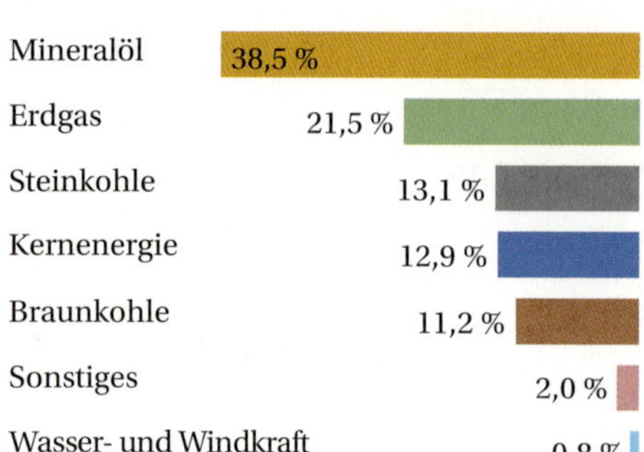

2 ▸ Energieträger beim Primärenergieverbrauch in Deutschland

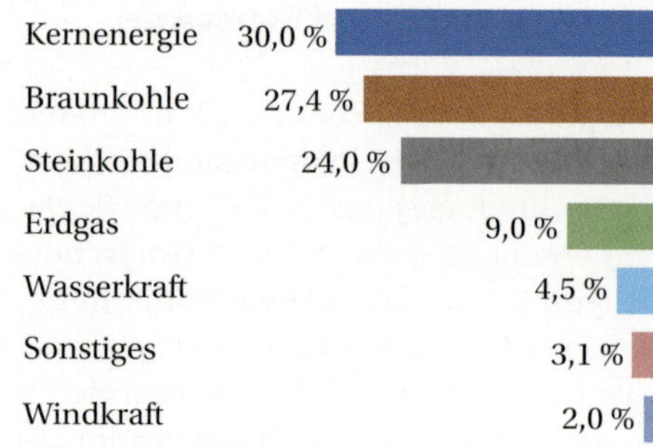

3 ▸ Energieträger für die Gewinnung von Elektroenergie in Deutschland

Eine andere Verteilung ergibt sich, wenn man nur die Elektroenergieerzeugung betrachtet (Abb. 3). Hier spielt die **Kernenergie** eine wesentliche Rolle, aber auch fossile Brennstoffe haben große Bedeutung. Die Energievorräte an solchen Brennstoffen sind aber begrenzt und nicht erneuerbar. Ihr Abbau wird immer teurer und ist auch mit ökologischen Problemen verbunden. Dazu zählen nicht nur die Zerstörung von Landschaften durch riesige Braunkohletagebaue, sondern vor allem auch die Umweltbelastung durch Verbrennungsprozesse mit ihren Verbrennungsprodukten. Trotz aller Maßnahmen zur Abgasreinigung haben Kraftwerke und die Motoren von Millionen Kraftfahrzeugen erheblichen Anteil an der Luftverschmutzung, aber auch an solchen Erscheinungen wie dem **zusätzlichen Treibhauseffekt,** dem **Ozonloch** und dem **sauren Regen.**

Um den weiter wachsenden Energiebedarf zu decken, ist es erforderlich,

- in zunehmendem Maße erneuerbare Energien zu nutzen,
- sparsam und rationell mit den vorhandenen Energieträgern umzugehen.

Aus den Abb. 2 und 3 ist erkennbar: Gegenwärtig wird nur ein geringer Teil der benötigten Energie aus erneuerbaren Energieträgern gewonnen, auch wenn in den letzten Jahren die Nutzung der Windenergie und der Sonnenenergie deutlich zugenommen hat.

Projekt

Energie aus Wind, Sonne und Wasser

Energieträger, die nachwachsen oder immer von Neuem nutzbar sind, nennt man **erneuerbare** oder **regenerative Energieträger.** Beispiele sind in der Übersicht unten dargestellt.

Holz und Biomasse sind nachwachsende Energieträger.

Wind, Wasser und Sonnenstrahlung sind als Energiequellen immer von Neuem nutzbar.

1. *Interpretiere die Übersicht über regenerative Energien und deren Nutzung!*

2. *Erkunde, welche erneuerbaren Energieträger in welchem Umfang in Bayern genutzt werden!*

Energie aus Wind

Nicht nur in Küstenregionen gibt es eine zunehmende Anzahl von Windkraftanlagen, sondern auch im Binnenland. Insgesamt bleibt aber die Leistung, die von ihnen in das Netz eingespeist wird, relativ klein. Damit sie wirtschaftlich arbeiten können, sind mittlere Windgeschwindigkeiten von 4 m/s bis 5 m/s erforderlich. Das entspricht im Mittel Windstärke 3.

Die meisten Anlagen erreichen Leistungen bis zu 1 MW.

3. *Beschreibe den Aufbau und erkläre die Wirkungsweise einer Windkraftanlage! Welche Vor- und Nachteile hat sie gegenüber einem Kohlekraftwerk? Nutze das Internet!*

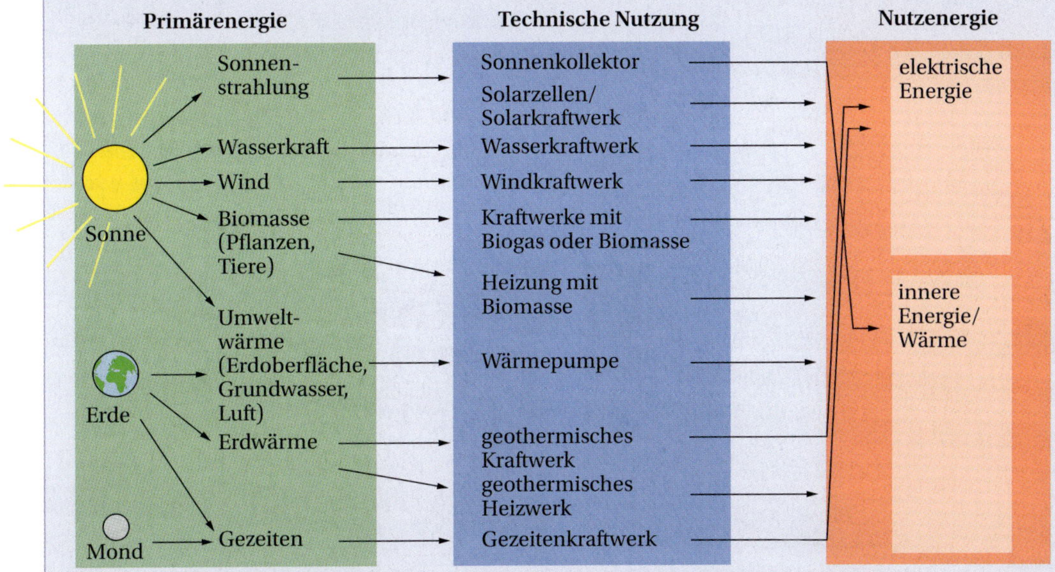

1 ▸ Nutzung erneuerbarer Energien

Projekt

Energie von der Sonne

Die Energie der Sonne kann man dazu nutzen, um auf direktem Wege in **Sonnenkollektoren** Wasser zu erwärmen. Dieses erwärmte Wasser kann z. B. zur Heizung von Räumen verwendet werden. Sonnenkollektoren werden meist auf den Dächern von Häusern angebracht (Abb. 1).

1 ▸ Im Sonnenkollektor auf dem Hausdach wird Wasser erwärmt.

4. a) *Informiere dich über den Aufbau und die Wirkungsweise eines Sonnenkollektors! Nutze das Internet!*
   b) *Erkunde, in welchem Umfang Sonnenkollektoren in Wohnhäusern bzw. in öffentlichen Gebäuden in deiner näheren Umgebung genutzt werden und wie effektiv sind sie!*

Die Energie der Sonne kann auch dazu genutzt werden, um mithilfe von **Solarzellen** Sonnenenergie direkt in elektrische Energie umzuwandeln (Abb. 2, 3). Die Technik der direkten Umwandlung von Strahlungsenergie in elektrische Energie wird als **Fotovoltaik** bezeichnet. Konzentriert man die Sonnenstrahlung mithilfe von Spiegeln in einem kleinen Bereich, so kann man das als Sonnenofen nutzen. Mit großen Spiegeln ist es möglich, Wasser zu verdampfen und mit diesem Dampf, wie in einem Wärmekraftwerk, eine Turbine anzutreiben. Eine solche Anlage wird als **Solarkraftwerk** bezeichnet.

5. *Erläutere Vor- und Nachteile der Nutzung von Sonnenenergie für verschiedene Zwecke!*

6. *Warum kann ein Solarmobil nicht nur am Tag fahren? Warum fährt es bei Sonnenschein besonders schnell? Warum hat diese Art des Antriebs bei uns noch keine größere Verbreitung gefunden?*

2 ▸ Solarzellen sind aus Silicium aufgebaut und haben heute einen Wirkungsgrad von etwa 15 %.

3 ▸ Die Sonnenenergie wird genutzt, um Elektroenergie bereit zu stellen und einen Brunnen zu betreiben.

3

Projekt

Energie aus Wasser

Die Energie des Wassers wird schon seit vielen Jahrhunderten vom Menschen für unteschiedliche Zwecke genutzt (Abb. 1).

1 ▸ Mit Wasser wurden u. a. Mühlen angetrieben.

7. *Erkunde, wozu man die Energie des Wassers früher genutzt hat! Fertige eine Präsentation über eine solche historische Anlage an!*

In Bayern gibt es aufgrund der günstigen geografischen Gegebenheiten nicht nur zahlreiche Laufwasserkraftwerke, sondern auch Speicherkraftwerke und Pumpspeicherkraftwerke. Eines der bekanntesten und größten Speicherkraftwerke Deutschlands ist das Walchenseekraftwerk. Es wurde 1924 in Betrieb genommen und hat eine installierte Leistung von 124 MW.

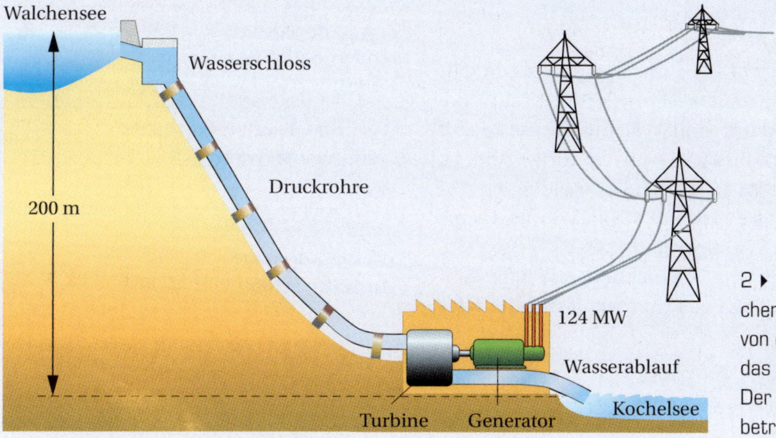

2 ▸ Speicherkraftwerk Walchensee: Über 6 Druckrohre von etwa 450 m Länge fließt das Wasser zu den Turbinen. Der maximale Durchsatz beträgt 84 m^3 je Sekunde.

8. *Verschaffe dir einen Überblick über die Standorte von Wasserkraftwerken in Bayern! Was ist der Unterschied zwischen Laufwasserkraftwerken, Speicherkraftwerken und Pumpspeicherkraftwerken?*

9. *Das Walchenseekraftwerk (Abb. 2) war in den zwanziger Jahren des 20. Jahrhunderts das weltgrößte Speicherkraftwerk.*
   a) *Fertigt eine Präsentation zu diesem bedeutenden Wasserkraftwerk an!*
   b) *Erkundet, welches heute die weltgrößten Wasserkraftwerke sind!*

10. *An der französischen Atlantikküste bei St. Malo arbeitet das weltgrößte Gezeitenkraftwerk. Informiere dich über den Aufbau und die Wirkungsweise eines solchen Kraftwerks!*

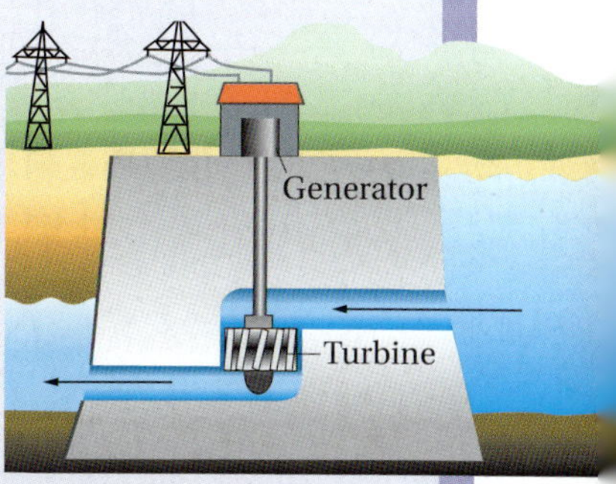

3 ▸ Prinzipieller Aufbau eines Gezeitenkraftwerks

Kraftwerke im Vergleich

In Kraftwerken wird aus Primärenergie über mehrere Umwandlungsprozesse letztlich elektrische Energie erzeugt. Je nach Primärenergieträger und Art der Anlage unterscheidet man zwischen Wärmekraftwerken, Kernkraftwerken, Wasserkraftwerken, Windkraftwerken, Solarkraftwerken und geothermischen Kraftwerken.

Worin unterscheiden sich wichtige Arten von Kraftwerken?

Welche Vorteile und welche Nachteile haben einzelne Arten von Kraftwerken?

Wesentliche Kriterien zur Beurteilung von Kraftwerken sind neben dem Wirkungsgrad die Kosten, die Risiken, die Umweltbelastung und die Verfügbarkeit der Primärenergieträger.

Eine Übersicht über die Wirkungsgrade gibt die Tabelle rechts. Die meisten Kraftwerke in Deutschland sind **Wärmekraftwerke** mit einem Wirkungsgrad von ca. 40 % (Abb. 1). Durch die Nutzung der unvermeidlichen Abwärme für Heizzwecke (Kraft-Wärme-Kopplung) sind Wirkungsgrade bis 85 % möglich. Der Vorteil von Wärmekraftwerken besteht darin, dass einheimische Primärenergieträger genutzt werden können und diese Energieträger auch noch über Jahrzehnte hinweg verfügbar sind. Entscheidender Nachteil sind die beim Verbrennen fossiler Brennstoffe auftretenden Umweltbelastungen.

Dazu gehören die Belastung durch Staub, die bei der Verbrennung auftretenden Stickoxide (NO, NO_2) und Schwefeldioxid (SO_2) sowie Kohlenstoffdioxid (CO_2), das entscheidenden Einfluss auf den zusätzlichen Treibhauseffekt auf der Erde hat.

Art des Kraftwerks	Wirkungsgrad
Solarkraftwerk	20 %
Windkraftwerk	25 % ... 30 %
Kernkraftwerk	38 %
modernes Kohlekraftwerk	40 %
Gasturbinenkraftwerk	52 %
Pumpspeicherkraftwerk	75 %
Kraftwerk mit Kraft-Wärme-Kopplung	85 %
Wasserkraftwerk	90 %

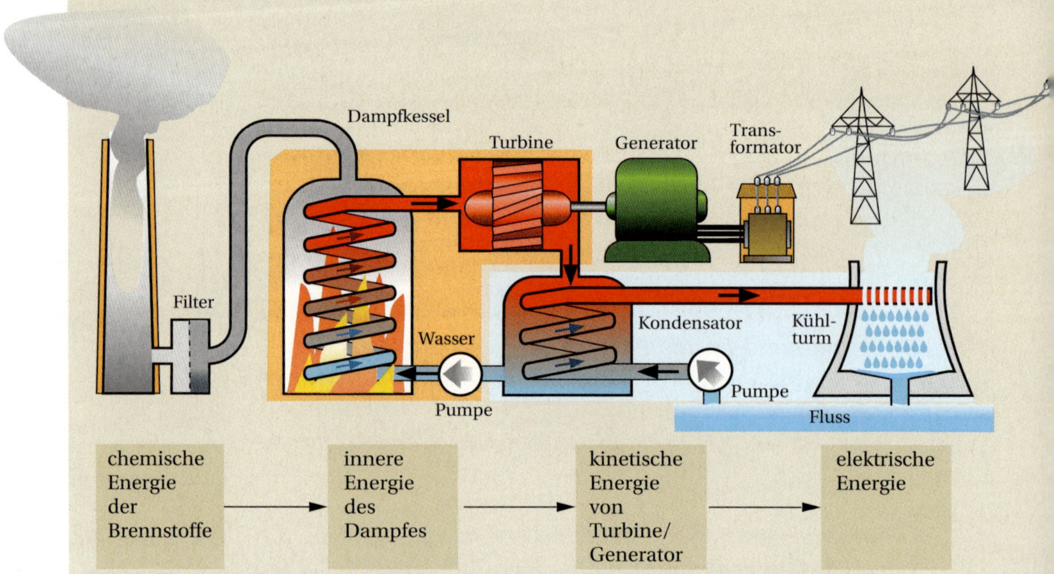

1 ▸ Die Energieumwandlungen sind in allen Arten von Wärmekraftwerken prinzipiell gleich.

Energieträger	Aufwand für 1 kWh Elektroenergie
Braunkohle	1,1 kg
Steinkohle	0,3 kg
Erdgas	0,22 m^3
Uran (angereichert)	0,0045 g
Wasser	410 m^3 bei 1 m Fallhöhe
Heizöl	0,2 kg
Müll	1,5 kg … 3,5 kg
Sonnenstrahlung	15 m^2 Solarzellen

Kraftwerke und Heizkraftwerke haben einen Anteil von ca. 40 % am CO_2-Ausstoß in Deutschland, der insgesamt etwa 900 Mio. Tonnen im Jahr beträgt. Moderne Wärmekraftwerke sind mit vielen Zusatzanlagen ausgerüstet, die dazu dienen, die Umweltbelastungen zu verringern. Dazu gehören z. B. Anlagen zur Rauchgasentschwefelung, Elektrofilter zur Verringerung der Staubbelastung und Anlagen zur Entstickung. Der Ausstoß von CO_2 kann durch solche technischen Maßnahmen prinzipiell nicht verhindert werden. Es müssen deshalb andere Möglichkeiten der Reduzierung gesucht werden.

Kernkraftwerke sind spezielle Wärmekraftwerke. Wie alle anderen Kraftwerke haben auch Kernkraftwerke Vorteile und Nachteile.

Eine weitere Art von Wärmekraftwerken sind **Blockheizkraftwerke**. In ihnen wird Strom erzeugt und zugleich die entstehende Abwärme genutzt (Abb. 1).

Kernstück solcher Anlagen sind Motoren, die meist mit Gas betrieben werden und über einen gekoppelten Generator elektrische Energie erzeugen. Parallel dazu wird dem Kühlwasser des Motors mit den Abgasen Wärme entzogen und über einen Wärmetauscher an Heizungsanlagen weitergegeben. Das Prinzip wird als **Kraft-Wärme-Kopplung** bezeichnet. Solche Anordnungen haben einen Wirkungsgrad von bis zu 85 % und sind vor allem dort gut nutzbar, wo über das ganze Jahr hinweg ein hoher Strom- und Wärmebedarf besteht (Betriebe, Krankenhäuser).

Wasserkraftwerke (Abb. 1) haben einen hohen Wirkungsgrad und lassen sich sehr umweltfreundlich betreiben. Allerdings gibt es in Deutschland für die Errichtung größerer Wasserkraftwerke aufgrund der geografischen Gegebenheiten nur beschränkte Möglichkeiten.

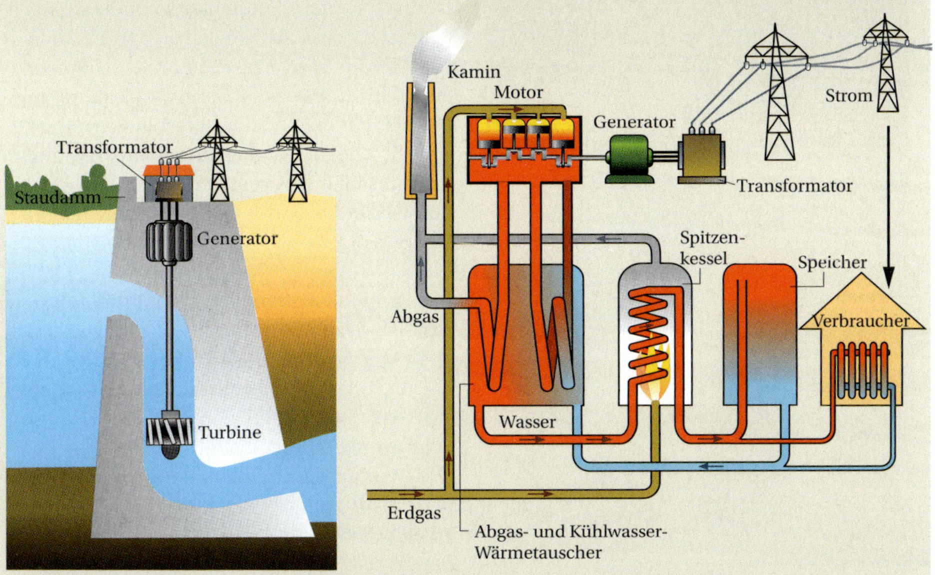

1 ▸ Wasserkraftwerk (links) und Blockheizkraftwerk mit Kraft-Wärme-Kopplung (rechts)

Sonnenkollektoren

Besonders umweltfreundlich sind das Heizen und die Warmwasseraufbereitung mit Sonnenkollektoren (Abb. 2).
Beschreibe den Aufbau und erkläre die Wirkungsweise eines Sonnenkollektors!

In Sonnenkollektoren (Abb. 1) wird Wasser mithilfe der Sonnenstrahlung erwärmt. Die meisten Anlagen bestehen aus zwei Wasserkreisläufen, die durch einen Wärmetauscher verbunden sind, und dem eigentlichen Kollektor (Sammler). Pumpen halten die Kreisläufe in Gang (Abb. 2).
Kaltes Wasser wird im Kollektor durch die Sonnenstrahlung erwärmt. Von dort gelangt es in den Wärmetauscher und gibt Wärme an das kältere Wasser des anderen Kreislaufs ab. Dieses erwärmte Wasser wird z. B. zum Heizen verwendet.
Wichtig ist die richtige Anordnung der Sonnenkollektoren. Sie sind besonders effektiv, wenn Sonnenstrahlung senkrecht auffällt. Deshalb werden Sonnenkollektoren so angebracht, dass sie möglichst nach Süden ausgerichtet sind und die Sonne senkrecht einstrahlt. Diese Sonneneinstrahlung ist in Deutschland regional unterschiedlich. Messungen zeigen, wie die Sonneneinstrahlung in Deutschland verteilt ist (Abb. 3). Im Süden ist die Intensität deutlich höher als im Norden.

1 ▸ Wasser wird durch die Strahlung der Sonne in Sonnenkollektoren erwärmt.

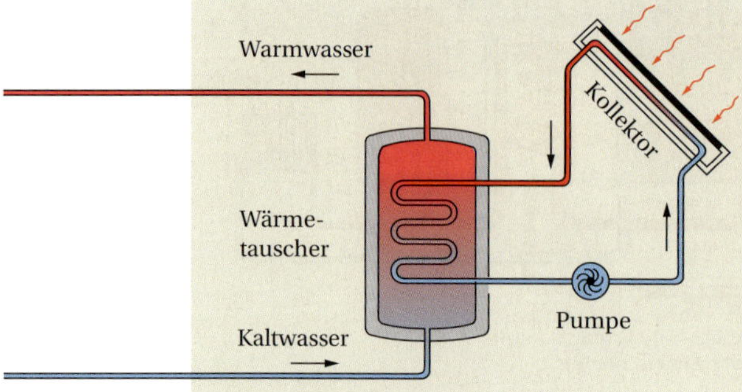

2 ▸ Aufbau einer Sonnenkollektoranlage

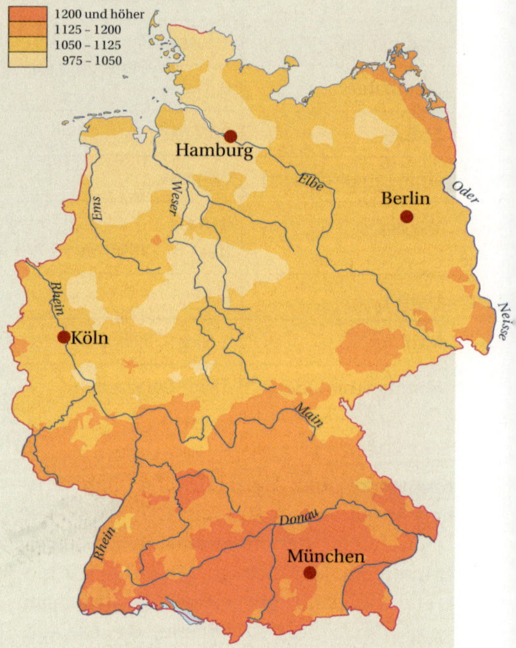

3 ▸ Gesamte Sonneneinstrahlung auf eine nach Süden geneigte Fläche pro Jahr in kWh/m²

Mit Sonnenkollektoren lässt sich heute bereits bei Wohnhäusern ein erheblicher Teil des Jahresenergiebedarfs an Warmwasser abdecken. Sie werden teilweise auch zur Heizung von Gewächshäusern und Schwimmbädern genutzt.
Der Wirkungsgrad von Sonnenkollektoren beträgt bis zu 80 %. Aktuelle Informationen zu Sonnenkollektoren sind im Internet zu finden, z. B. unter dem Suchwort „Sonnenkollektor“ oder „Solarenergie“.

3

Brennstoffzellen – Energiequellen der Zukunft

Brennstoffzellen sind technische Anordnungen, mit deren Hilfe aus Wasserstoff und Sauerstoff elektrischer Strom erzeugt werden kann.

Bereits 1839 demonstrierte der englische Astronom und Physiker WILLIAM GROVE im Labor die prinzipielle Wirkungsweise einer Brennstoffzelle: Elektrolytisch erzeugter Wasserstoff und Sauerstoff wird Elektroden aus Platin zugeführt. Dabei bildet sich zum einen Wasser, zum anderen entsteht zwischen den Elektroden eine Spannung, die zu einem Strom führt. Das Foto zeigt eine moderne Experimentieranordnung.

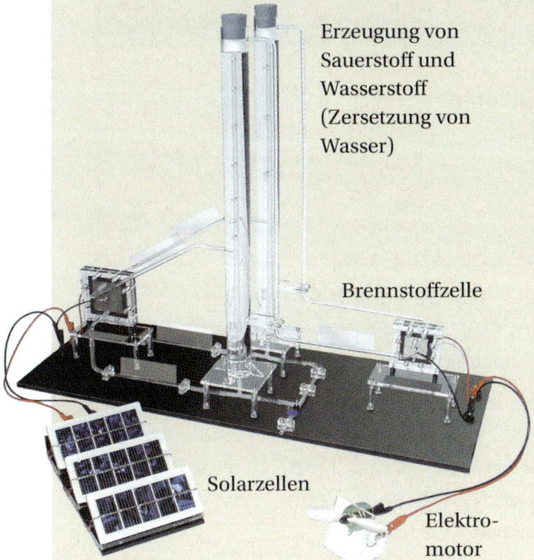

Die Entwicklung einer leistungsfähigen elektrischen Quelle erwies sich allerdings als so schwierig, dass dieses Konzept nicht weiter verfolgt wurde. Hinzu kommt, dass mit der Entdeckung des elektrodynamischen Prinzips im Jahre 1866 durch WERNER VON SIEMENS (1816–1892) die Konstruktion von Dynamomaschinen möglich wurde, mit denen ausreichende Mengen Elektroenergie erzeugt werden konnten. Erst als elektrische Quellen für U-Boote und für Raumfahrzeuge gewannen Brennstoffzellen wieder an Bedeutung. Sie wurden dort erstmals 1965 eingesetzt. Heute wird an ihrer vielfältigen Nutzung gearbeitet.

Eine Brennstoffzelle besteht aus zwei Elektroden und einem Elektrolyten (Abb. 1). Je nach Bauart und Brennstoff vollziehen sich unterschiedliche Vorgänge.Die Anode wird mit dem Brennstoff, meist Wasserstoff, und die Katode mit Sauerstoff versorgt. Der Elektrolyt verbindet die beiden Elektroden miteinander. Bei einer Betriebstemperatur zwischen 80 °C und 1 000 °C gibt Wasserstoff an der Anode (Minuspol) Elektronen ab:

$$2H_2 \longrightarrow 4H^+ + 4e^-$$

Die frei gewordenen Elektronen fließen über einen Verbraucher zur Katode und können dabei Arbeit verrichten.

An der Katode nimmt Sauerstoff Elektronen auf. Sauerstoff-Ionen bewegen sich durch den Elektrolyten zur Anode und vereinigen sich dort mit Wasserstoff-Ionen zu Wasser:

$$O_2 + 4e^- + 4H^+ \longrightarrow 2H_2O$$

Als Gesamtreaktion entsteht aus Wasserstoff und Sauerstoff Wasser. Eine einzelne Zelle liefert eine Spannung von 0,6 V bis 0,9 V. Durch Reihenschaltung solcher Zellen erreicht man Spannungen bis etwa 200 V.

Der Vorteil von Brennstoffzellen besteht vor allem darin, dass bei ihrem Betrieb keine Umweltbelastungen auftreten. Darüber hinaus ist ihr Wirkungsgrad mit 35 % bis 85 % relativ hoch.

Die derzeitigen Nachteile bestehen vor allem in den hohen Produktionskosten.

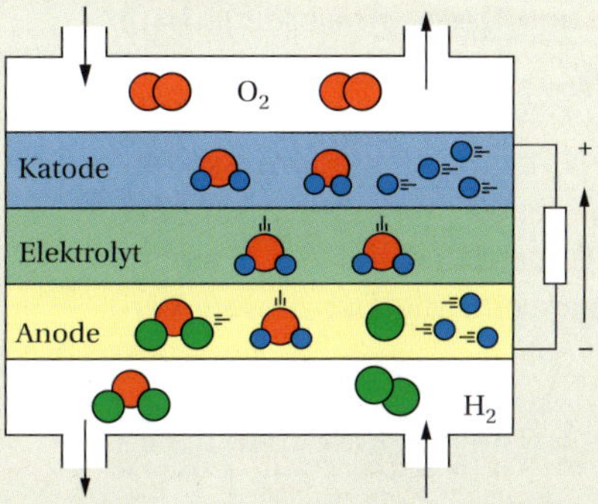

1 ▸ Aufbau und Wirkungsweise einer Brennstoffzelle: Es erfolgt ein Austausch von Elektronen.

Aufgaben

1. Das Energieflussdiagramm zeigt die Energiebilanz für ein Kraftwerk mit Kraft-Wärme-Kopplung, bei dem die Abwärme für Heizzwecke genutzt wird.

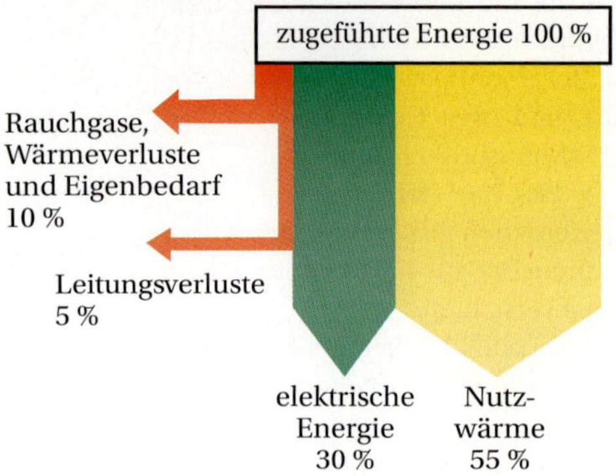

a) Wie groß ist der Wirkungsgrad dieses Kraftwerkes?

b) Kraftwerke mit Kraft-Wärme-Kopplung baut man in der Regel in der Nähe von Wohnvierteln. Warum?

c) Diskutiere Möglichkeiten der Nutzung der Abwärme bei Großkraftwerken ohne Kraft-Wärme-Kopplung!

2. In Biomasse ist Energie gespeichert, die für die Energieversorgung der Menschheit genutzt werden kann. Biomasse ist aufgrund des ständigen Nachwachsens von Pflanzen und Tieren eine erneuerbare Energiequelle.
Trage in einer Tabelle verschiedene Verfahren zur Nutzung der Biomasse als Energieträger für die Energieversorgung zusammen! Gehe dabei auf die Energieumwandlungen ein, die bei diesen Verfahren auftreten!

Verfahren	Energieumwandlungen
Verbrennung von Biomasse	...
...	...

3. Sammle Informationen über Umweltschäden durch Energienutzung und über Möglichkeiten der Verringerung solcher Schäden!

4. Nenne und erläutere einige Maßnahmen, wie man im täglichen Leben sparsam mit Energie und Treibstoffen umgehen kann!

5. Die Übersicht unten zeigt, wie lange die Reserven an fossilen Energieträgern reichen, wenn man den jetzigen Verbrauch zugrunde legt.

Energieträger	Reichweite in Jahren	
	weltweit	Deutschland
Braunkohle	515	230
Steinkohle	151	330
Erdöl	43	31
Erdgas	65	16

a) Welche Folgerungen kann man aus diesen Daten ableiten?

b) Welche Konsequenzen ergeben sich aus diesen Daten für die künftige Nutzung erneuerbarer Energie?

6. Elektrische Energie kann in Kraftwerken aus verschiedenen Primärenergieträgern gewonnen werden.

a) Stelle diese für die wichtigsten Kraftwerkstypen in einer Tabelle zusammen und ergänze die zunächst vorhandene Energieform!

Kraftwerkstyp	Primärenergieträger	Energieform
Wasserkraftwerk	...	...
...	...	...

b) Beschreibe für jeden Kraftwerkstyp die Kette der Energieumwandlungen bis zur elektrischen Energie!

7. Im Physikunterricht der Klasse 8 spielt der Begriff Energie eine zentrale Rolle. Ihr habt auch schon eigene Hypertexte zu verschiedenen Themen angefertigt.

a) Entwerft eine Hypertextstruktur für ein Projekt „Energie in Natur und Technik“! Überlegt euch, welche Informationen es enthalten soll und wie die verschiedenen Seiten miteinander verknüpft werden sollen!

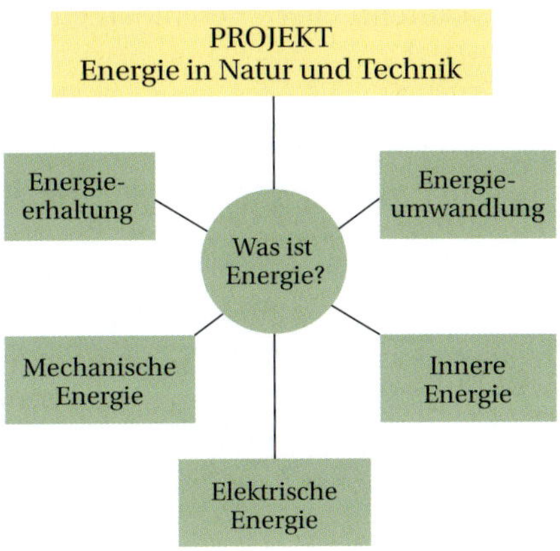

b) Ordnet eure bisher erarbeiteten Hypertexte ein! Ergänzt durch neue Seiten!

8. Der Bedarf an Elektroenergie ist erheblichen täglichen Schwankungen unterworfen. Die Abb. zeigt ein Beispiel.

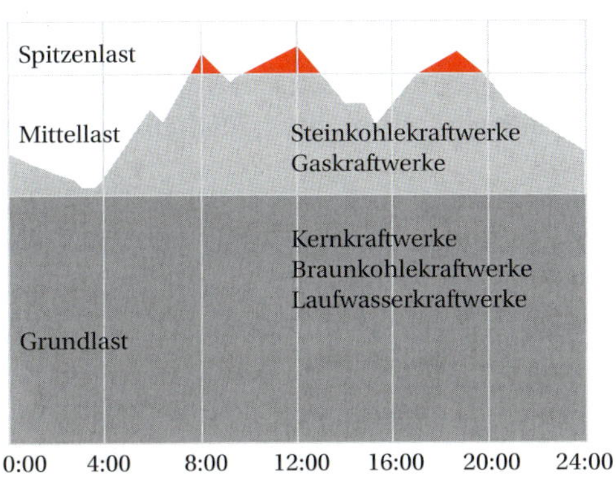

a) Interpretiere das Diagramm!

b) Diskutiere, wie die Spitzenlast abgesichert werden kann!

9. Die Solar-Wasserstoff-Technik ermöglicht es Energie zu gewinnen, ohne die Umwelt zu belasten. Eine Versuchsanlage befand sich in Neunburg vorm Wald (s. Foto).

Erkunde, wie eine solche Anlage arbeitet! Bereite dazu einen Vortrag vor!

10. Eine maximale Leistung von 124 MW erreicht das Walchenseekraftwerk, wenn in jeder Sekunde eine Wassermenge von 84 m^3 durch die 450 m langen Rohre fließt. Der Höhenunterschied beträgt dabei 200 m.

a) Beschreibe die Energieumwandlungen bei einem solchen Speicherkraftwerk!

b) Schätze aus den angegebenen Daten den Wirkungsgrad des Kraftwerkes ab!

11. Solarenergie gewinnt eine immer größere Bedeutung.
Erkunde mithilfe des Internets, wo und in welchen Umfange Solarenergie für die Energieversorgung genutzt wird! Sammle auch Beispiele aus deiner Umgebung!
Fertige zum Thema „Nutzung von Solarenergie“ eine Präsentation an!

12. Erkunde, wie groß die Stromerzeugung in Bayern ist und welche Energieträger dazu genutzt werden! Informationen dazu bietet u. a. das Bayerische Landesamt für Statistik und Datenverarbeitung.

13. Ein Wasserkocher, der mit einer Spannung von 230 V betrieben wird, kann 1,0 Liter Wasser in 3,0 Minuten von 16 °C auf 98 °C erwärmen.

a) Welche Energieumwandlungen finden im Wasserkocher statt?

b) Welche Leistung erbringt das Gerät?

c) Wie groß muss die zugeführte elektrische Energie mindestens sein?

d) Erläutere, aus welchem Grund die zugeführte elektrische Energie größer sein muss, als in Teilaufgabe c) berechnet!

e) Berechne die Stromstärke, die durch das Gerät fließt!

f) Welchen Widerstand hat die Heizspirale im Betrieb?

g) Auf welche Höhe könnte man mit der zugeführten Energie einen Körper der Masse 1,0 t heben?

*h) Auf welche maximale Geschwindigkeit könnte man mit der Energie aus Teilaufgabe c) einen Körper der Masse 1,0 t beschleunigen?

14. Eine Waschmaschine hat eine maximale Leistung von 2,8 kW. Die Heizleistung beträgt 2,5 kW. Sie wird im Bad an eine dafür installierte Steckdose angeschlossen. Diese Steckdose ist extra abgesichert.

a) Welche Stromstärke muss die Sicherung für diese Waschmaschine mindestens aushalten?

b) In welcher Zeit kann die Waschmaschine 10 l Wasser von 15 °C auf 30 °C bzw. auf 60 °C erwärmen?

c) Warum ist die tatsächliche Zeit größer als die bei Teilaufgabe b) berechnete Zeit?

15. Ein Langzug der Münchner U-Bahn beschleunigt aus dem Stand in 15 Sekunden auf 65 km/h. Der Zug hat eine Masse von rund 200 t. Die Betriebsspannung der Stromversorgung beträgt 750 V.

a) Welche Energieumwandlungen finden während der Beschleunigungsphase statt?

b) Welche Antriebskraft ist während der Beschleunigungsphase nötig, wenn man von einer konstanten Beschleunigung ausgeht?

*c) Wie weit fährt der Zug in den 15 s?

d) Der Wirkungsgrad der elektrisch betriebenen Motoren liegt bei 90 %. Welche elektrische Energie ist für die Beschleunigungsphase nötig?

e) Wie groß ist dabei die mittlere Stromstärke?

f) Wie viel siedendes Wasser könnte man mit der bei Teilaufgabe d) ermittelten elektrischen Energie verdampfen?

16. Wie lange benötigt ein Mensch mit einer Durchschnittsleistung von 150 W zur Verrichtung der Arbeit 1 kWh? Welcher Stundenlohn ergibt sich daraus, wenn man ihn für eine Kilowattstunde das Gleiche bezahlt, was ein Nutzer für 1 kWh Elektroenergie zahlen muss, nämlich 18 Cent?

17. Auf einer Energiesparlampe ist der Aufdruck 230 V/15 W zu finden.

a) Was bedeuten diese Angaben?

b) Wie lange könnte man eine solche Energiesparlampe mit einer Kilowattstunde betreiben?

c) Der Wirkungsgrad einer solchen Lampe beträgt 25 %. Was heißt das?

d) Wie viel Wärme wird bei drei Stunden Betrieb von einer solchen Lampe an die Umgebung abgegeben?

Das Wichtigste auf einen Blick

Energieversorgung

Energie E

- ist eine physikalische Größe. Mit Energie können Körper bewegt, verformt , erwärmt oder zur Aussendung von Licht gebracht werden.
- ist für eine moderne Gesellschaft lebenswichtig und muss in ausreichendem Maße zur Verfügung stehen.
- kann aus verschiedenen Energieträgern gewonnen werden.

Energieträger

- nicht erneuerbare Energieträger (Steinkohle, Braunkohle, Erdöl, Erdgas)
- erneuerbare Energieträger (Wind, Wasser, Sonnenenergie, Biomasse, Biogas, Erdwärme, Gezeiten)

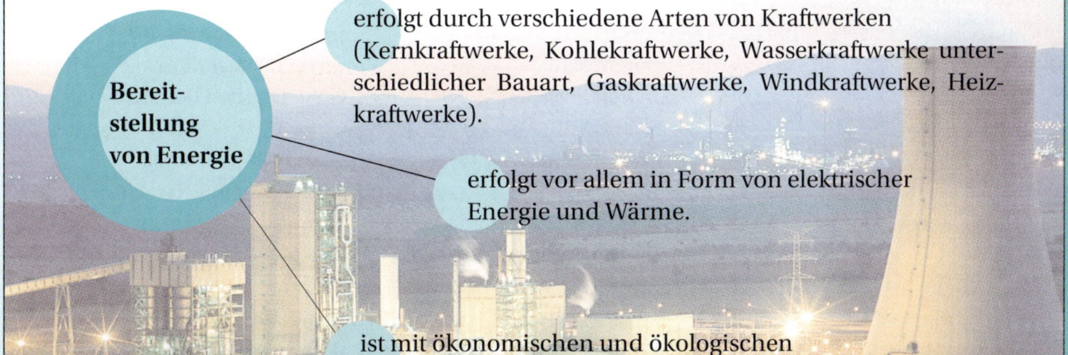

Bereitstellung von Energie

- erfolgt durch verschiedene Arten von Kraftwerken (Kernkraftwerke, Kohlekraftwerke, Wasserkraftwerke unterschiedlicher Bauart, Gaskraftwerke, Windkraftwerke, Heizkraftwerke).
- erfolgt vor allem in Form von elektrischer Energie und Wärme.
- ist mit ökonomischen und ökologischen Problemen verbunden.

Bildquellenverzeichnis

AEG Hausgeräte GmbH: 19/2b, 165/1b, 171/1, 188/1; age Fotostock/mauritius images: 155/2; AOK Mediendienst: 35/4; Kathrin Bahro, Berlin: 19/2d, 165/1c, 167/1, 173/1; BMW AG München: 193/3; BMWi: 184/1; BMW Rolls-Royce GmbH: 118/3; Corel Photos: 8/1, 14/2, 18/1, 21/2, 21/3, 24/1, 26/1, 49/2, 52/1b, 52/1c, 56/3, 59/2, 62/1a-d, 68/1, 82/4, 84/2c, 85/1c, 93/1a, 106/1, 110/1a, 119/1, 120/1a, 120/1c, 175/2, 194/2; Cornelsen Experimenta GmbH & Co. KG: 19/3, 20/1, 21/4, 29/1, 51/1, 51/2, 56/4, 56/5, 63/2, 69/2, 69/4, 75/1, 75/4, 77/0, 95/0, 104/2, 118/1, 133/2, 133/5, 144/1, 146/0, 147/3, 151/01, 151/02, 164/2, 164/4, 164/5, 167/0; Deutscher Teeverband e. V.: 104/1; Deutscher Wetterdienst, Offenbach: 56/2; Deutsche Zählergesellschaft GmbH, Hamburg: 168/1; DPA: 34/1, 86/1, 93/1c; DUDEN PAETEC Schulbuchverlag (Bildarchiv): 9/2, 12/1, 15/3, 19/1, 57/2, 83/1, 125/0, 135/0, 135/1, 135/2, 140/0, 140/1, 143/1, 194/1; John Foxx: 35/2, 47/1, 132/1; Tilo Geisel, Paulinenaue: 188/2; Hekatron GmbH: 126/3; Hemera Photo Objects: 9/5, 11/3, 11/4, 17/1, 18/4, 28/1, 33/1, 34/5, 35/0, 48/1, 59/0, 69/5, 70/3, 72/1, 81/1, 87/0, 90/0, 96/01, 96/02, 119/2, 127/0, 170/0, 176/5; Howaldtswerke Deutsche Werft AG, Kiel: 66/1; H-TEC Wasserstoff-Energie-System: 185/0; InfraTec GmbH, Dresden: 168/3; D. Kaliga, Berlin: 69/1; Claudia Kilian, Berlin: 96/1; Knorr-Bremse AG: 80/1; H. Konrad, Falkenrehde: 84/2a; KWT Kälte-Wärme-Technik AG, Belp: 99/3; Martin Lembcke, Minden: 176/1; mauritius images: 82/5; Günter Liesenberg, Berlin: 10/1a, 10/1b, 20/3, 34/2, 43/0, 82/2, 85/1a, 94/2, 119/3, 129/2, 139/1, 156/1, 180/2; Lichtblick GmbH: 35/3; Lufthansa Bildarchiv: 11/2; Mahler, H., Berlin: 25/1, 43/4, 61/2a-b, 61/3a-c, 63/1a-c, 71/1, 71/2a-b, 79/1a-b, 85/1b, 85/2, 93/1b, 97/0, 109/2, 109/3, 109/4, 109/5, 110/1b, 133/4, 138/2a-c, 142/1, 147/1, 172/1; Mannesmann Dematic AG, Wetter: 11/8; Metabowerke GbmH, Nürtingen: 164/3; Lothar Meyer, Potsdam: 17/2, 21/1, 42/1, 52/1d, 57/1, 57/3, 70/1, 74/1, 75/2, 75/3, 75/5, 82/1, 84/2b, 84/2d, 87/2, 96/2, 103/1, 119/4, 120/1b, 127/1, 129/1a-b, 144/2, 147/2, 150/4, 150/5, 157/0, 158/0, 166/0, 166/2, 174/3, 175/1, 180/3, 181/1, 193/1, 193/3; Meyer-Werft, Papenburg: 61/1; Münchner Verkehrsgesellschaft mbH/Kerstin Groh: 188/2; NASA: 11/6, 18/2, 86/0; NTL Austria: 21/5, 141/0; ÖAMTC: 28/2; Egl, Josef/OKAPIA: 34/3; Adam Opel AG: 89/0, 112/2, 118/2, 155/1; Osram GmbH: 9/3, 10/1c, 19/2c, 164/1, 165/1a, 169/1; Jürgen Pettkus, Zepernick: 11/5; PhotoDisc, Inc.: 18/3, 20/2, 22/1, 27/1, 39/1, 69/3, 82/3, 100/0, 133/3, 188/1; Photosphere: 9/4; PHYWE SYSTEME GMBH & Co KG: 167/2; picture-alliance: 49/1; Bernd Raum, Neuenhagen: 11/1, 34/4, 119/5, 180/1; rebelpeddler Chocolate Cards: 149/1; Rheingau Taunus Kultur- und Tourismus GmbH: 35/1; Christel Ruppin, Berlin: 147/4; SCHOTT, Mainz: 56/1; Seppelfricke Haus- und Küchentechnik GmbH: 177/2; Siemens AG: 9/1, 11/7, 11/9, 31/1, 109/1, 174/1, 176/2, 176/3, 176/4, 187/1, 188/3; Siemens-Elektrogeräte GmbH, München: 19/2a; Gert Sonnenfeld, Fredersdorf:17/3; Technorama, Winterthur: 133/1, 145/2; Ullstein-Bild: 193/2; Patrik Vogt, Landau: 41/1, 41/2, 41/3, 145/1, 148/2, 150/3, 153/1, 157/2, 159/1, 168/2, 170/1, 174/2; Varta Batterie AG: 143/1; VEAG Vereinigte Energiewerke AG Berlin/Photo-König Lobenstein: 14/1; Volkswagen AG: 32/1, 52/1a,

Antrieb mit Dampf

Erste Versuche mit Dampfmaschinen wurden schon ab etwa 1685 durchgeführt. Verbunden sind diese ersten Schritte mit dem Franzosen DENIS PAPIN (1647–1712) und dem Engländer THOMAS NEWCOMEN (1663–1729). Entscheidende technische Fortschritte erzielte aber erst der schottische Ingenieur und Erfinder JAMES WATT (1736–1819). Das Foto zeigt eine von WATT entwickelte Dampfmaschine (um 1790).

Deutschlands erste Eisenbahn

Am 7. Dezember 1835 war es soweit: Auf einer 20 730 bayerische Fuß (6 050 m) langen Strecke zwischen Nürnberg und Fürth fuhr die erste deutsche Eisenbahn für den Personentransport.
Die in England gebaute Lokomotive leistete etwa 40 PS und wurde von einem englischen Lokführer gefahren. Sie erreichte auf der Strecke die für damalige Verhältnisse enorme Geschwindigkeit von 40 km/h.

Siegeszug der Dampflok

Die rasanten Fortschritte bei der Eisenbahn waren vor allem mit immer leistungsstärkeren und schnelleren Dampflokomotiven verbunden. So gab es bereits 1850 in Europa etwa 23 500 km Eisenbahnstrecke. In Deutschland waren es etwa 6 000 km. Bis zu Beginn des 20. Jahrhunderts wurde das Streckennetz enorm ausgebaut. Die schnellsten Dampfloks erreichten um 1935 im normalen Fahrbetrieb Geschwindigkeiten von etwa 130 km/h. Auf der Strecke Berlin–Dresden erreichten Züge mit speziellen Dampfloks Durchschnittsgeschwindigkeiten von 160 km/h.